Waldemar Erdmann

Einstellungstest – geeignet für alle Berufe

Eignungstest im Auswahlverfahren erfolgreich bestehen

Über 1.400 Eignungstest-Aufgaben mit Lösungen zum Üben

Allgemeinwissen, Mathe, Logik, Konzentration, Sprache

plakos

Herausgeber:
Plakos GmbH
Vertretungsberechtigter Geschäftsführer: Waldemar Erdmann
Sitz: Willy-Brandt-Allee 31 B, 23554 Lübeck

Website und Kontakt:
www.plakos-akademie.de
E-Mail: support@plakos.de

Facebook: plakosDE
YouTube: Plakos Akademie
Instagram: plakos_akademie
TikTok: plakos_akademie

Bildnachweis Cover:
© Drobot Dean, # 207282351, stock.adobe.com

Sonstige Abbildungen im Buch wurden von Plakos erstellt.

ISBN: **978-3-948144-90-6**

Einstellungstest erfolgreich bestehen

Die Plakos GmbH hat bereits tausende Bewerber mit Büchern, Online-Kursen, Apps und Seminaren auf Einstellungstests und Assessment Center vorbereitet. Die angesehenen Online-Tests von Plakos wurden millionenfach absolviert. Dieses Buch dient zur umfassenden Vorbereitung auf alle Arten von Einstellungstests und Intelligenztests.

plakos

Dein Feedback ist uns wichtig!

Sollten dir Fehler in diesem Buch auffallen oder solltest du unzufrieden mit den Inhalten oder einem unserer Produkte sein, so schreibe uns gerne eine E-Mail an support@plakos.de. Wir antworten schnellstmöglich! Antworten auf häufig gestellte Fragen findest du auf der Webseite plakos-akademie/kundenservice/.

Hinweis: Aus Gründen der Lesefreundlichkeit wird weitgehend auf Gendering verzichtet. Die gewählte Personenform gilt wertfrei für beide Geschlechter.

1. Auflage
Waldemar Erdmann

Danksagung

Unser Dank gilt vor allem den Bewerbern, die mit ihren zahlreichen Zuschriften, Erfahrungsberichten und Verbesserungsvorschlägen dieses Buch erst möglich gemacht haben. Vielen Dank für eure Kommentare und Nachrichten auf YouTube und Facebook und anderen Kanälen!

Außerdem bedanken wir uns bei allen internen und externen Mitarbeitern, welche einen wesentlichen Anteil an dem Buch hatten, dazu gehören insbesondere Marja Schiffer, Annika Miersen und Stephan Guerra Soleto.

Inhaltsverzeichnis

Über den Autor

Waldemar Erdmann ist Geschäftsführer der Plakos GmbH, welche bereits seit über einem Jahrzehnt erfolgreich Webseiten für Karriereberatung und Online-Tests betreibt. Er machte seinen Abschluss an der Fachhochschule Würzburg zum Thema Skills Management Software. Er hat zahlreiche Bücher und Artikel zum Thema Eignungstests und Auswahlverfahren verfasst. Darüber hinaus entwickelt Waldemar eigenständig Apps und Online-Tests, welche Bewerber auf verschiedenste Auswahlverfahren vorbereiten. Heute lebt er mit seiner Familie in der schönen Hansestadt Lübeck.

Vorbereitung auf den Einstellungstest

Generell unterscheiden sich Einstellungstests dahingehend, für welches spätere Einsatzgebiet du dich bewirbst. Die Länge und die Aufgaben lassen sich nicht grundsätzlich verallgemeinern. Trotzdem gibt es oft gewisse Ähnlichkeiten im Ablauf. In der Regel überprüfen Unternehmen die Eignung ihrer Kandidaten in Gruppen. Es kann also sein, dass du schon beim Auswahlverfahren auf spätere Kollegen triffst. Die Gruppen werden typischerweise von mehreren Personen geleitet. Hierbei handelt es sich oft um spätere Vorgesetzte und Personalentscheider. In manchen Einsatzgebieten nehmen zudem Psychologen teil.

Nachdem du dich vorgestellt hast, werden die schriftlichen Tests ausgeteilt oder die PC-Arbeitsplätze zugewiesen. Der Test lässt sich wie eine Abschlussprüfung in der Schule betrachten. So werden Inhalte aus verschiedenen Schulfächern wie Mathe oder Deutsch sowie Allgemeinbildung überprüft. Dazu kommt mitunter ein spezieller Prüfungsbereich, der sich nach dem jeweiligen Einsatzgebiet richtet.

Neben schriftlichen Aufgabenstellungen und Tests am PC beinhaltet beinahe jedes Auswahlverfahren eine oder mehrere Gruppenübungen wie Rollenspiele, Case Studies, Postkorbübungen, Planspiele und Präsentationen. Häufig müssen sich Bewerber bereits zu Beginn der Gruppe persönlich vorstellen, wobei einem für diese Präsentation nicht mehr als zehn Minuten zur Verfügung stehen. Näheres über die Vorbereitung auf das Assessment Center findest du in unseren Online-Paketen.

Um den Einstellungstest erfolgreich zu bestehen, solltest du einige Dinge beachten. Wichtig ist beispielsweise das persönliche Auftreten. Es handelt sich beim Einstellungstest, im Gegensatz zu einer Abschlussprüfung, nicht um einen reinen Wissenstest. Um einen guten Eindruck zu hinterlassen, empfiehlt sich daher ein gepflegtes Äußeres. Zudem solltest du dich bei der Vorstellung freundlich und höflich zeigen.

Darüber hinaus unterscheidet sich ein Eignungstest von einer Abschlussprüfung auch in Hinblick auf das Zeitmanagement. Eine Prüfung ist zeitlich darauf ausgelegt, dass alle Fragen beantwortet werden können. Bei einem Eignungstest ist dies nicht notwendigerweise der Fall. Oft ist die Zeit absichtlich zu knapp bemessen. Auf diese Weise sollen das Zeitmanagement und die Stressresistenz überprüft werden. Nicht ohne Grund beobachten in der Regel gleich mehrere Verantwortliche des Unternehmens oder der Behörde den Test. Du solltest dich daher nicht zu lange mit einer Frage oder sogar einem ganzen Prüfungsbereich aufhalten. Hast du die Antwort nicht sofort parat, lohnt es sich, die Aufgabe zu überspringen und mit anderen Aufgaben weiterzumachen.

Optimale Vorbereitung auf den Einstellungstest

Wie bei einer Schul- oder Abschlussprüfung kannst du dich durchaus auf einen Einstellungstest vorbereiten. Zunächst einmal hilft dir eine breite Allgemeinbildung weiter. Überprüft werden darüber hinaus mathematisches und logisches Denken, Sprachgefühl, Ausdrucksfähigkeit und Konzentration. Je nach Einsatzgebiet kommt zudem ein spezieller Prüfungsbereich dazu.

Neben den Aufgaben aus dem eigentlichen Einstellungstest sind die sogenannten Soft Skills ebenfalls nicht zu vernachlässigen. Diese spielen bei der Eignung für einen Beruf eine zunehmend wichtige Rolle. Kommunikation, Auftreten und die Körpersprache sind daher ebenfalls nicht zu vernachlässigen.

All diese Themen lassen sich üben und erlernen. In diesem Buch findest du zahlreiche Übungen, mit denen du dich ganz konkret auf alle Arten von Einstellungstests und Intelligenztests vorbereiten kannst. Wichtig ist hierbei, dass du alle relevanten Aufgaben sorgfältig durcharbeitest.

Für eine verbesserte kritische Selbstreflexion der Ergebnisse haben wir Lösungsansätze für die schwierigsten Aufgaben beigefügt. Die Aufgaben in diesem Buch sind in vier Segmente unterteilt: Allgemeinwissen, Logik, Konzentration und Sprache.

Allgemeine Bewerbungsgrundlagen

Vollständige Bewerbungsunterlagen bestehen im Allgemeinen aus:

- Bewerbungsanschreiben (eine Seite)
- Lebenslauf (bis zu zwei Seiten) mit Foto
- Schulzeugnissen, Arbeitszeugnisse, Zertifikaten

Alternativ kannst du ein Deckblatt mit deinen Daten und deinem Foto gestalten. Bei einer Bewerbung auf Papier kommt das Anschreiben ganz oben auf die Unterlagen. Es ist der Begleitbrief zu deiner Bewerbung. Dann folgen dein Deckblatt, dein Lebenslauf, deine Zeugnisse und Zertifikate. Achtung: Oft wird explizit darum gebeten, nur eine Loseblattsammlung einzuschicken. In diesem Fall solltest du unbedingt auf eine Bewerbungsmappe, Hefter, Klarsichthüllen und Ähnliches verzichten.

Anschreiben

Ein Anschreiben beginnt üblicherweise mit einer knappen Einleitung, in der du den Grund für deine Bewerbung darlegen solltest. Anschließend folgen Informationen zu deiner Schulbildung und deinem bisherigen Werdegang. Zusätzliche

Qualifikationen und eventuell ein Hinweis auf (zu deinem Berufswunsch passende) Hobbys und Interessen ergänzen das Schreiben. Den Abschluss bilden eine neutrale Grußformel und deine leserliche Unterschrift (Vor- und Zuname). Bausteine des Anschreibens sind:

- Betreffzeile und Bezugszeile
- Einleitung und Grund für die Bewerbung
- Schulbildung, berufliche Bildung, Werdegang
- zusätzliche Qualifikationen
- Hobbys und Interessen
- Abspann und Grußformel

Zur formalen Gestaltung: Ein Bewerbungsanschreiben wird nach der Norm DIN 5008 verfasst. Das gilt für Ausdrucke und digitale Formate (*.docx- und *.pdf-Dateien) gleichermaßen.

Betreff- und Bezugszeile

In die Betreffzeile kommt kurz und knackig, wofür du dich bewirbst. Sei so konkret wie möglich. Sind Kennziffern oder Referenznummern in der Stellenanzeige genannt? Dann gehören sie ebenfalls in den Betreff. Du kannst die Betreffzeile entweder fett setzen oder eine höhere Schriftgröße verwenden. Die Bezugszeile befindet sich direkt unter der Betreffzeile und wird etwas kleiner und nicht fett gesetzt. Darin nimmst du Bezug auf den Ort, wo du die Stellenanzeige entdeckt hast. Beispiele:

- **Bewerbung um eine Ausbildung zum Beamten im mittleren Zolldienst**
  Ihre Stellenanzeige auf www.zoll.de

- **Bewerbung um eine Ausbildung als Brandmeisterin**
  Ihre Stellenanzeige auf www.ausbildung.de

Einleitung und Grund für die Bewerbung

Wähle unbedingt einen interessanten Einstieg. „Hiermit bewerbe ich mich um ..." oder schlimmer noch: „Hiermit möchte ich mich um ... bewerben" sind Standardformulierungen, die dein Anschreiben nicht aus der Masse hervorstechen lassen. Außerdem steht die Information, wofür du dich bewirbst, bereits in der Betreffzeile. Vermeide generell Konjunktive („würde", „könnte", „hätte", „müsste"). Sie machen dein Anschreiben schwammig. Wähle stattdessen einen selbstbewussten, individuellen Anfang. Vielleicht kannst du sogar auf einen vorherigen Kontakt anspielen. Beispiele:

- „Herzlichen Dank für das informative Gespräch beim ‚Tag der offenen Tür' / auf der Berufsmesse. Wie besprochen, lasse ich Ihnen nun meine Bewerbungsunterlagen zukommen."

- „Das spannende Gespräch mit meinem Einstellungsberater hat mir bewusst gemacht, dass der Beruf des Polizisten für mich genau das Richtige ist. Darum bewerbe ich mich heute bei Ihnen."
- „Bereits als Kind wollte ich unbedingt Berufsfeuerfrau werden. Im Alter von 10 wurde ich Mitglied der Jugendfeuerwehr. Seit meinem 16. Lebensjahr fahre ich bei Einsätzen mit."
- „Meine Vorliebe für Recht und Gerechtigkeit hat dazu geführt, dass ich nach dem bestandenen Abitur zunächst eine Ausbildung als Rechtsanwaltsfachangestellte abgeschlossen habe. Nun möchte ich meinen eigentlichen Berufswunsch verwirklichen und in den gehobenen Polizeivollzugsdienst (Laufbahnabschnitt II) eintreten."
- „Mich interessiert der Schutz von Wirtschaft und Umwelt gleichermaßen. Daher ist es mein Ziel, den Diplomstudiengang „Gehobener nichttechnischer Zolldienst des Bundes" zu absolvieren und Zollbeamter zu werden. Mein Abitur habe ich mit der Note 1,4 bestanden."

Schulbildung, berufliche Bildung, Werdegang

Hier schilderst du, welchen Schulabschluss du erreicht hast und gehst auf deine beruflichen Erfahrungen ein. (Falls du deine Einleitung direkt damit begonnen hast, kannst du diesen Punkt überspringen oder konkretisieren.) Vielleicht hast du bereits eine Ausbildung absolviert. Oder du bewirbst dich mit abgeschlossenem oder abgebrochenem Studium. Jede Bewerberbiografie ist einzigartig. Lege überzeugend dar, was du bisher erreicht hast. Verweise auf deine Stärken, herausragende Noten oder deinen Notendurchschnitt, wenn er sich sehen lassen kann. Beispiele:

- „Die Realschule werde ich im Juli 20XX mit dem erweiterten Sekundarabschluss I verlassen. Meine leistungsstärksten Fächer sind Deutsch (Note: 2), Mathematik (Note: 2) und Sport (Note: 1)."
- „Zurzeit besuche ich die 10. Klasse der Sophie-Scholl-Oberschule, die ich mit dem Sekundarabschluss I (Durchschnitt: 3,2) abschließen werde. Meine Lieblingsfächer sind Sport (Note: 2), Physik (Note: 3) und Werte und Normen (Note: 3)."
- „Das Ernst-Moritz-Arndt-Gymnasium habe ich 20XX mit dem Abitur (Durchschnitt: 1,7) erfolgreich abgeschlossen. Im Anschluss habe ich ein BWL-Studium aufgenommen und mit dem Bachelor (Note: 1,0) beendet."
- „Nach meinem erfolgreich bestandenen Fachabitur (Durchschnitt: 3,2) habe ich ein Fachhochschulstudium für angewandte Informatik aufgenommen."

- „Nach dem erfolgreichen Abschluss der Hauptschule habe ich eine Ausbildung als Tischler absolviert und drei weitere Jahre in diesem Bereich gearbeitet."

Zusätzliche Qualifikationen

Hier kannst du alles nennen, was mit deinem Wunschberuf in Verbindung gebracht werden kann. Dazu zählen ehrenamtliche Tätigkeiten, die Arbeit als gesetzlicher Betreuer oder die Mitarbeit in einem Jugendclub. Auch die aktive Mitwirkung bei Fußball- oder Handballvereinen ist eine Erwähnung wert. Alles, was soziale Verantwortungsbereitschaft, Kommunikationsfähigkeit und Organisationstalent signalisiert, ist als zusätzliche Qualifikation geeignet.

Hier kannst du selbstverständlich auch Spezialkenntnisse erwähnen. Vielleicht bist du ein Sprachtalent? Bewerber mit Migrationshintergrund haben häufig den Vorteil, mehrsprachig aufgewachsen zu sein und neben den in der Schule erlernten Sprachen (Englisch, Französisch oder Spanisch) fließend Griechisch, Türkisch oder Arabisch zu sprechen.

Auch IT-Kenntnisse, in Kursen erworbene Zusatzqualifikationen und sonstige Zertifikate kannst du mit einbringen. Voraussetzung: Es ist ein Bezug zu deinem Berufswunsch erkennbar oder ohne viel Fantasie herstellbar. Beispiele:

- „Da ich als Kind russischer Eltern zweisprachig aufgewachsen bin, spreche ich Russisch und Deutsch fließend. Außerdem verfüge ich über verhandlungssichere Englischkenntnisse. Um meine Sprechfähigkeiten weiter zu verbessern, habe ich in den letzten Sommerferien in einem Hotel in Scarborough ein vierwöchiges Praktikum absolviert."
- „Neben meinem Studium habe ich an der Universität Regensburg eine studienbegleitende IT-Ausbildung absolviert. Ich verfüge über die Zertifikate: ..."
- „Parallel zu meiner Berufstätigkeit als Bürokaufmann habe ich ein Fernstudium als Fitnesscoach bei der SGD abgeschlossen. Da ich zusätzlich zu dem theoretischen Kurs an den beiden Praxisseminaren teilgenommen und die Abschlussprüfung mit Erfolg gemeistert habe, verfüge ich über das SGD-Zertifikat „Geprüfter Fitnesscoach (SGD) inkl. Fitnesstrainer-A/B-Lizenz und Personal-Trainer-Lizenz (Medical Fitness)".
- „Aufgrund meiner Fußballbegeisterung und meiner Freude am Umgang mit Menschen habe ich bereits mit 15 Jahren die Ausbildung zum DFB-Junior-Coach gemacht und anschließend die C-Lizenz erworben. Seit mehreren Jahren trainiere ich Mannschaften auf Kreisebene."

- „Neben der Schule bin ich in der Jugendarbeit aktiv. Ich besitze die ‚Juleica' (Jugendleiter-Card), den bundesweit anerkannten Ausweis für ehrenamtliche Mitarbeiter in der Jugendarbeit."

Hobbys und Interessen

Auch hier gilt: Erwähnenswert ist nur, was wenigstens ansatzweise zu deinem angestrebten Beruf passt. Die Beschäftigung mit Seidenmalerei, das Lesen von Science-Fiction-Romanen und dein Faible für Naturkosmetik kannst du gern weglassen. Anders sieht es bei sportlichen Hobbys aus: Wer gern tanzt, Mitglied in der DLRG ist, im Verein Volleyball spielt oder reitet, beweist körperliche Fitness und bei Mannschaftssportarten auch Teamgeist.

Hobbys, die gemeinsam mit anderen Menschen ausgeübt werden, sind generell interessanter für Bewerbungen als solche, die dich als Eigenbrötler erscheinen lassen. Immerhin gehört Kommunikationsstärke zu den Schlüsselqualifikationen, die du unbedingt mitbringen solltest.

Verzichte darauf, nichtssagende Allerweltbeschäftigungen wie „Lesen" zu nennen. Jeder liest irgendwann mal irgendetwas. Ein Hobby soll deine Persönlichkeit abrunden, dich als Bewerber interessant machen und im Idealfall Kenntnisse ergänzen, die du in deinem Beruf gebrauchen kannst. Ohne Konkretisierung („Ich lese regelmäßig „Die Zeit", um politisch und kulturell auf dem Laufenden zu bleiben") sammelst du mit „Lesen" keine Pluspunkte.

Verzichte darauf, überwiegend passive Hobbys wie fernsehen und Musik hören zu nennen. Das Gaming wird – selbst wenn es interaktiv stattfindet – nach wie vor kontrovers betrachtet. Lasse es besser unerwähnt. Wenn du einen Teamsport (Fußball, Hockey, Basketball) angibst, bewegst du dich auf der sicheren Seite. Beispiele:

- „Ich bin seit fünf Jahren Kapitän einer Handballmannschaft." (Dieses Hobby zeigt Organisationstalent und Führungsqualitäten.)
- „In meiner Freizeit studiere ich mit meiner Theatergruppe klassische Stücke ein, die wir in der Schule aufführen." (Hier ist Kommunikationstalent gefragt. Außerdem beweist du mit diesem Hobby ein hervorragendes Gedächtnis.)
- „Zu meinen Leidenschaften gehört das Fotografieren von Menschen. Ich habe einen Blick für Stimmungen und Details." (Dieses Hobby verrät eine gute Beobachtungsgabe und Sinn für Feinheiten.)
- „Außerdem interessiere ich mich für andere Kulturen. Meine Urlaube nutze ich für Individual- und Sprachreisen." (Das ist ein Hinweis auf interkulturelle Kompetenzen. Darüber hinaus zeigst du, dass du bereits vorhandene Sprachkenntnisse gezielt ausbaust.)

- „Am Wochenende gebe ich jungen Flüchtlingen Deutschunterricht und unterstütze sie bei den Hausaufgaben." (Soziales Engagement wird in der Freizeit gern gesehen.)
- „Als Angehöriger der Freiwilligen Feuerwehr pumpe ich unter anderem bei Überschwemmungen vollgelaufene Keller aus, errichte Ölsperren zum Schutz der Umwelt oder befreie Straßen von umgestürzten Bäumen."

Abspann und Grußformel

„Habe ich Ihr Interesse geweckt? Dann freue ich mich auf die Einladung zu einem Vorstellungsgespräch." Diese Formulierung galt früher als optimaler, kommunikativer Abspann. Allerdings haben unzählige Bewerber sie immer wieder eingesetzt, sodass du damit keine Sympathiepunkte mehr sammeln kannst. Was daran einmal neu war, hat sich längst abgenutzt. Beispiele:

- „Ich freue mich auf Ihre Nachricht. Mit freundlichen Grüßen ..."
- „Ich freue mich auf die Einladung zum Einstellungsauswahlverfahren. Mit freundlichen Grüßen aus Hildesheim ..."
- „Dem weiteren Bewerbungsverfahren sehe ich mit Freude entgegen. Mit freundlichen Grüßen nach Berlin ..."
- „Auf das Einstellungsauswahlverfahren in Münster freue ich mich sehr. Mit besten Grüßen aus Bottrop ..."
- „Mit freundlichen Grüßen nach Hamburg ..."

Lebenslauf

Egal, wo du dich bewirbst, der Lebenslauf ist Teil deiner Bewerbung. Er umfasst in der Regel eine Seite und präsentiert in tabellarischer Form deine wichtigsten Daten und Lebensstationen. Als Quereinsteiger mit Berufserfahrung solltest du den Fokus auf die Informationen legen, die zu deinem Wunschberuf passen. Im Idealfall enthält dein Lebenslauf kein Wort zu viel. Achte auf Formulierungen, die das Wesentliche griffig auf den Punkt bringen. Bausteine des Lebenslaufs sind:

- persönliche Daten
- Schulbildung
- erste berufliche Erfahrungen
- Studium / Berufsausbildung
- sonstige Kenntnisse und Qualifikationen
- Ehrenämter, Hobbys, persönliche Interessen
- Datum und Unterschrift (Vor- und Nachname)

Persönliche Daten
Dazu zählen der Vor- und Familienname und die Adressdaten. Außerdem solltest du deine Handynummer und E-Mail-Adresse (vorname.nachname@anbieter.de) angeben. Weitere wichtige Angaben sind dein Geburtstag und -ort. Junge Bewerber, die sich nach Beendigung von Realschule oder (Fach-)Gymnasium bewerben, brauchen ihren Familienstand nicht nennen, sofern sie ledig sind. Davon gehen Personaler ohnehin aus. Ältere Bewerber sollten auf ihren Status hinweisen („verheiratet, zwei Kinder"). Die Namen und Berufe der Eltern sowie der Geschwister müssen ebenfalls nur bei Schulabgängern erwähnt werden.

Schulbildung
In diesem Abschnitt listest du die Schulen mit den dazugehörigen Jahren auf, die du besucht hast. Es ist sinnvoll, deinen Lebenslauf rückwärts chronologisch aufzubauen. Dann müssen die Prüfer beim Sichten deiner Unterlagen nicht beim Besuch der Grundschule anfangen. Ihr Blick sollte gleich auf deinen zuletzt erreichten oder angestrebten Abschluss fallen. Deinen Notendurchschnitt kannst du in Klammern ergänzen. Ist er schlechter als 3,0 solltest du lieber Angaben zu deinen leistungsstärksten Fächern machen. In den Block „Schulbildung" gehören auch Auslandsaufenthalte und Arbeitsgemeinschaften.

Erste berufliche Erfahrungen
Als Schüler kannst du Berufserfahrungen, die aus Hospitationen, Praktika, Nebenjobs und Aushilfstätigkeiten stammen, extra aufführen. Stichworthaft solltest du dazu notieren, welche konkreten Erfahrungen du gesammelt und was du während deiner Tätigkeit in dem jeweiligen Beruf getan hast. Auch hier gilt: nur erwähnen, wenn es für deinen Berufswunsch relevant ist.

Studium/Berufsausbildung
In diesem Abschnitt erwähnst du dein Studium mit den relevanten Schwerpunkten einschließlich des erreichten oder angestrebten akademischen Abschlusses beziehungsweise deine Berufsausbildung.

Sonstige Kenntnisse und Qualifikationen
Dieser Punkt bietet Platz für deine Sprachkenntnisse und das erreichte Level (A1 – C2), EDV-Kenntnisse, sportliche Errungenschaften sowie sonstige Fähigkeiten und Qualifikationen. Wenn möglich, füge Zertifikate bei.

Ehrenämter, Hobbys, persönliche Interessen
Ehrenamtliche Tätigkeiten und Freizeitbeschäftigungen solltest du nennen, wenn du dich damit für deinen angestrebten Beruf qualifizierst. Wer als Klassen- oder Schulsprecher fungiert, trägt Verantwortung und beweist Führungsqualitäten.

Außerdem spricht er regelmäßig vor größeren Gruppen. Gleiches gilt für ehrenamtliche Leiter von Chören oder Laienspielgruppen und Trainer. All das gehört in den Lebenslauf. Ein großes Interesse am Umweltschutz kann sich in einer aktiven Mitgliedschaft beim NABU – Naturschutzbund Deutschland niederschlagen. Auch das ist erwähnenswert! Bei Hobbys eignen sich vor allem sportliche Beschäftigungen, besonders in Vereinen. Schreibe bitte nicht „Sport". Das ist ein nichtssagender Sammelbegriff. Formuliere konkret, was du tust.

Datum und Unterschrift
Unter den Lebenslauf gehört das aktuelle Datum. Außerdem solltest du ihn von Hand unterschreiben. Achte auf eine leserliche Schrift.

Vorstellungsgespräch

Wenn du bis hierhin gekommen bist, darfst du mit Recht stolz auf dich sein. Jetzt geht es darum, noch einmal alles zu geben und mit Kompetenz und Persönlichkeit zu überzeugen. Was du kannst, hast du vorher in verschiedenen Tests demonstriert. Jetzt geht es vor allem darum, wer du bist, was dich antreibt und was du noch zu bieten hast. Jedes Vorstellungsgespräch verläuft in den folgenden fünf Phasen:

- Selbstvorstellung des Bewerbers
- standardisierte Fragen
- individuelle Fragen
- Fragen seitens des Bewerbers
- Verabschiedung

Vorbereitung
Eine gute Vorbereitung auf das Job-Interview ist die halbe Miete. Als Bewerber solltest du dich ausgiebig über den Wunschberuf informieren. Du brauchst fundiertes Wissen über die täglichen Aufgaben, den Aufbau, die wichtigsten Entscheidungsträger, die Organisation sowie die geschichtlichen Eckdaten.

Sorgfältig recherchieren solltest du ebenfalls den Ablauf deiner geplanten Ausbildung oder deines geplanten Studiums. Kannst du exakt schildern, was dich in den nächsten Jahren erwartet? Das zeichnet dich als ernstzunehmenden Bewerber aus. Eine hilfreiche und informative Anlaufstelle dafür ist die Homepage der jeweiligen Stelle. Berufsbeschreibungen bei der Bundesagentur für Arbeit unter berufenet.arbeitsagentur.de erläutern wesentliche Eigenschaften, die du in deinem Wunschberuf mitbringen solltest. Knappe Informationen zu Ausbildung und Tätigkeiten findest du ebenfalls dort.

Entscheidend ist, dass du dir über deine Motivation Gedanken gemacht hast. Die Gründe für deine Berufswahl solltest du problemlos schlüssig auf den Punkt bringen können. Dazu gehört ebenso, welche Vor- und Nachteile der Beruf – individuell betrachtet – mit sich bringt. Die Kombination aus solidem Vorwissen und der tiefergehenden Auseinandersetzung helfen dir dabei, im Vorstellungsgespräch zu bestehen. Einstellen kannst du dich auf Fragen zu ...

- deiner Motivation/Berufswahl,
- den Hintergründen des Unternehmens,
- den typischen Aufgaben,
- der Ausbildung/dem Studium, die/das du absolvieren wirst.

Mit fundiertem Wissen im Hinterkopf kannst du Sachfragen sehr viel ruhiger entgegensehen. Vor allem kannst du mit einer intensiven Vorbereitung ausgefeilter antworten, als wenn die Frage: „Warum haben Sie sich bei uns beworben?" dich bereits ins Schleudern bringt. Letztendlich kreist das gesamte Vorstellungsgespräch um drei zentrale Aspekte:

- **die Persönlichkeit des Bewerbers** (Wer bist du? Welche Stärken und Schwächen zeichnen dich aus?)
- **die Fähigkeiten des Bewerbers** (Was kannst du? Wie viel weißt du? Welche nützlichen Qualifikationen und Vorerfahrungen bringst du mit?)
- **die Motivation des Bewerbers** (Warum willst du zu Firma XYZ? Wie gut bist du informiert?)

Das richtige Outfit

Die Frage, was du zum Assessment Center und Einzelgespräch am besten anziehen solltest, ist schnell beantwortet: Eine ordentliche Jeans oder Stoffhose, Hemd beziehungsweise Bluse und ein dazu passender Blazer reichen vollkommen aus. Frauen können einen Rock tragen. Dabei gilt die Regel, dass dieser mindestens knielang sein sollte. Achte darauf, dass die gewählte Kleidung frisch gewaschen und gebügelt ist. Sie sollte gut sitzen. Gedeckte Farben wie grau, anthrazit oder marineblau sind bei Hose und Blazer eine bessere Wahl als schwarz. Schwarz wirkt immer etwas leblos. Um Farbe in dein Outfit zu bringen, dürfen das Hemd oder die Bluse ruhig hellblau, rosa oder gelb sein. Du kannst ebenso auf Anzug (mit oder ohne Krawatte) oder ein Kostüm zurückgreifen. Lieber etwas overdressed als underdressed erscheinen! Deine Schuhe sollten gepflegt aussehen und zum restlichen Outfit passen. Turnschuhe sind nur bei Sporttests angebracht.

Eine ordentliche Frisur (frisch geschnittene, gewaschene und frisierte Haare) gehört selbstverständlich zu einem überzeugenden Auftritt dazu. Frauen können lange Haare offen tragen, solange diese das Gesicht nicht verdecken. Seriöser wirken sie allerdings mit zusammengebundenen oder zurückgesteckten Haaren. Überleg dir vorher, welche Wirkung du erzielen möchtest! Für Männer sind eine ordentliche Rasur oder ein gepflegter Bart ein Muss. Insgesamt bist du mit einem eher konservativen Erscheinungsbild auf der sicheren Seite. Bei Make-up und Schmuck gilt die Devise: „Weniger ist mehr." Besser nicht übertreiben.

Die häufigsten Fragen im Job-Interview, gute und schlechte Antworten

Zu Beginn des Vorstellungsgesprächs bekommst du die Gelegenheit, dich selbst vorzustellen. Typische Aufforderungen dazu sind:

- „Erzählen Sie uns etwas über sich."
- „Am besten stellen Sie sich erst einmal vor."
- „Wer sind Sie und warum sind Sie hier?"

Deinen Lebenslauf kennen die Prüfer bereits. Sie wollen nun deiner Persönlichkeit auf den Grund gehen, um herauszufinden, ob du ein geeigneter Anwärter für den gewählten Beruf bist. Hier solltest du wesentliche Stationen deines Lebens, die zu deinem Berufswunsch geführt haben, darstellen. Vor allem darum geht es. Den Einstieg in das Gespräch findest du, indem du deinen Namen nennst und kurz etwas zu deiner Schulbildung beziehungsweise beruflichen Vorbildung sagst. Geeignet sind außerdem passende Anekdoten, Ehrenämter und Hobbys, aber auch Nebenjobs und Vereinstätigkeiten. Kurz gesagt: Alles, was eine brauchbare Vorerfahrung darstellt oder Hinweise auf deine berufliche Eignung gibt, darfst du erwähnen. Zu ausschweifend sollte deine Selbstdarstellung allerdings nicht ausfallen. Hier ist Fingerspitzengefühl für das richtige Maß gefragt.

Gründe für Abbrüche und Kurswechsel

Hast du dein Studium abgebrochen? Deine Ausbildung nicht beendet? Vielleicht hast du einen überraschenden Kurswechsel durchgeführt. Zickzack-Lebensläufe und Brüche in deinem Lebenslauf sind kein Problem: Das macht dich als Kandidat speziell und interessant. Allerdings solltest du eine plausible Erklärung parat haben. Mit nützlichem Vorwissen aus deiner vorherigen Berufstätigkeit oder deinem Studium kannst du punkten. Überlege, wie du deine Kenntnisse in deinen Wunschberuf einbauen kannst. Häufige Fragen sind:

1. Wieso wollen Sie Ihren gut bezahlten Job kündigen und erneut in den Status eines Auszubildenden wechseln?"
2. „Warum haben Sie Ihr Studium/Ihre Ausbildung abgebrochen und sich für eine Laufbahn bei uns entschieden?"
3. Sie haben bereits zwei Ausbildungen abgebrochen. Planen Sie, diese Ausbildung bis zum Ende durchzuhalten und mit Erfolg abzuschließen? Wo sehen Sie sich in zehn Jahren?"
4. „Aus welchem Grund wollen Sie Ihren bisherigen Beruf aufgeben?"

Gute Antworten sind:

1. „Mir fehlen echte Herausforderungen im Alltag. Nach dem Abitur habe ich zwar diesen Weg gewählt, aber ich weiß heute, dass es ein Fehler war. Es füllt mich nicht aus, den ganzen Tag nur am Computer zu sitzen. Ich würde gern gesellschaftliche Verantwortung übernehmen und bei der Brandbekämpfung und Aufklärung der Bevölkerung mitwirken. Ich bin seit meinem zwölften Lebensjahr in der Freiwilligen Feuerwehr aktiv und inzwischen zum Gruppenführer aufgestiegen. Diese Aufgabe füllt mich mehr aus als meine Arbeit im Büro."
2. „Ich wollte es lange Zeit nicht eingestehen, aber mir liegt das Studium einfach nicht. Das Fach hatte ich mir völlig anders vorgestellt. Ich habe zwei Semester intensiv BWL studiert. Meine Leistungen sind gut bis sehr gut. Aber mir fehlen die praktische Arbeit und das Teamwork, das ich aus der Oberstufe kenne. An der Uni ist man doch eher Einzelkämpfer."
3. „Auf jeden Fall! Jetzt weiß ich endlich, was ich aus meinem Leben machen will. Erst einmal möchte ich eine Ausbildung bei der Landespolizei im mittleren Dienst aufnehmen und abschließen. Aber mich reizt das SEK. Ich bin sehr sportlich, belastbar und bereit, an meine Grenzen zu gehen."
4. „Nach der Schule wusste ich noch nicht, was ich aus meinem Leben machen will. Meine Stärken liegen im sprachlich-kommunikativen Bereich. Ich spreche vier Sprachen fließend. Also entschloss ich mich zu einer Ausbildung als Flugbegleiterin. Allerdings füllt mich diese Tätigkeit einfach nicht aus. An eine Tätigkeit beim Zoll habe ich überhaupt nicht gedacht. Dabei bietet diese Arbeit alles, was ich mir wünsche: Ich kann meine Sprachkenntnisse anwenden, habe einen abwechslungsreichen Berufsalltag und trage gleichzeitig etwas zum Umweltschutz bei."

Tendenziell gehen die **Erklärungen für Abbrüche und Umschwünge** in eine ähnliche Richtung: Die Theorie im Studium reicht nicht aus, denn die praktische Tätigkeit fehlt. Interessen haben sich verlagert. Oder die eigenen Erwartungen wurden nicht erfüllt.

Zu Antwort 1: Der Bewerber beschäftigt sich schon viele Jahre mit dem Thema Feuerwehr. Seine Antwort macht deutlich, dass er gern Verantwortung übernehmen und Menschen aktiv helfen würde.

Zu Antwort 2: Zwischen Schule und Studium liegen Welten. Dieser Bewerber hat nach dem Fachabitur einfach das studiert, was ihm in der Schule Spaß gemacht hat. Allerdings hat er vor allem die

Teamarbeit und den Wissenstransfer in die Praxis geschätzt. Der Bewerber gibt sich als Teamplayer zu erkennen, was einen positiven Eindruck macht. Allerdings darf er sich nicht nur auf das Team verlassen. Er muss auch eigenständige Leistungen bringen.

Zu Antwort 3: Die Frage, ob der Bewerber die nächste Ausbildung beenden wird, war ein Stück weit zu erwarten. Er hat gleich zweimal den falschen Weg gewählt. Dass er jetzt konkrete Pläne hat, zeigt, dass er sich mit dem Beruf des Polizisten und den Möglichkeiten der Spezialisierung auseinandergesetzt hat.

Zu Antwort 4: Aus der Antwort wird deutlich, dass sich die Bewerberin mit ihren Stärken auseinandergesetzt und darauf basierend eine Ausbildung aufgenommen hat. Sie fühlt sich allerdings nicht ausgelastet: Im Alltag fehlt die Abwechslung. Eine schlüssige Begründung, die nicht negativ wirkt. Mit ihren Sprachkenntnissen ist sie für den Zoll ein Gewinn. Sie kann ihr Wissen aus der Ausbildung direkt in die Arbeitswelt einbringen.

Es wäre ein Fehler, Ausreden zu suchen. Gib keinesfalls anderen die Schuld für Misserfolge. Wer eine Schwäche, ein Scheitern oder ein Versagen zugibt und sich dennoch wieder aufgerichtet hat, beweist Resilienz. Darunter versteht man die Fähigkeit, Krisen zu bewältigen und sie als Anlass zur Weiterentwicklung zu nutzen.

Fragen zu Leistungen in Schulfächern

Jeder Mensch hat Stärken und Schwächen. Bei Bewerbern, die sich nach der Schule bewerben, zeichnen sich diese vor allem in den Noten ab. Die Prüfer wollen innerhalb des Vorstellungsgespräches herausfinden, wie ehrlich deine Selbsteinschätzung und dein Urteilsvermögen ausfallen. Nimmst du deine Schwächen wahr? Versuchst du, daran zu arbeiten? Unzulänglichkeiten zuzugeben wird in der Regel positiv bewertet. Weniger positiv wirkt es, wenn du versuchst, anderen die Schuld für Fehler und Misserfolge in die Schuhe zu schieben oder dich in Ausreden flüchtest. Als Bewerber solltest du dich als selbstwirksam erkennen. Beweise, dass du allein die Verantwortung für dein Leben und deinen beruflichen Erfolg übernimmst.

Oft erkundigen sich die Prüfer nach deinen Leistungen in relevanten Schulfächern. Unter Umständen kommst du in eine Situation, in der du weniger optimale Leistungen in der Schule plausibel erklären musst. Du hast eine 5 in Physik oder eine 4 in Mathe? Stell dich auf Nachfragen ein. Häufige Fragen sind:

1. Was waren Ihre liebsten Schulfächer? Welche mochten Sie nicht?“

2. „Wieso haben Sie in Deutsch nur eine ‚Vier'?"
3. „Wie kommt Ihre schlechte Englischnote zustande?"
4. „Zeigt Ihre Note in Physik Ihre tatsächliche Leistungsfähigkeit?"
5. „Warum haben Sie in Französisch kein besseres Ergebnis erreicht?"

Gute Antworten sind:

1. „Meine Lieblingsfächer waren Deutsch, Englisch und Politik. Dort habe ich die besten Ergebnisse erzielt. Sprachen und Kommunikation sind meine eigentliche Stärke. Da mich aktuelle Ereignisse sehr interessieren, lese ich regelmäßig die Tageszeitung und schaue Nachrichten. Dadurch fiel mir Politik immer leicht. Weniger Freude hatte ich an Kunst und Musik. Ich schätze zwar Malerei und klassische Musik, mir fehlt aber die künstlerische Ader."
2. „In Deutsch habe ich mein Fachabitur leider nur mit der Note ‚Ausreichend' abgeschlossen. Das sieht nicht gut aus, ich weiß. Ich bin zwar sehr gut in Rechtschreibung, Zeichensetzung und Grammatik. Allerdings liegen mir die Interpretation von Lyrik und die Dramenanalyse überhaupt nicht, obwohl ich die Stücke und Gedichte mit Interesse gelesen habe. Auf dem Lehrplan standen „Iphigenie auf Tauris" und Liebeslyrik in der Epoche der Romantik. Die Klausuren waren für mich ein Desaster. Meine Stärken liegen im Verfassen von Erörterungen, Berichten und beim materialgestützten Schreiben. Da stand ich im Schriftlichen immer auf einer glatten ‚2'."
3. „Leider habe ich in der Unter- und Mittelstufe kaum Englisch-Vokabeln gelernt. Dadurch fehlte mir später der Wortschatz, um mich beim Lesen und Analysieren von Literatur und Filmen wirklich am Unterricht beteiligen zu können. Trotzdem habe ich die Sprache immer sehr gemocht. Mein Alltagsenglisch ist gut. Ich habe nach der Schule ein Jahr in den USA als Au-Pair gearbeitet und so an meinen Defiziten im Vokabular gearbeitet".
4. „Nein, die Note zeigt nicht meine tatsächliche Leistungsfähigkeit in diesem Bereich. Mir war als Schüler einfach nicht klar, dass ich Physik später wirklich gebrauchen kann. Das habe ich mit 15 und 16 noch nicht durchschaut. Inzwischen bin ich ein ganzes Stück weiter. Ich habe die fehlenden Kenntnisse durch Onlinekurse und Webinare aufgearbeitet."
5. „Ich habe Französisch in der Oberstufe als ‚Abdecker-Fach' belegt, weil ich den Kontakt zu dieser schönen Sprache nicht verlieren wollte. Wenn man regelmäßig Unterricht hat, nimmt man doch Einiges mit, wiederholt wichtige Vokabeln und übt das Sprechen. Mein fachlicher Schwerpunkt und meine Leistungskurse waren jedoch Mathematik und die naturwissenschaftlichen Fächer. Darauf habe ich mich am meisten

> konzentriert und Französisch eher schleifen lassen. Unsere Abi-Fahrt hat uns nach Paris geführt. Ich konnte mich problemlos überall verständigen. Meinen Urlaub möchte ich in der Bretagne verbringen. Dort werde ich wieder viel sprechen. Mir ist es wichtig, meine Sprachkenntnisse nicht zu verlieren."

Bei Bewerbern, die sich beispielsweise für eine Ausbildung im mittleren Dienst interessieren, gelten Schulnoten als Anhaltspunkte für Leistungsbereitschaft und Interessen. Darum sollte der Bewerber seine Noten im Kopf haben. Von den Zensuren hängt allerdings nicht alles ab. Kritische Nachfragen solltest du nicht als persönlichen Angriff verstehen.

Zu Antwort 1: Hier pickt die Kandidatin zwei Fächer als Lieblingsfächer heraus, die zum Beispiel für den Polizeiberuf eine wesentliche Rolle spielen: Deutsch und Englisch. Mit dem Hinweis auf Stärken im Bereich der Kommunikation zeigt die Bewerberin, dass sie weiß, worauf es im Alltag ankommt. Schließlich muss man beim Umgang mit Menschen permanent kommunizieren. Bei der Erläuterung der Politiknote lässt sie einfließen, dass sie informiert ist und sich mit der politischen Situation auskennt. Dabei verlässt sie sich nicht nur auf das Internet. Polizisten müssen sich politisch neutral verhalten. Ein gutes Allgemeinwissen in diesem Bereich ist selbstverständlich dennoch vorteilhaft. Mit der Nennung zweier für diesen Beruf unwesentlicher Fächer (Kunst und Musik) macht sie es sich leicht.

Zu Antwort 2: Der Bewerber legt dar, dass er über gute Rechtschreib- und Grammatikkenntnisse verfügt – sonst hätte er vermutlich auch den Deutsch-Test nicht bestanden. Schwächen räumt er bei der Analyse klassischer Literatur ein. Ihm liegt nach eigener Aussage das Verfassen von Sachtexten mehr. Diese Erklärung ist schlüssig. Es hinterlässt außerdem einen positiven Eindruck, dass der Bewerber die Stücke und Gedichte gern gelesen hat. Das heißt, er besitzt durchaus Gefühl für und Interesse an literarischer Bildung – solange eine Analyse nicht gefordert wird.

Zu Antwort 3: Viele Schüler haben einen gewissen Durchhänger in der Unterstufe. Gerade in Englisch entstehen so Lücken, die nur mit konsequenter Nachhilfe und viel Eigenleistung wieder geschlossen werden können. Der Englischunterricht in der Oberstufe ähnelt dem Deutschunterricht. Die Lektüre und Analyse von Literatur, die allerdings in der Regel moderner ausfällt als in Deutsch, steht im Vordergrund. Der Bewerber gesteht hier ein, dass er nicht kontinuierlich gelernt und während der Schulzeit nicht an seinem Defizit gearbeitet hat. Erst nach der Schule hat er das Problem in Angriff genommen. Durch das Auslandsjahr hat er Englisch sprechen gelernt.

Zu Antwort 4: Hier wird nichts beschönigt. Der Bewerber gibt seinen Fehler unumwunden zu. Viele Schüler fragen sich angesichts der Fachinhalte: „Wofür brauche ich das?“ Gerade wenn sich ihr Berufswunsch noch nicht gefestigt hat, wissen sie nicht, dass ihnen die Kenntnisse in dem jeweiligen Bereich später fehlen werden. Dieser Kandidat hat sich online das nötige Wissen angeeignet. Inzwischen ist er reifer und begreift die Wichtigkeit des Fachs.

Zu Antwort 5: Im Abitur setzen alle Schüler individuelle Schwerpunkte. Fächer, die nicht ins Abitur einfließen, werden im Allgemeinen vernachlässigt. Sie werden zwar „abgedeckt“, aber nicht mit speziellem Ehrgeiz verfolgt. Das zuzugeben, ist keine Schande. Die Bewerberin macht hier nicht den Fehler, das Fach Französisch abzuwerten oder schlechtzureden. Vielmehr zeigt sie, dass sie die Sprache schätzt und weiterhin sprechen will. Ihr ist bewusst, dass sie damit eine wichtige Qualifikation besitzt, die sie nicht verlieren sollte. Die Erwähnung der Kursfahrt nach Paris und der Hinweis auf ihren geplanten Urlaub sind geschickt. Damit zeigt die Bewerberin, dass sie sich im Alltag problemlos im Land selbst unter Muttersprachlern zurechtfinden kann.

Wer für schlechte Zensuren dem Lehrer die Schuld gibt, wirkt weder erwachsen noch kritikfähig oder lernbereit. Hinweise auf vorübergehende Faulheit sind nur dann eine gute Idee, wenn du im gleichen Atemzug aufzeigen kannst, dass du inzwischen den nötigen Ehrgeiz an den Tag legst. Hast du etwa aufgrund von Faulheit in Physik nur die Note „Befriedigend“ oder „Ausreichend“ erzielt, solltest du dir das fehlende Wissen autodidaktisch, zum Beispiel durch Literatur oder die Teilnahme an Webinaren, angeeignet haben. Einsicht ist zwar der erste Schritt zur Besserung. Der zweite muss allerdings zeitnah folgen, um zu beweisen, dass der Bewerber sich nicht auf seiner Schwäche ausruht. Es macht generell einen guten Eindruck, sich eventuell fehlendes Wissen im Nachhinein anzueignen.

Was du unbedingt vermeiden solltest: Mobbing, familiäre Schwierigkeiten oder psychische Probleme als Ursache für deine schlechten Noten heranzuziehen. Wer aufgrund von Mobbing mündlich die Mitarbeit im Unterricht einstellt und schriftlich lediglich mittelmäßige Leistungen bringt, wird keine guten Noten im Zeugnis vorweisen können. Die mündliche Mitarbeit macht – je nach Fach – bis zu 70 Prozent der Note aus.

Zwar können familiäre Schwierigkeiten (Streit, Scheidung der Eltern oder Ähnliches) eine intensive Belastung bedeuten. Besser ist allerdings, wenn du nicht eingestehen musst, dass deine Emotionen dich in so wichtigen Momenten wie Klassenarbeiten oder Klausuren vollkommen beherrscht und einen Misserfolg verursacht haben. Für deinen Berufs- und Lebenserfolg ist es essenziell, Gefühle lenken und deine Aufmerksamkeit auf das Wesentliche konzentrieren zu können.

Fragen zu Stärken und Schwächen

Hier wird nach Stärken und Schwächen gefragt, die direkt mit deiner Eignung für jeweiligen Beruf zu tun haben. Du solltest ehrlich antworten. Selbstverständlich reicht es nicht, nur Schlagworte aufzuzählen. Deine Antwort überzeugt nur, wenn du plastische und zugleich realistische Beispiele aus deinem Leben einbringen kannst. Überlege, welche deiner Fähigkeiten dich *wirklich* für deinen Wunschberuf zu einem idealen Kandidaten machen. Bitte Freunde und Familienangehörige um ihre Einschätzung: Wo sehen sie deine Stärken, wo deine Schwächen? Manchmal hilft ein Außenblick dabei, das eigene Profil zu schärfen.

Schwachpunkte darfst du – genau wie bei der Nachfrage zu schwächeren Schulleistungen – offen zugeben. Selbstkritik verdeutlicht, dass du dich realistisch einschätzen kannst. Es ist jedoch ratsam, Dinge zu nennen, die dich als Bewerber nicht sofort ins Aus setzen. Zeige, dass du dir bestimmter Schwächen bewusst bist – und dass du daran arbeitest, dich in diesen Punkten zu verbessern. Häufige Fragen sind:

1. „Warum denken Sie, dass Sie für diesen Beruf geeignet sind?"
2. „Wo sehen Sie Ihre persönlichen Stärken?"
3. „Wie gehen Sie mit Rückschlägen um?"
4. „Was sind Ihre Schwächen?"
5. „Welchen Situationen versuchen Sie auszuweichen und warum?"

Gute Antworten sind:

1. „Ich bin körperlich sehr belastbar, denn ich treibe viel Sport und arbeite nach der Schule auf dem Bau, um mir etwas Geld dazuzuverdienen. Was mir dort wirklich gefällt, ist der Zusammenhalt unter den Kollegen. Ich arbeite gern im Team. Außerdem denke ich, dass ich in stressigen Situationen einen klaren Kopf behalte."

2. „Meine Stärken liegen im sprachlich-kommunikativen Bereich. Ich spreche fließend Türkisch, Arabisch und Deutsch. Dazu habe ich gute Anwenderkenntnisse in Englisch und Spanisch. Ich bin sportlich und mache seit Jahren Karate. Dadurch kann ich mich nicht nur verbal gut durchsetzen."
3. „Ich bin sehr ehrgeizig. Wenn ich ein Ziel nicht erreiche, muss ich das erst mal verdauen. Zuerst überlege ich, warum ich gescheitert bin, und analysiere die Situation. Mir ist bewusst, dass Schwierigkeiten immer auch Gelegenheiten sind, um etwas Neues zu lernen und daran zu wachsen. Wenn mir etwas nicht auf Anhieb gelingt, ändere ich meine Herangehensweise und versuche es noch einmal. So war es bei meinem Fachabitur. Im zweiten Anlauf habe ich es mit einem guten Durchschnitt geschafft."
4. „Ich habe Gewichtsprobleme und bin beim Sporttest gerade so durchgekommen. Das hat mich wachgerüttelt. Ich weiß, dass ich meine Fitness unbedingt verbessern muss, wenn ich in meinem Traumberuf bestehen will. Meine Ernährung habe ich bereits ein Stück weit umgestellt. Ich esse viel gesünder als vorher. Außerdem habe ich mir fest vorgenommen, jeden Morgen laufen zu gehen."
5. „Wenn ich etwas nicht auf Anhieb verstehe oder kann, ist mir das peinlich. Manchen Leuten fliegt alles zu. Ich muss mir Vieles erarbeiten. Mir fällt es zum Beispiel schwer, Vorträge spannend zu gestalten und vor einer Gruppe vorzutragen. In der Schule bin ich immer ausgewichen, wenn Referate gehalten werden mussten. Um das Problem endlich in den Griff zu bekommen, habe ich mich für das kommende Semester bei einem Rhetorikkurs an der Volkshochschule angemeldet. Dort lerne ich, wie ich mich vor anderen präsentieren und überzeugende Vorträge halten kann."

Zu Antwort 1: Der Bewerber stellt seine körperliche Fitness und Stärke, aber auch seine Teamfähigkeit als besondere Stärken heraus. Dadurch, dass er beides begründet (der Nebenjob auf dem Bau) wirkt seine Antwort plausibel.

Zu Antwort 2: Diese Kandidatin begründet ihre Eignung mit ihren Sprachfähigkeiten (fünf Sprachen). Gleichzeitig verdeutlicht sie, dass sie körperlich fit ist und sich sowohl kommunikativ als auch mit Körpereinsatz durchsetzen kann (Karate).

Zu Antwort 3: Hier zeigt jemand, dass Scheitern und Lebenserfolg kein Widerspruch sind. Im ersten Anlauf hat dieser Bewerber sein Fachabitur nicht bestanden. An mangelndem Ehrgeiz hat es seiner Aussage nach nicht gelegen, sondern an der Herangehensweise. Offenbar hat er das Schuljahr wiederholt und es erneut versucht – mit einer anderen Taktik. Das beweist Durchhaltevermögen, Flexibilität und Resilienz. Obwohl die Frage primär die Schwächen erkunden sollte, hat sie überzeugend die Stärken dieses Kandidaten ans Tageslicht befördert.

Zu Antwort 4: Die Frage zu den eigenen Schwächen so ehrlich zu beantworten, verdient Respekt. Er nennt sogar etwas, was direkt mit dem Polizeiberuf in Zusammenhang steht (Gewichtsprobleme und schwaches Abschneiden beim Sporttest). Zusätzlich zu seiner Einsicht zeigt er Veränderungsbereitschaft. Seine Ernährung hat er bereits teilweise umgestellt. Die Fitness will er in Zukunft durch regelmäßiges Laufen optimieren.

Zu Antwort 5: Dieser Bewerber räumt ein, eine etwas schlechtere Auffassungsgabe als andere zu haben. Er muss sich Dinge „erarbeiten". Die Schwierigkeit, Vorträge zu halten, die er exemplarisch herausgreift, thematisiert eine Schwäche, die eher zu vernachlässigen ist. Solange der Bewerber keine Probleme hat, im Alltag mit Menschen zu kommunizieren, wird ihn dieses Problem kaum beeinträchtigen. Dass er zugibt, der Herausforderung in der Schule ausgewichen zu sein, ist ehrlich. Gleichzeitig wird deutlich, dass er die Problembewältigung aus Verlegenheit vor sich herschiebt, statt sie zeitnah anzugehen. Da es sich um einen jungen Bewerber zu handeln scheint (Schulabgänger), ist dieser Punkt vermutlich ein Stück weit seinem Alter geschuldet. Jetzt hat er den Plan, die fehlenden Kenntnisse durch einen Kurs aufzuarbeiten.

Witzig gemeinte Antworten wie: „Stricken liegt mir nicht" oder „Ich habe eine Schwäche für Süßes" sind bei der Frage nach den eigenen Schwächen fehl am Platz. Früher wurde in Bewerbungsratgebern oft dazu geraten, Schwächen zu nennen, die ebenso als Stärken ausgelegt werden können. Wer heute auf die Frage nach den eigenen Schwachpunkten „Perfektionismus" oder „zu viel Ehrgeiz" ins Feld führt, erntet allenfalls ein müdes Lächeln. Das haben die Prüfer schon viel zu oft gehört. Gefragt wird hier nach beruflich relevanten Aspekten. Wichtig ist, sofort deutlich zu machen, dass du dir der eigenen Schwächen bewusst bist und daran arbeitest.

Fragen zu Hintergrundwissen über Ausbildung, Laufbahn und Berufsalltag
Als Bewerber solltest du zeigen, dass du dich intensiv mit dem gewählten Beruf und dem Weg dorthin beschäftigt hast. Dabei kann es im Rahmen des Gesprächs

in die Tiefe gehen. Informier dich unbedingt eingehend über die von dir angestrebte Laufbahn.

Häufige Fehler in Bewerbungen

Viele Bewerber lesen die Hinweise zu den Bewerbungsunterlagen nicht aufmerksam durch. Informiere dich vorab, welche Unterlagen du einreichen musst. Unvollständige Bewerbungen werden in der Regel nicht berücksichtigt. Es hinterlässt keinen guten Eindruck, wenn du bereits die ersten Anweisungen nicht beachtest. Gleichzeitig kann dir das aufmerksame Lesen der Anforderungen Arbeit sparen: Ein Anschreiben ist zum Beispiel häufig nicht nötig.

Die zehn häufigsten Fehler im Anschreiben

Das Anschreiben bereitet vielen Bewerbern Kopfzerbrechen. Es soll kurz sein, spannend, kein Wort zu viel enthalten, die eigene Kompetenz und Motivation auf den Punkt bringen und signalisieren: Ich bin der richtige Kandidat. Das zu erreichen, kostet Zeit und Mühe.

1. **Rechtschreib-, Zeichensetzungs- und Grammatikfehler**

Rechtschreibfehler im Anschreiben? Ein No-Go. Achte darauf, dass dein Bewerbungsschreiben keine sprachlichen oder grammatikalischen Fehler enthält. Die Rechtschreibkorrektur von Word filtert erste Fehler heraus. Falls du zweifelst, schlag lieber im Duden (www.duden.de) nach und bitte jemanden, dein Schreiben Korrektur zu lesen.

2. **Korrekturen von Hand**

In der Regel wird erwartet oder die Möglichkeit angeboten, dass Bewerber ihre Unterlagen per E-Mail im PDF-Format schicken. Wer sich dennoch für eine klassische Bewerbung auf Papier entscheidet, darf keine nachträglichen Korrekturen vornehmen. Tipp-Ex fällt auf. Von Hand eingebrachte Satzzeichen lenken den Blick des Betrachters sofort auf den Fehler. Druck deine Unterlagen einfach erneut aus und sorge dafür, dass du sie in perfektem Zustand verschickst.

3. **Optisch unansehnliche Unterlagen**

Zerknickte Blätter, Fingerabdrücke, schwach ausgedruckte Tinte? Das sollte bei Bewerbungen nicht passieren. Wähle für deine Ausdrucke hochwertiges Papier. Es sollte lichtundurchlässig (mindestens 100g/m^2), hochweiß und gestrichen sein. Für das Deckblatt mit deinem Foto kannst du stabileres Papier nutzen. Falls du dein Foto direkt ausdruckst, wähle echtes Fotopapier. Darauf kommen die Farben am besten zur Geltung. Allerdings werden in der Regel nicht die Brillanz, Schärfe und der Kontrast erreicht, die ein echtes Foto vom Fotografen aufweisen.

Recyclingpapier und einfaches Kopierpapier verbieten sich von selbst. Du willst schließlich Eindruck machen. Vermeide Eselsohren, Flecken und Fingerspuren.

Deine Unterlagen sollten tadellos aussehen. Wähle für den Postversand am besten einen stabilen Briefumschlag in DIN A4 mit verstärktem Rücken, damit deine Unterlagen den Empfänger ungeknickt erreichen.

4. Betreff- und Bezugszeile vergessen

Eine Betreffzeile gehört dazu. Die Bezugszeile ist zwar kein Muss, verdeutlicht aber, wo du auf die Stellenausschreibung aufmerksam geworden bist.

5. Anschreiben erinnert an Lebenslauf

Teilweise verwechseln Bewerber das Anschreiben mit einem ausformulierten Lebenslauf. Sie erläutern langatmig sämtliche Lebensstationen, die sie bereits tabellarisch abgebildet haben. Die Entscheider haben nur wenig Zeit. Nutze die Dreiviertelseite, die für deine Selbstdarstellung bleibt, effektiv: Konzentriere dich auf deine entscheidenden Stärken. Was prädestiniert dich für deinen Wunschberuf?

6. Nichtssagende Floskeln

Gerade der erste Satz deines Anschreibens muss die Aufmerksamkeit des Lesers packen. Etliche Bewerber denken, ihr Anschreiben braucht eine Einleitung. Dementsprechend langweilen sie den Leser vom ersten Satz an mit Selbstverständlichkeiten wie: „Auf Ihrer Website habe ich gelesen, dass Sie zum 01.03.20XX Polizeivollzugsbeamte im mittleren Dienst suchen. Darum bewerbe ich mich bei Ihnen." Der wesentliche Teil steht bereits in der Betreffzeile („Bewerbung um einen Ausbildungsplatz als Polizeivollzugsbeamter im mittleren Dienst zum 01.03.20XX"). Dementsprechend fügt der Einleitungssatz keine neuen Informationen hinzu. Also weglassen! Verzichte ebenfalls darauf, dein Interesse an dem Beruf zu bekräftigen. Wenn du nicht interessiert wärst, zu Firma XYZ zu gehen, würdest du dich nicht um einen Ausbildungs- oder Studienplatz bemühen. „Ich habe mich eingehend über den Beruf informiert" gehört ebenfalls in die Kategorie „unnötige Floskel". Das ist eine Selbstverständlichkeit. Du willst eine Ausbildung absolvieren. Dementsprechend geht jeder davon aus, dass du vorab recherchiert und dich intensiv mit diesem Beruf befasst hast. Du brauchst einen echten Knaller am Anfang.

7. Vorlagen aus Bewerbungsratgebern oder Internetquellen unverändert übernehmen

Keine Frage: Eine gute Bewerbung zu verfassen, ist schwierig und kostet Zeit. Es ist vollkommen legitim, wenn du dir Inspiration zum Formulieren holst. Auch dieses Buch will dir helfen, deinen Berufsweg mit Erfolg zu meistern. Aber das Kopieren von kompletten Sätzen oder Satzteilen ist keine gute Idee. Diese Bausteine werden wiedererkannt. Jedes Buch und jede Internetseite finden unzählige Leser, die alle denselben Traum verfolgen wie du. Dementsprechend ist das Risiko hoch, dass andere Bewerber Teile von Muster-Anschreiben übernehmen. Die landen dann zuhauf auf dem Tisch des Verantwortlichen. Statt mit Individualität für Vorsprung zu sorgen, outest du dich damit schlimmstenfalls als einfallslos.

8. Behauptungen ohne Belege und Beispiele

Zu den Hauptfehlern in Anschreiben gehört, dass Soft Skills nur aufgezählt, aber nicht belegt werden. Du bist emotional stabil? Woran sieht man das? Dich zeichnen Hilfsbereitschaft und soziale Kompetenz aus? Finde einen Beleg dafür. In Stresssituationen hast du sprichwörtlich die Ruhe weg? Bewundernswert. Erkläre, in welchen Momenten es dazu kommt. Erst dann hat deine Bewerbung Aussagekraft.

9. Einfallsloser Satzbau

Es wirkt selbstbewusst, wenn ein Satz mit „Ich" beginnt und danach eine wesentliche Fähigkeit genannt und belegt wird. Bewerber neigen allerdings dazu, jeden Satz mit diesem Personalpronomen zu beginnen. Meist ist das Ergebnis eine Ansammlung unverbundener, kurzer Hauptsätze, die nur Behauptungen beinhalten, aber nichts belegen und begründen. („Ich bin ...", „Ich habe ...", „Ich werde ..."). Achte auf abwechslungsreiche Satzanfänge. Statt: „Ich arbeite gern im Team" kannst du beispielsweise schreiben: „Meine Teamfähigkeit stelle ich regelmäßig bei Projektarbeiten unter Beweis." Das lockert auf und zwingt dich automatisch dazu, deine Aussage zu untermauern.

10. Kenntnisse werden nicht konkretisiert

Bewerber schreiben oft Sätze wie „Außerdem spreche ich Russisch." Oder: „Ich mache seit fünf Jahren Judo." Das reicht nicht, damit sich der Personalverantwortliche ein Bild von deinen Fähigkeiten machen kann. Es geht vor allem um den Grad, bis zu dem du etwas beherrschst. Sind es Grundkenntnisse? Oder tatsächlich fundierte Anwenderkenntnisse? Gib bei Sprachen deine Niveaustufe an: „Außerdem spreche ich verhandlungssicher Russisch (Niveau: C1)." Oder: „Ich mache seit fünf Jahren Judo und besitze den schwarzen Gürtel." Optimal ist, wenn du diese Aussagen gleich mit deinem Wunschberuf in Verbindung bringst und zeigst, warum diese Kenntnisse ein Vorteil sind.

Die sechs häufigsten Fehler im Lebenslauf

1. Aufbau in chronologischer Reihenfolge

Etliche ältere Bewerber verfassen ihr Anschreiben häufig noch so, wie sie es in der Schule gelernt haben. Die dort verwendeten Materialien sind allerdings während der Schulzeit schon nicht mehr auf der Höhe der Zeit. Noch immer beginnen viele ihren Lebenslauf mit dem Besuch der Grundschule und enden mit der absolvierten Berufsausbildung oder ihrem Studium. Bau deinen Lebenslauf konsequent (!) rückwärts chronologisch auf. Der Personalverantwortliche will wissen, wer du heute als Erwachsener bist, was du gelernt hast und was du kannst. Grundschulerfahrungen sind nicht mehr relevant. Bewirbst du dich direkt nach der Schule? Dann kannst du wählen, ob du chronologisch oder rückwärts chronologisch vorgehen möchtest.

Achtung: Häufig mischen Bewerber vorwärts chronologische und rückwärts chronologische Anteile ihrer Bewerbung. Das solltest du unbedingt vermeiden.

2. **Leerstellen lassen**

Manche Menschen haben einen perfekten Lebenslauf ohne Lücken. Andere nicht. Es ist ein Fehler, bestehende Lücken in Zickzack-Karrieren nicht zu schließen. Gibt es Brüche in deinem Lebenslauf, solltest du dazu stehen. Finde sinnvolle Erklärungen. Schreibe möglichst nicht: „arbeitslos" oder „arbeitssuchend". Was hast du in dieser Zeit aktiv getan? Ein Jahr der Arbeitslosigkeit kannst du beispielsweise damit verbracht haben, dich autodidaktisch weiterzubilden. Vielleicht hast du einen schwerkranken Familienangehörigen versorgt? Oder du warst im Ausland, um deine Sprachfähigkeiten gezielt zu verbessern? Hast du dich mit verschiedenen kleinen Jobs über Wasser gehalten? Selbst „Sabbatical" liest sich besser als „arbeitslos".

3. **Ein ungeeignetes Foto wählen**

Ein Passbild ist kein Muss in Bewerbungsunterlagen. Dennoch kannst du mit einem schönen Foto Sympathiepunkte einheimsen. Manche Bewerber wollen ihre Unterlagen so schnell wie möglich einreichen. Für den Gang zum Fotografen nehmen sie sich keine Zeit. Eine schlechte Entscheidung. Ganzkörperaufnahmen, Urlaubsbilder, Partyschnappschüsse, veraltete Bilder oder Automatenfotos haben in einer Bewerbung nichts verloren. Willst du überzeugen, verwende ein professionell gemachtes Passbild. Die Standardgröße für Bewerbungsfotos beträgt zirka 6 × 4,5 cm. Du kannst zwischen Hoch- und Querformat wählen.

4. **Einen zu langen Lebenslauf verfassen**

Die Auswahl, was wichtig ist und was nicht, fällt manchen Kandidaten schwer. Beschränke dich auf das für den angestrebten Beruf Wesentliche! Der Lebenslauf sollte nicht mehr als zwei Seiten umfassen. Je prägnanter er ist, desto besser. So stellst du von Anfang an unter Beweis, dass du Wichtiges und Unwichtiges trennen kannst. Die präsentierten Informationen sollten genau auf deine Wunschstelle zugeschnitten sein.

5. **Schlangensätze und Textwüsten**

Leseunfreundliche Texte erzeugen keine Sympathie. Schreibe kurze, verständliche Sätze. Überschriften und ein klar gegliedertes Layout erleichtern dem Personaler das zügige Durchgehen deiner Unterlagen. Zu einem guten Gesamteindruck und Lesefreundlichkeit tragen Absätze bei.

6. **Datum und Unterschrift vergessen**

Der Lebenslauf sollte mit dem aktuellen Datum und deiner Originalunterschrift versehen sein. Achte auf Lesbarkeit und unterschreibe mit deinem Vor- und Familiennamen.

Die häufigsten Fehler beim Vorstellungsgespräch

1. **Unpünktlich erscheinen**

Du musst mit Bahn, Bus oder dem Auto anreisen? Plane vorsorglich genug Zeit ein. Öffentliche Verkehrsmittel haben ab und an mit Verspätungen zu kämpfen. Mit dem Auto kannst du in eine Umleitung, einen Unfall oder einen Stau geraten. Wenn du abgehetzt in letzter Sekunde oder verspätet durch die Tür stürmst, macht das keinen guten Eindruck. Bist du früh genug vor Ort, kannst du bei Bedarf die Toilette benutzen, dein Outfit prüfen und dich frischmachen. Ist die Fahrt sehr weit? Nimm deine gute Kleidung gewaschen und gebügelt in einem Kleiderbeutel mit und zieh dich vor dem Gespräch auf der Toilette um. Das macht einen besseren Eindruck, als in einem verschwitzten Anzug oder Kostüm zu erscheinen. Allerdings solltest du nicht deutlich zu früh zu deinem Termin auftauchen.

2. **Falscher Dresscode**

Das äußere Erscheinungsbild zählt. Vermeide knallige Farben, übertriebenes Make-up und zu viel Schmuck. Halte dein Outfit möglichst klassisch-konservativ und dezent. Mit einem Anzug oder einem Kostüm in gedeckten Farben liegst du auf jeden Fall richtig. Alternativ kommen eine ordentliche Jeans, eine Stoffhose, Hemd beziehungsweise Bluse sowie ein Blazer ebenfalls in Frage. Piercings solltest du entfernen. Dezente Ohrringe sind unproblematisch. Tipps:

- Lege als Frau ein leichtes Tages-Make-up auf, wenn du dich damit wohlfühlst.
- Verzichte auf übermäßig viel Schmuck.
- Kleide dich konservativ.
- Achte auf eine ordentliche Frisur.
- Achte als Mann auf eine sorgfältige Rasur oder einen gepflegten Bart.

3. **Falsche Körpersprache**

Die ersten Sekunden entscheiden, ob du deinem Gegenüber sympathisch bist oder nicht. Dabei sind Gestik, Mimik und die Körperhaltung entscheidend. Reichst du zur Begrüßung die Hand, achte auch einen angenehm festen Druck. Halte dabei bewusst Blickkontakt mit deinem Ansprechpartner und wiederhole seinen Namen bei der Begrüßung. Das hilft dir, ihn im Gedächtnis zu behalten. Spätestens beim Verabschieden, solltest du ihn mit seinem Namen ansprechen. Lächeln nicht vergessen! Achte auf eine motivierte Körpersprache während des Gesprächs: Dazu gehört eine gerade, offene Sitzhaltung. No-Gos: verschränkte Arme, lümmeln auf dem Stuhl, angespannt und steif sitzen. Tipps:

- Achte auf deine Gestik. Setze sie bewusst zur Unterstreichung des Gesagten ein.
- Suche immer wieder Blickkontakt zu deinen Gesprächspartnern.

- Recherchiere vor dem Vorstellungstermin, wer das Gespräch mit dir führen wird. Dann kannst du dir die Namen bereits im Vorfeld einprägen.

4. **Schlechte Vorbereitung**

Im Vorstellungsgespräch zeigt sich, ob du gute Vorarbeit geleistet hast. Zum einen brauchst du handfestes Wissen über deinen Wunschberuf, die Ausbildungswege, die Geschichte und den Berufsalltag. Zum anderen musst du dir über deine Beweggründe sicher sein. Bereite dich auf die meistgestellten Fragen vor. Antworte ruhig und überlegt, nicht wie aus der Pistole geschossen. Je natürlicher und souveräner du bei dem Gespräch wirkst, desto besser. Tipps:

- Lerne relevante Informationen zu deinem Wunschberuf (Ausbildung, Geschichte, Berufsalltag, wichtige Entscheidungsträger) auswendig.
- Übe das Vorstellungsgespräch mit Freunden oder Familienmitgliedern.
- Beantworte dabei sämtliche der meistgestellten Fragen.
- Erscheine ausgeschlafen zu deinem Termin.

5. **Anderen die Schuld für eigene Fehler geben**

Rücke niemals deine Mitmenschen in ein schlechtes Licht. Das fällt auf dich zurück. Immer. Selbst dann, wenn du wirklich nur unschuldig in eine ungünstige Situation geraten bist. Egal, ob es sich um Eltern, Lehrer, Mitschüler, Kommilitonen oder Kollegen handelt: Äußere dich nicht negativ. Du hast eine schlechte Note, bist durchs Abitur gefallen, hast die Realschulprüfung erst im zweiten Anlauf bestanden? Alles egal. Mach dir Folgendes bewusst: Diese Ereignisse liegen in der Vergangenheit. Du bist *trotzdem* zum Vorstellungsgespräch eingeladen worden. Das heißt, du bist als Bewerber interessant für die Entscheider. Dass dein Leben nicht immer glatt verlaufen ist, interessiert sie nur indirekt. Sie wollen in Erfahrung bringen, wie du mit Rückschlägen und Stresssituationen umgehst. Hier kannst du eine Schwäche zu einer Stärke machen. Tipps:

- Bleib ruhig und lass dich nicht aus der Ruhe bringen.
- Stehe zu deinen Fehlern.
- Wenn möglich, zeige, dass du mit dem Rückschlag produktiv umgegangen bist.

6. **Nicht aktiv zuhören**

Deinen Gesprächspartner solltest du schon aus Höflichkeit nicht unterbrechen. Falle ihm keinesfalls ins Wort, sondern höre ruhig zu und antworte überlegt. Das zeigt Respekt. Du solltest durch Nicken, kurze Einwürfe und kleine Kommentare signalisieren, dass du das Gesagte tatsächlich aufmerksam verfolgst. Aus dem Input, den du dabei erhältst, kannst du später möglicherweise (zusätzliche) eigene Fragen ableiten. Achtung: Viele Bewerber machen den Fehler, dass sie überhaupt nicht richtig zuhören, weil sie im Kopf schon mit ihrer eigenen Antwort beschäftigt sind. Dadurch entgehen ihnen die Einzelheiten. Das ist nicht zu empfehlen: Konzentriere dich auf dein Gegenüber. Tipps:

- Konzentriere dich auf deine Gesprächspartner.
- Höre aufmerksam zu.
- Zeige deine Konzentration durch Nicken, Bestätigungslaute oder einen kurzen Einwurf.

7. Keine eigenen Fragen stellen

Du hast keine Fragen? Das ist kein gutes Zeichen. Mit eigenen Fragen zeigst du aufrichtiges Interesse und beweist, dass du aufmerksam zugehört hast. Selbstverständlich solltest du nichts fragen, was sich bereits im Gespräch geklärt hat. Ein Job-Interview ist nicht als einseitiges Verhör gedacht. Selbst wenn standardisierte Fragen gestellt werden, entwickelt sich später im Idealfall ein echtes Gespräch. Bereite am besten fünf Fragen vor. Mach dir Notizen und nimm deinen Block mit in das Gespräch. Stellen solltest du allerdings nur zwei bis drei. Aber möglicherweise werden einige bereits innerhalb des Gesprächs beantwortet. Mit etwas mehr Fragen in petto bist du gut vorbereitet.

8. Überstürzt den Raum verlassen

Das Vorstellungsgespräch ist beendet? Glückwunsch. Du hast es geschafft. Trotzdem solltest du nicht fluchtartig verschwinden. Bedanke dich bei den Anwesenden der Reihe nach für ihre Zeit. Verabschiede dich mit Stil. Das bleibt positiv in Erinnerung. Am Ende sollte die Frage nicht fehlen, wann du mit einer Nachricht rechnen kannst.

Online-Bewerber-Training

Bestehe deinen Einstellungstest mit der Plakos-Einstellungstest-App!

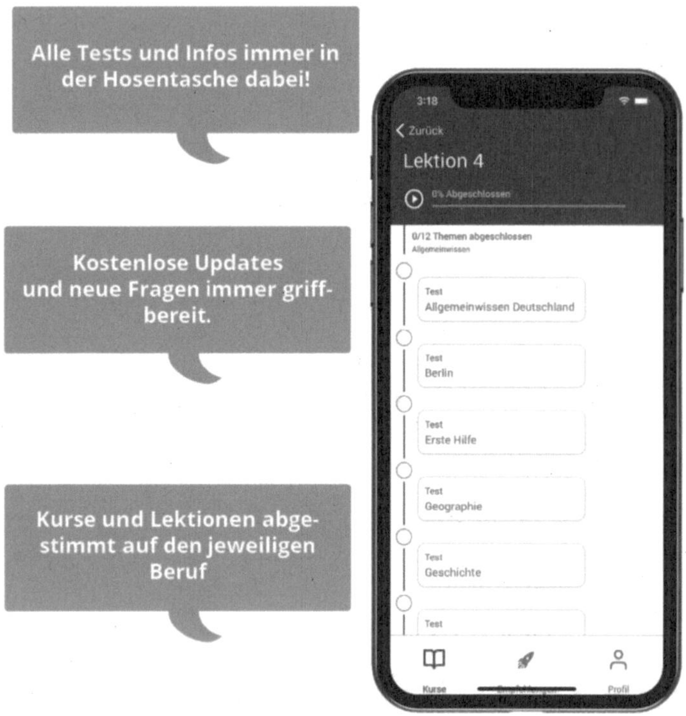

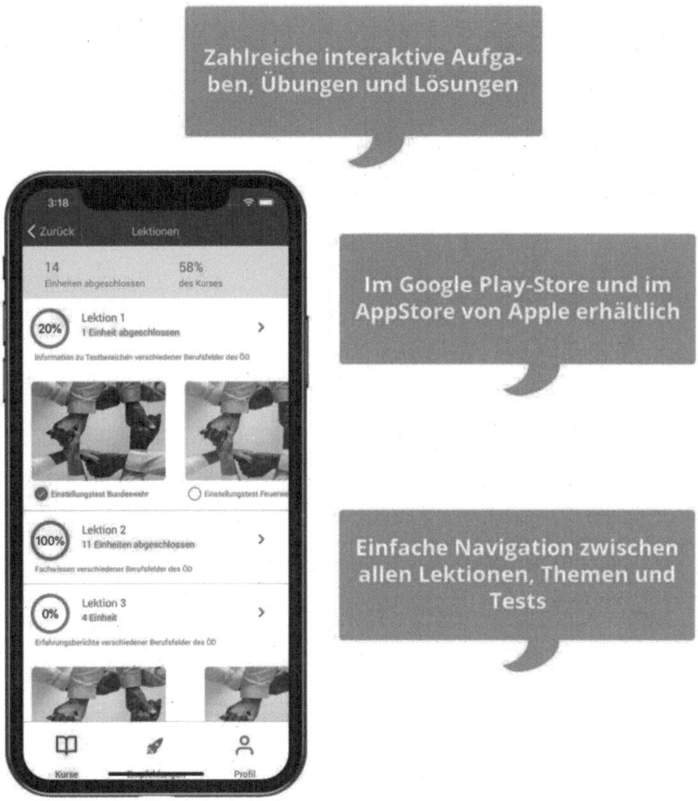

Bestehe deinen Einstellungstest mit der Plakos-Einstellungstest-App! Mit der Plakos-App hebst du deine Einstellungstest-Vorbereitung auf ein neues Level! Du profitierst von Lösungswegen und ausführlichen Erklärungen zu jeder Aufgabe. Am Ende bekommst du eine Auswertung deiner Ergebnisse. Sichere dir jetzt deinen Vorteil gegenüber anderen Mitbewerbern! Wähle die gewünschte Berufsgruppe aus und melde dich mit deinen Zugangsdaten aus dem Mitgliederbereich der Plakos Akademie an. Es werden dir dann die passenden Übungen für den Einstellungstest angezeigt.

Plakos-Online-Testtrainer – die optimale Vorbereitung für dich!

Strukturierter Ablauf, Lösungswege und Kernfortschrittsanzeigen

Kurse und Lektionen abgestimmt auf den jeweiligen Beruf

Lern- und Erklärvideos sowie Experten-Tipps

Tausende Bewerber üben jährlich ganz konkret mit den Plakos-Online-Testtrainings. Sie gehen anschließend mit mehr Selbstbewusstsein und Wissen in ihr Auswahlverfahren.
Die Online-Testtrainer gibt es in verschiedenen Preiskategorien für zahlreiche Berufe wie zum Beispiel im öffentlichen Dienst, im Bereich Gesundheit, Pflege und Soziales oder für technische und kaufmännische Berufe.

Da du bereits dieses Buch erworben hast, möchten wir dir an dieser Stelle einen **Gutschein für unsere Online-Programme in Höhe von 15 Euro** schenken. Die folgende Kurzanleitung beschreibt dir, wie du den Gutschein einlösen kannst:

1. Öffne den Browser auf deinem Smartphone, Tablet oder deinem Desktopcomputer.
2. Scanne den QR-Code oder gib die folgende URL in die Adresszeile ein oder: plakos-akademie.de/produkt/app-testtrainer-vollversion-15/
3. Mit dem Produkt „Testtrainer App“ hast du Zugriff auf fünf unserer Kurse: Testtrainer, Allgemeinwissen, Konzentration, Logik und Sprache.
4. Gib am Ende des Bestellprozesses den folgenden Gutscheincode ein. Bitte beachte, dass mit dem Gutscheincode in der Testtrainer App nicht alle Plakos-Akademie-Kurse freischaltet sind.

buchrabatt15

Bei Fragen kannst du gerne eine E-Mail an support@plakos.de senden. Antworten auf häufig gestellte Fragen findest du der Webseite plakos-akademie.de/kundenservice/. Eine Übersicht zu allen Lern-Apps von Plakos findest du unter plakos-akademie.de/kundenservice-apps/.

Allgemeinwissen

In Einstellungstests bekommst du häufig Fragen zum Thema Allgemeinwissen gestellt. Da sich Aufgaben aus diesem Bereich nicht durch logisches Denken lösen lassen, ist entsprechendes Vorwissen sehr wichtig.

Welche Fragen und Aufgaben kommen dran?

Wie auch in anderen Bereichen des Einstellungstests kann Allgemeinwissen nicht von einem auf den anderen Tag erlernt werden. Allgemeinwissen muss kontinuierlich aufgebaut, aktualisiert und erweitert werden.

Beispiel
Wie kannst du dich nun optimal auf diesen Teil vorbereiten, wenn dir wenig Zeit bleibt? Es gibt sehr viele Fragen, die immer wieder in Einstellungstests gestellt werden. Zum einen handelt es sich dabei um Fragen zu historischen Themen, zum Beispiel „Wann war die Wiedervereinigung?“, und zum anderen werden Fragen zum aktuellen Zeitgeschehen gestellt.

Beispiel: „Wer ist aktuell Familienministerin?“

Wir empfehlen dir für deine Vorbereitungen die folgenden Multiple-Choice-Fragen akribisch durchzuarbeiten und am besten täglich Zeitung zu lesen.

Das Segment „Allgemeinwissen" wird hier thematisch unterteilt. Die Aufgaben unterscheiden sich in zwei Aufgabentypen. Dir wird entweder ein Satz vorgegeben, welcher durch a), b), c) oder d) ergänzt werden muss, oder es muss eine Frage richtig beantwortet werden. Es gibt zu jeder Aufgabe nur eine richtige Lösung. Die Lösungen und Lösungshinweise zu den Aufgaben findest du jeweils am Ende des Unterkapitels.

Recht

1. Die sogenannte Judikative ist die
a) ausführende Gewalt.
b) richterliche Gewalt.
c) gesetzgebende Gewalt.
d) gesetzliche Gewalt.

2. Für wen hat der Gesetzgeber im Strafrecht eigens eine besondere Regelung eingeführt?
a) Kronzeuge
b) Kronprinz
c) Kronleuchter
d) Kronkorken

3. Welchen Zweck verfolgen die Grundrechte primär?
a) den Schutz von Bürgern untereinander
b) den Schutz des Bürgers vor juristischen Personen
c) den Schutz des Bürgers vor Eingriffen des Staates
d) den Schutz des Staates vor den Bürgern
e) Keine Antwort ist richtig.

4. Welche Bedeutung hat die Abkürzung „StPO"?
a) Strafpolizeiordnung
b) Steuerpolizeiordnung
c) Strafprozessordnung
d) Straßenverkehrsordnung
e) Staatspolizeiorganisation

5. Ab welchem Alter ist man grundsätzlich durch die Grundrechte geschützt?
a) Geburt
b) acht
c) 14
d) 21
e) 18

6. Welche Frage wirft der Begriff der Rechtsgeltung auf?
a) die Frage der Wiedergutmachung durch Gesetze
b) die Frage nach der Gültigkeit von Gesetzen
c) die Frage nach der Verurteilung aufgrund von Gesetzen

7. Welches Gericht wird grundsätzlich bei Streitigkeiten auf dem Gebiet des öffentlichen Rechts angerufen?
a) Zivilgericht
b) Verwaltungsgericht
c) Keine Antwort ist richtig.
d) Schiedsgericht
e) Strafgericht

8. Ein Kaufvertrag verpflichtet den Verkäufer zur ...
a) Rechnungsstellung.
b) Begleichung des Kaufpreises.
c) Aushändigung eines Lieferscheins.
d) Übergabe der Kaufsache.

9. Welche der folgenden Tatbestände beschreibt eine Körperverletzung?
a) auf die Schulter klopfen
b) das Abschneiden der Haare im Schlaf
c) im Schulunterricht andere Schüler mit Papierkügelchen bewerfen
d) angewiderter Blick

10. Was bedeutet die Gewaltenteilung?
a) historischer Begriff für eine Militärdiktatur
b) Mittel zur Machtbegrenzung und Sicherung von Freiheit und Gleichheit
c) Gesetz, das jedem Bundesbürger untersagt, allein Gewalt anzuwenden
d) Prinzip, nach dem Polizeibeamte bei gewalttätigen Eingriffen vorgehen müssen

11. Wo hat der Europäische Gerichtshof für Menschenrechte seinen Sitz?
a) Den Haag
b) Straßburg
c) Brüssel
d) Luxemburg

12. Was besagt der sogenannte „Taschengeldparagraph"?
a) Minderjährigen ist ein Taschengeld von den Eltern zu gewähren.
b) Keine Antwort ist richtig.
c) Minderjährige können Taschengeld vom Staat verlangen.
d) Grundsätzlich muss kein Taschengeld bezahlt werden.
e) Ein Minderjähriger kann grundsätzlich mit seinem Taschengeld einen wirksamen Vertrag schließen.

13. Was ist ein positives Recht?
a) ein Gesetz, das negative Auswirkungen hat
b) ein vom Menschen gesetztes Recht
c) ein von der Natur gesetztes Recht
d) ein Gesetz, das positive Auswirkungen hat

14. Was ist soziologisch gesehen keine Funktion eines funktionierenden Rechtssystems?
a) Gerechtigkeit
b) Frieden
c) Freiheit
d) Kontrolle

15. Mit welchem Alter gilt man in Deutschland als unbeschränkt geschäftsfähig im Sinne des Bürgerlichen Gesetzbuches?
a) mit Vollendung der Geburt
b) mit 14 Jahren
c) mit sieben Jahren
d) mit 18 Jahren
e) mit 21 Jahren

16. Die Polizei ist Teil der ...
a) Judikative.
b) Exekutive.
c) Legislative.

17. Wer oder was wird auch als „Hüter der Verfassung" bezeichnet?
a) Bundeskriminalamt
b) Bundespräsident
c) Bundesrat
d) Bundeskanzler
e) Bundesverfassungsgericht

18. Wann wurde das Grundgesetz der Bundesrepublik Deutschland verkündet?
a) 23.05.1949
b) 17.08.1945
c) 01.01.1990
d) 01.01.1946

19. Wie bezeichnet man das Gegenteil von absolutem Recht?
a) finales Recht
b) ungefähres Recht
c) relatives Recht
d) fiktives Recht

20. Wie heißt die Personifikation der Gerechtigkeit?
a) Minerva
b) Justitia
c) Diana
d) Juno

21. Welche Bedeutung hat die Abkürzung „AGB“?
a) allgemeine Gewerkschaft Berlin
b) Arbeitsgemeinschaft der Behörden
c) Archiv für Geschichte des Buchwesens
d) allgemeine Geschäftsbedingungen

22. Wann erlischt das Urheberrecht?
a) 50 Jahre nach der Veröffentlichung
b) 30 Jahre nach der Veröffentlichung
c) 70 Jahre nach dem Tod des Urhebers
d) 50 Jahre nach dem Tod des Urhebers

23. Was versteht man unter einer Konventionalstrafe?
a) richterliche Strafe
b) Vertragsstrafe
c) Verzugszins
d) Freiheitsstrafe

24. Welche der folgenden Kategorien gehört nicht zum öffentlichen Recht?
a) Steuerrecht
b) Urheberrecht
c) Sozialrecht
d) Verwaltungsrecht

25. Ein Notar ist zuständig für ...
a) Strafverteidigungen.
b) arbeitsgerichtliche Verfahren.
c) Beurkundungen.
d) Klagen vor dem Oberverwaltungsgericht.

26. Wie nennt man den obersten Beamten der Staatsanwaltschaft beim Bundesgerichtshof?
a) Staatsoberanwalt
b) Generalbevollmächtigter
c) Staatssekretär
d) Generalbundesanwalt

27. Was steht in Artikel 1, Abs. 1 des Deutschen Grundgesetzes?
a) die Meinungsfreiheit
b) die Unantastbarkeit der Würde des Menschen
c) das Recht auf Bildung
d) die Versammlungsfreiheit

28. Bei welchem Recht handelt es sich um kein Grundrecht nach dem Deutschen Grundgesetz?
a) Versammlungsfreiheit

b) Asylrecht
c) das Recht, CDs und DVDs für private Zwecke zu kopieren
d) Unverletzlichkeit der Wohnung

29. Was sind Schöffen?
a) ehrenamtliche Laienrichter
b) Mitarbeiter des Justizministeriums
c) staatliche Gerichtsdiener
d) parlamentarische Justizhelfer

30. Verhältnismäßigkeit heißt
a) Vorrang des Gesetzes.
b) nicht ohne das Gesetz.
c) keine Maßnahme gegen den Willen der Bürger.
d) Eingriff in die Rechte der Bürger nur in dem Umfang, wie es die Maßnahme notwendig macht.

31. Was versteht man unter dem rechtlichen Eigentum?
a) die tatsächliche Herrschaft über eine Sache
b) den Besitz einer Sache
c) das umfassende Herrschaftsrecht über eine Sache
d) die tatsächliche Verfügungsgewalt über eine Sache

32. Was regelt das Privatrecht?
a) Rechtsbeziehung der Bürger zum Staat
b) Rechtsbeziehung juristischer Personen gegenüber der Polizei
c) Rechtsbeziehung der Bürger untereinander
d) Rechtsbeziehung der Bürger zum öffentlichen Recht

33. Vorbehalt des Gesetzes heißt,
a) Eingriff in die Rechte der Bürger nur in dem Umfang, wie es die Maßnahme notwendig macht.
b) Vorrang des Gesetzes.
c) keine Maßnahmen ohne Zustimmung des Bundespräsidenten.
d) nicht ohne das Gesetz.

Lösungen: Recht

1. b)	12. e)	23. b)
2. a)	13. b)	24. b)
3. c)	14. a)	25. c)
4. c)	15. d)	26. d)
5. a)	16. b)	27. b)
6. b)	17. e)	28. c)
7. b)	18. a)	29. a)
8. d)	19. c)	30. d)
9. b)	20. b)	31. c)
10. b)	21. d)	32. c)
11. b)	22. c)	33. d)

Politik und Gesellschaft

1. Der Bundesrat ...
a) hat die Ablösung der Regierung als Ziel.
b) hat eine Gesetzgebungsfunktion.
c) besteht aus Bundestagsabgeordneten.
d) vertritt die Bundesländer im Bund.

2. Aus welchem Land kamen die ersten Gastarbeiter in die Bundesrepublik Deutschland?
a) Italien
b) Spanien
c) Portugal
d) Türkei

3. Volkssouveränität bedeutet,
a) wichtige Beschlüsse kommen durch einen Volksentscheid zustande.
b) die Würde des Volkes ist unantastbar.
c) die Staatsgrenzen dürfen von anderen Völkern nicht verletzt werden.
d) alle Gewalt geht vom Volk aus.

4. Wie heißt die Wirtschaftsordnung der Bundesrepublik Deutschland?
a) freie Zentralwirtschaft
b) soziale Planwirtschaft
c) soziale Marktwirtschaft
d) freie Marktwirtschaft

5. Wofür steht die Abkürzung NATO?
a) North Atlantic Treaty Organization
b) North American Tactical Operations
c) North Atlantic Trade Organization
d) North American Trade Organization

6. Wer war Begründer der modernen Evolutionstheorie?
a) Jean-Baptiste de Lamarck
b) Francis Crick
c) Gregor Mendel
d) Charles Robert Darwin

7. Welcher Partei gehörte der erste Bundespräsident der Bundesrepublik Deutschland an?
a) CSU
b) CDU
c) FDP
d) SPD

8. Was besagt das Schengener Abkommen?
a) Teil der Verfassung der Europäischen Union
b) Aufhebung der Zoll- und Grenzkontrollen zwischen Ländern
c) Abkommen, das alle Mitglieder der Europäischen Union unterschreiben müssen
d) Verordnung der Europäischen Kommission zur Vereinheitlichung der Grenzübergänge

9. Wer ist oberster Dienstherr der Polizei in einem Bundesland?
a) Justizminister
b) Innenminister
c) Kultusminister
d) Finanzminister

10. Wer wählt die Bundeskanzlerin?
a) Bundestag
b) Volk
c) Bundesrat
d) Bundespräsident

11. Ab welchem Alter dürfen deutsche Staatsbürger bei der Bundestagswahl wählen?
a) 18 Jahre
b) 14 Jahre
c) 21 Jahre
d) 16 Jahre

12. In Deutschland gibt es keinen Vizepräsidenten. Wer muss die Vertretung übernehmen, falls der Bundespräsident verhindert ist?
a) der Bundesratspräsident
b) ein vom Bundespräsidenten bestellter Vertreter
c) der Zweitgereihte der letzten Wahl
d) die Bundeskanzlerin

13. Die Anzahl der Stimmen eines Bundeslandes im Bundesrat hängt ab von ...
a) der Gesamtzahl der Stimmen.
b) der Fläche des Bundeslandes.
c) der Einwohnerzahl des Bundeslandes
d) der Wahlbeteiligung der Bürger im jeweiligen Bundesland.

14. Von wem stammt der Text der deutschen Nationalhymne?
a) Johann Wolfgang von Goethe
b) Ludwig van Beethoven
c) Friedrich Schiller
d) August Heinrich Hoffmann von Fallersleben

15. Was bedeutet Demokratie wörtlich?
a) Herrschaft der Regierung
b) Herrschaft des Volkes
c) Herrschaft der Mehrheit
d) Herrschaft der Menschen

16. Die Richter des Bundesverfassungsgerichts werden
a) Keine Antwort ist richtig.
b) vom Bundespräsidenten und vom Bundestag gewählt.
c) vom Bundestag und vom Bundesrat gewählt.
d) vom Volk gewählt.

17. Wie setzt sich die deutsche Bundesregierung zusammen?
a) Kanzlerin und Bundesminister
b) Kanzlerin und Bundespräsident
c) Bundestag und Bundesrat
d) Bundesrat und Bundespräsident

18. Wer hat keine Befugnis, einen Gesetzesentwurf einzubringen?
a) Bundestag
b) Bundespräsident
c) Bundesrat
d) Bundesregierung

19. Wie viele deutsche Bundesländer gibt es?
a) 15
b) 16
c) 22
d) 11

20. Wie heißt die Zusammenarbeit von Parteien zur Bildung einer Regierung?
a) Koalition
b) Ministerium
c) Fraktion
d) Koordination

21. Wie wird das deutsche Regierungssystem bezeichnet?
a) konstitutionelle Monarchie
b) parlamentarische Demokratie
c) Präsidialregime
d) Militärdiktatur

22. Wer war im Jahr 2018 Präsident der Europäischen Kommission?
a) Herman Van Rompuy
b) Martin Schulz
c) Jean-Claude Juncker
d) José Manuel Barroso

23. Welches Land hatte im Jahr 2016 keinen Status als Beitrittskandidat der Europäischen Union?
a) Türkei
b) Ukraine
c) Serbien
d) Albanien

24. Wie hieß der erste Bundespräsident der Bundesrepublik Deutschland?
a) Richard von Weizsäcker
b) Roman Herzog
c) Theodor Heuss
d) Gustav Heinemann

25. Mit welchem Politiker war die britische Premierministerin Margaret Thatcher eng befreundet?
a) Ronald Reagan
b) Helmut Kohl
c) Michail Gorbatschow
d) Winston Churchill

26. Welche Maximalsumme erhalten die Parteien insgesamt jährlich aus staatlichen Zuwendungen?
a) 31 Millionen Euro
b) 63 Millionen Euro
c) 133 Millionen Euro
d) 280 Millionen Euro

27. Was versteht man unter einem „passiven Wahlrecht"?
a) Ausschluss vom Wahlrecht
b) das eigene Wahlrecht durch eine Vertrauensperson ausüben zu lassen
c) per Briefwahl wählen zu können
d) das Recht, bei einer Wahl selbst gewählt zu werden

28. Welche regelmäßigen Massenproteste in der DDR gingen der deutschen Wiedervereinigung voraus?
a) Frühjahrsproteste
b) Montagsdemonstrationen
c) Freitagsbewegung
d) Ostermärsche

29. Welche Tageszeitung hat in Deutschland die höchste Auflage?
a) Süddeutsche Zeitung
b) Frankfurter Allgemeine Zeitung
c) Bild
d) Die Welt

30. Wer war kein deutscher Bundeskanzler?
a) Willy Brandt
b) Walter Scheel
c) Helmut Kohl
d) Gerhard Schröder

31. Wie viele Sterne hat die Europaflagge?
a) 9
b) 12
c) 17
d) 20

32. Wie heißt das Verfahren, das seit 2009 die Verteilung der Mandate nach der Bundestagswahl berechnet?
a) d'Hondt
b) Holl-Neuberger
c) Sainte-Laguë
d) Hare-Niemeyer

33. Seit wann hat Deutschland eine eigene Armee, die heutige Bundeswehr?
a) 1949
b) 1955
c) 1968
d) 1980

34. Welcher Philosoph hatte maßgeblichen Einfluss auf die Verfassung liberaler Staaten?
a) John Locke
b) Jean-Jacques Rousseau
c) Thomas Hobbes
d) Georg Wilhelm Friedrich Hegel

35. Wobei handelt es sich beim Vertrag von Maastricht?
a) Einführung des Emissionsgesetzes
b) Gründung der Europäischen Union
c) Reduzierung der Treibhausgase
d) Aufforstung der Regenwälder

36. Wer wählt in Deutschland den Präsidenten des Deutschen Bundestages?
a) Bundesrat
b) das deutsche Volk
c) Bundesversammlung
d) Bundestag
e) Bundespräsident

37. Ein Bundeskanzler hat gegenüber den Bundesministern
a) ein höheres Stimmrecht.
b) ein Entscheidungsrecht in Pattsituationen.
c) ein Weisungsrecht.
d) ein Bestimmungsrecht.

38. Wie viele Regierungsperioden darf ein Bundeskanzler regieren?
a) unbegrenzt
b) einmal
c) viermal
d) zweimal

39. Wem wird das Bundesverdienstkreuz bei Amtsantritt verliehen?
a) Bundeskanzler
b) Bundestagspräsident
c) Präsident des Bundesverfassungsgerichts
d) Bundespräsident

40. Wo sitzt der Europäische Rechnungshof?
a) Karlsruhe
b) Brüssel
c) Straßburg
d) Luxemburg
e) Den Haag

41. Wo ist der Hauptsitz des Europäischen Parlaments?
a) Karlsruhe
b) Brüssel
c) Straßburg
d) Luxemburg
e) Den Haag

42. Wer bildet den Europäischen Rat?
a) die Staats- und Regierungschefs der EU
b) Abgeordnete als Vertreter der EU-Länder
c) die Präsidenten der EU-Verfassungsorgane
d) die EU-Bürger

43. Was steht hinter dem Begriff „kommunal"?
a) staatlich
b) eine Gemeinde oder einen Landkreis betreffend
c) eigenständig
d) gesetzlich
e) monetär

44. Innerhalb der deutschen Bundesländer sind die nächstgrößeren Verwaltungseinheiten die ...
a) Landkreise.
b) Städte.
c) Bezirke / Regierungsbezirke.
d) Gemeinden.

45. Gewaltenteilung meint die
a) Trennung von Polizei und Bundeswehr.
b) Aufteilung des Staates in einzelne Bundesländer.
c) hierarchische Gliederung der Verwaltung.
d) Aufteilung der Bundesregierung in Bundestag und Bundesrat.
e) Trennung der Gesetzgebung von der Rechtsprechung und Verwaltung.

46. Mit der Weimarer Republik wurde erstmals in der deutschen Geschichte die ... eingeführt.
a) parlamentarische Demokratie
b) konstitutionelle Monarchie
c) absolute Monarchie
d) autoritäre Diktatur

47. Das Ziel der Nato ist es, die
a) Grenzen Europas vor dem islamischen Staat zu schützen.
b) Mitglieder mit nötigen Waffen und Soldaten auszustatten.
c) Sowjetunion und den Islam zu bekämpfen.
d) Freiheit und Sicherheit der Mitglieder zu gewähren.

48. Welches Land ist kein Mitglied der politischen Vereinigung „Europäische Union"?
a) Norwegen
b) Finnland
c) Rumänien
d) Litauen

49. Was bedeutet der Begriff „Mehrparteienprinzip"?
a) Kennzeichen für einen demokratischen Staat, in dem es mehrere Parteien gibt, die bei Wahlen von stimmberechtigten Staatsangehörigen gewählt werden
b) ein politisches System, bei dem eine Partei langfristig die alleinige Regierungsgewalt innehat und keine Oppositionsparteien zulässt
c) Kennzeichen für einen demokratischen Staat, in dem sich im Wesentlichen zwei Parteien als Regierungsparteien abwechseln
d) Kennzeichen für einen demokratischen Staat, in dem es mehrere Parteien gibt; die Abgeordneten der Parteien wählen das Staatsoberhaupt

50. Wie heißt die Vereinigung von Abgeordneten einer Partei im Parlament?
a) Fraktion
b) Koalition
c) Opposition
d) Mandat

51. Wie heißt das höchste deutsche Gericht?
a) Oberlandesgericht Karlsruhe
b) Bundesgerichtshof
c) Bundesanwaltsgericht
d) Bundesverfassungsgericht

52. Welcher Begriff kann Deutschland nicht zugeordnet werden?
a) Bundesstaat
b) Rechtsstaat
c) Sozialstaat
d) Einheitsstaat

53. Welche Interessen werden in der Landespolitik vertreten?
a) Bund
b) Landkreis und Gemeinde
c) Bundesländer
d) Europäische Gemeinschaft

54. Welches Beamtenverhältnis gibt es nicht?
a) Beamtenverhältnis auf Probe
b) Beamtenverhältnis auf Fertigstellung
c) Beamtenverhältnis auf Zeit
d) Beamtenverhältnis auf Lebenszeit
e) Beamtenverhältnis auf Widerruf

55. Welcher Aufgabe darf ein Beamter nicht nachgehen?
a) kollektive Arbeitsniederlegung
b) Pflicht zur Amtsverschwiegenheit
c) hoheitliche Aufgaben
d) Diensteid ablegen

Lösungen: Politik und Gesellschaft

1. d)	20. a)	39. d)
2. a)	21. b)	40. d)
3. d)	22. c)	41. c)
4. c)	23. b)	42. a)
5. a)	24. c)	43. b)
6. d)	25. a)	44. c)
7. c)	26. c)	45. e)
8. b)	27. d)	46. a)
9. b)	28. b)	47. d)
10. a)	29. c)	48. a)
11. a)	30. b)	49. a)
12. a)	31. b)	50. a)
13. c)	32. c)	51. d)
14. d)	33. b)	52. d)
15. b)	34. a)	53. c)
16. c)	35. b)	54. b)
17. a)	36. d)	55. a)
18. b)	37. c)	
19. b)	38. a)	

Wirtschaft

1. Wie wird ein Rabatt auf den Rechnungspreis genannt, welcher bei Zahlung innerhalb einer bestimmten Zahlungsfrist gewährt wird?
a) Agio
b) Storno
c) Skonto
d) Just in Time Rabatt

2. Das ökonomische Prinzip besagt, dass ...
a) alle Mittel vernünftig eingesetzt werden müssen, aufgrund von Güterknappheit.
b) wir mit gegebenen Mitteln das größtmögliche Ergebnis erzielen müssen.
c) wir mit minimalen Mitteln das vorgegeben Ziel erfüllen müssen.
d) wir das maximale Ergebnis mit minimalen Mitteln erzielen sollen.

3. Eine Hypothek ist nichts anderes als ...
a) ein sehr hoher Scheck.
b) ein Zahlungsversprechen.
c) eine Tilgungsrate.
d) eine Sicherheit bei Darlehen für Immobilien.

4. Eine Handlungsvollmacht mit Rechten und Pflichten bezeichnet man als ...
a) Validität.
b) Satura.
c) Magister.
d) Prokura.

5. Subventionen sind eine Form von ...
a) indirekten Steuern.
b) Schutzzöllen.
c) Investitionsabgaben für Unternehmen.
d) staatlichen Zuschüssen.

6. Als Sozialprodukt bezeichnen wir
a) eine gesamtwirtschaftliche Größe der produzierten Sachgüter und Dienstleistungen in einem Jahr.
b) alle Sozialleistungen sowie Ausgaben des Staates und der Haushalte in einer Periode.
c) alle Wertschöpfungsprozesse in einem Unternehmen.
d) Güter und Dienstleistungen, die von Unternehmen den Haushalten zur Verfügung gestellt werden.

7. Das gegensätzliche Wirtschaftssystem zur Planwirtschaft ist die ...
a) Zentralverwaltungswirtschaft.
b) soziale Marktwirtschaft.
c) sozialistische Marktwirtschaft.
d) freie Marktwirtschaft.

8. Welcher CDU-Politiker, der von 1949 bis 1963 das Bundeswirtschaftsministerium leitete, wurde als „Vater des Wirtschaftswunders" berühmt?
a) Ludwig Erhard
b) Konrad Adenauer
c) Kurt Georg Kiesinger
d) Willy Brandt

9. Was löste der New Yorker Börsencrash Ende Oktober 1929 aus?
a) eine Weltwirtschaftskrise
b) einen Zusammenbruch des Tulpenmarktes
c) Das Aufstreben der Nazis in Deutschland
d) Neuwahlen in den USA

10. Was ist unter der Liquidität eines Unternehmens zu verstehen?
a) das Barvermögen
b) Einnahmen des Unternehmens
c) die Kreditwürdigkeit
d) die Zahlungsfähigkeit des Unternehmens

11. In welchem europäischen Staat war 2018 die Wirtschaftskraft pro Kopf am höchsten?
a) Schweden
b) Norwegen
c) Luxemburg
d) Deutschland

12. Welches sind die wichtigsten Einnahmequellen öffentlicher Haushalte?
a) Sozialabgaben und Steuern
b) Spenden
c) Bußgelder
d) Gebühren

13. Welche Länder waren die zwei wichtigsten Handelspartner der Europäischen Union im Jahr 2017?
a) China, USA
b) Indien, Brasilien
c) Schweiz, Norwegen
d) Russland, Saudi-Arabien

14. Wofür lassen sich in der Regel hohe Renditen erwirtschaften?
a) hohe Anlagebeträge
b) lange Investitionszeiten
c) hohe Risiken
d) hohe Gebühren

15. Insolvenz bedeutet, dass ein Unternehmen ...
a) zahlungsunfähig ist.
b) verkauft worden ist.
c) kreditwürdig ist.
d) gegen Regulierungen verstoßen hat.

16. Welche ist die häufigste Unternehmensform in Deutschland?
a) Einzelunternehmen
b) GmbH
c) AG
d) KG

17. Wo befindet sich der Sitz der Europäischen Zentralbank?
a) Frankfurt am Main
b) Brüssel
c) Den Haag
d) Straßburg

18. Welche Aufgabe hat der Leitzinssatz?
a) Er ist das zentrale Element zur Steuerung der Geldpolitik.
b) Damit kann der Konsument Kreditangebote von Banken vergleichen.
c) Er dient der Finanzierung des Europäischen Stabilitätsmechanismus.
d) Er regelt die Ausschüttung von Renditen.

19. Was versteht man unter Derivaten?
a) festverzinsliche Wertpapiere
b) Finanzinstrumente
c) inländische Geldscheine
d) Anleiheformen

20. Wer gilt als Schöpfer des World Wide Web „www"?
a) Mark Zuckerberg
b) Steve Jobs
c) Tim Berners-Lee
d) Bill Gates

21. Welche Staaten gehören dem Freihandelsabkommen NAFTA an?
a) USA, Mexiko und Kanada
b) China, Russland und USA
c) USA, Kanada und EU
d) Russland, USA und Deutschland

22. Wie nennt man fallende Kurse an der Börse?
a) Hausse
b) Ground
c) Down
d) Baisse

23. Wie heißt der Index, der die Aktien mittelgroßer deutscher Unternehmen zusammenfasst?
a) DAX
b) MDAX
c) XETRA
d) NEMAX

24. Welche Institution regelt Handelskonflikte der EU mit den USA?
a) NATO
b) OPEC
c) WTO
d) UN

25. Welches Tarifmodell gilt bei der Einkommenssteuer?
a) Stufenmodell
b) regressives Modell
c) progressives Modell
d) proportionales Modell

26. In welcher Stadt befindet sich das Bundeskartellamt?
a) Bonn
b) Frankfurt am Main
c) München
d) Berlin

27. Wird der Markt von nur einem Anbieter oder Nachfrager beherrscht, nennt man dies ...?
a) Kartell
b) Monopol
c) Oligopol
d) Oligarchie

28. Was passiert bei einer Inflation?
a) Die Preise steigen, während die Kaufkraft sinkt.
b) Die Preise sinken, während die Kaufkraft steigt.
c) Die Preise und die Kaufkraft sinken gleichermaßen.
d) Die Preise und die Kaufkraft steigen gleichermaßen.

29. In welchem Land wird mit dem Euro gezahlt?
a) Norwegen
b) Schweiz
c) Bulgarien
d) Slowakei
e) Polen

30. Wofür steht der Begriff Oligopol?
a) eine Marktform, bei der viele Nachfrager vielen Anbietern gegenüber stehen
b) eine Marktform, bei der viele Nachfrager wenigen Anbietern gegenüber stehen
c) eine Marktform, bei der ein Nachfrager einem Anbieter gegenübersteht
d) eine Marktform, bei der viele Nachfrager einem Anbieter gegenüber stehen

31. Welche Währung wurde seit der Reichsgründung 1871 nicht genutzt?
a) Rentenmark
b) Silbermark
c) Reichsmark
d) Deutsche Mark

32. Welche Wirtschaftsordnung hat die Bundesrepublik Deutschland?
a) Zentralverwaltungswirtschaft
b) Zentralplanwirtschaft
c) freie Marktwirtschaft
d) soziale Marktwirtschaft
e) Keine Antwort ist richtig.

33. Was ist das Bruttonationaleinkommen?
a) Summe aller erbrachten Leistungen, Güter und Dienstleistungen einer Volkswirtschaft, in einem Jahr zur Verwendung
b) Differenz aller erbrachten Leistungen, Güter und Dienstleistungen in einem Jahr, einer Volkswirtschaft zum Vorjahr
c) Differenz aller erbrachten Leistungen, Güter und Dienstleistungen in einem Jahr, einer Weltwirtschaft zum Vorjahr
d) Summe aller erbrachten Leistungen, Güter und Dienstleistungen in einem Jahr, der Weltwirtschaft zur letzten Verwendung

34. Ein föderalistischer Staat ...?
a) versucht den Übergang von Planwirtschaft zu Marktwirtschaft.
b) verfolgt das Ziel, Exporte zu maximieren.
c) besteht aus einzelnen Teilstaaten, die relativ eigenständig sind.
d) wird von einer Partei oder einer Person regiert.

35. Was bedeutet Preisdiskriminierung?
a) Preispolitik von Anbietern, die heterogene Produkte zu unterschiedlichen Preisen fordern
b) Preispolitik von Anbietern, die homogene Produkte zu unterschiedlichen Preisen fordern
c) Preispolitik von Anbietern, die homogene Produkte zu gleichen Preisen fordern
d) Preispolitik von Anbietern, die heterogene Produkte zu gleichen Preisen fordern

36. In einem Markt mit vollständiger Konkurrenz ...
a) ist ein Anbieter in der Lage, den Preis eines Produkts maßgeblich zu beeinflussen.
b) ist mindestens ein Kartell vorhanden.
c) ist nur ein Nachfrager vertreten.
d) stehen viele Nachfrager vielen Anbieter gegenüber.

37. Was sagt der Realzins aus?
a) Zinssatz, der von der Zentralbank eines Währungsgebietes festgesetzt wird
b) Zinssatz, der jährlich für ein Kredit fällig wird
c) Zinssatz, der jährlich für ein Darlehen fällig wird
d) Zinssatz, der die Wertänderung eines Vermögens unter Berücksichtigung der Inflation angibt
e) Keine der Antworten ist richtig.

38. Welche der folgenden Gesellschaftsformen ist eine Kapitalgesellschaft?
a) KG
b) OHG
c) GmbH
d) GmbH & Co. KG

39. Was versteht man unter dem ökonomischen Maximalprinzip?
a) mit gegebenen festen Mitteln möglichst großen Nutzen erzielen
b) mit möglichst vielen Mitteln möglichst viel zu erreichen
c) mit möglichst wenigen Mitteln ein gegebenes festes Ziel erreichen
d) ein optimales Verhältnis zwischen eingesetzten Mitteln und angestrebtem Nutzen zu erreichen

40. Was ist eine Transfergesellschaft?
a) ein Unternehmen, das den Übergang vom Arbeitsleben in die Rente begleitet
b) eine Auffanggesellschaft für Arbeitnehmer, die von Arbeitslosigkeit bedroht sind
c) ein Umzugsunternehmen
d) ein Unternehmen, das stark expandiert

41. Was wird als „Management-Buy-out" bezeichnet?
a) eine feindliche Übernahme
b) das Abwerben der eigenen Führungskräfte durch ein anderes Unternehmen
c) eine Führungskräfte-Fortbildung
d) die Übernahme eines Unternehmens durch die eigenen Führungskräfte

42. Welche Abkürzung steht für den europäischen Waren-Strichcode?
a) IAN
b) JAN
c) EAN
d) UPC

43. Was sind sogenannte „Audits"?
a) Aufsichtsratssitzungen
b) Untersuchungsverfahren
c) spezielle Audiogeräte
d) hochwertige Waren-Scanner

44. Was verbirgt sich hinter der Abkürzung ECOSOC?
a) der Ökologische Sozialbund
b) der UN-Wirtschafts- und Sozialrat
c) der Sozialistische Wirtschaftsrat
d) der Europäische Sozialrat

45. Wie bezeichnen Wirtschaftsfachleute einen Geld-Analyseansatz, in dessen Zentrum die Betrachtung der Anleger-Psyche steht?
a) Intension Account
b) Behavioral Finance
c) Psychical Strategy
d) Motivation Analysis

46. Was versteht man unter einem sogenannten „Anderkonto"?
a) ein Treuhandkonto
b) ein aufgelöstes Konto
c) ein gesperrtes Konto
d) ein leeres Konto

47. Welche der folgenden Organisationen beschäftigt sich nicht mit wirtschaftspolitischen Fragestellungen?
a) WTO
b) Weltbank
c) DFB
d) IWF

48. Wie viele Euro-Cent-Münzen gibt es?
a) drei
b) vier
c) fünf
d) sechs

Lösungen: Wirtschaft

1. c)	17. a)	33. a)
2. a)	18. a)	34. c)
3. d)	19. b)	35. b)
4. d)	20. c)	36. d)
5. d)	21. a)	37. d)
6. a)	22. d)	38. c)
7. d)	23. b)	39. a)
8. a)	24. c)	40. b)
9. a)	25. c)	41. d)
10. d)	26. a)	42. c)
11. c)	27. b)	43. b)
12. a)	28. a)	44. b)
13. a)	29. d)	45. b)
14. c)	30. b)	46. a)
15. a)	31. b)	47. c)
16. a)	32. d)	48. d)

Geografie

1. Welches Land ist flächenmäßig das zweitgrößte Land der Welt?
a) China
b) Australien
c) Kanada
d) USA

2. Die Hauptstadt von Island heißt
a) Helsinki.
b) Dublin.
c) Färöer.
d) Reykjavík.

3. Wo befindet sich der Suezkanal?
a) Panama
b) Israel
c) Papua-Neuguinea
d) Ägypten

4. In welchem lateinamerikanischen Land ist Spanisch NICHT die Amtssprache?
a) Argentinien
b) Brasilien
c) Chile
d) Ecuador

5. Wie heißt die Hauptstadt von Ghana?
a) Kairo
b) Accra
c) Antananarivo
d) Mombasa

6. Welches ist das kleinste Land in Europa?
a) Liechtenstein
b) Vatikanstadt
c) Monaco
d) San Marino

7. In welchem US-Bundesstaat befindet sich das Silicon Valley?
a) Kalifornien
b) Florida
c) New York
d) Washington

8. Welcher Kontinent der Welt ist der bevölkerungsreichste und zugleich auch flächenmäßig der Größte?
a) Asien
b) Australien
c) Amerika
d) Afrika

9. Welcher ist der höchste Berg Europas?
a) Mont Blanc
b) Zugspitze
c) Dufourspitze
d) Großglockner

10. Welcher ist der längste Fluss, der komplett auf französischem Boden verläuft?
a) Seine
b) Loire
c) Garonne
d) Marne

11. Welches Land ist flächenmäßig das größte der Welt?
a) China
b) Australien
c) Russland
d) USA

12. Welche sind sämtliche Nachbarländer, mit denen die Bundesrepublik Deutschland eine Landgrenze teilt?
a) Dänemark, Polen, Tschechische Republik, Österreich, Schweiz, Frankreich, Luxemburg, Belgien, Niederlande
b) Dänemark, Polen, Tschechische Republik, Slowakei, Schweiz, Fürstentum Liechtenstein, Frankreich, Luxemburg, Niederlande
c) Dänemark, Schweden, Polen, Tschechische Republik, Österreich, Schweiz, Frankreich, Luxemburg, Belgien
d) Dänemark, Polen, Russland, Tschechische Republik, Österreich, Schweiz, Frankreich, Belgien, Niederlande

13. Welches der folgenden Länder hat die meisten Einwohner?
a) Indonesien
b) Indien
c) USA
d) Brasilien

14. Welche Fläche hat Deutschland?
a) etwa 420.000 km²
b) etwa 210.000 km²
c) etwa 500.000 km²
d) etwa 360.000 km²

15. Wie heißt die Hauptstadt von Argentinien?
a) Bogotá
b) São Paulo
c) Buenos Aires
d) Salvador da Bahia

16. Wie heißt die Hauptstadt von Indien?
a) Neu-Delhi
b) Kolkata (Kalkutta)
c) Mumbai (Bombay)
d) Bangalore

17. Welche Metropolregion hat die meisten Einwohner?
a) New York
b) Tokio
c) Jakarta
d) Shanghai
e) Mexiko-Stadt

18. Welcher Ozean ist flächenmäßig der größte?
a) Pazifischer Ozean
b) Atlantischer Ozean
c) Indischer Ozean
d) Arktischer Ozean
e) Antarktischer Ozean

19. Welche Stadt ist die Hauptstadt von Serbien?
a) Skopje
b) Belgrad
c) Sarajevo
d) Pristina
e) Ljubljana

20. Die Atmosphäre ist in mehrere Schichten aufgeteilt. Bis zu welcher Höhe spricht man von der Troposphäre?
a) 50 bis 100 Kilometer
b) 0 bis 15 Kilometer
c) 15 bis 50 Kilometer
d) 100 bis 500 Kilometer

21. Welcher See ist der größte der Erde?
a) Kaspisches Meer
b) Victoriasee
c) Baikalsee
d) Michigansee

22. Welches Land gehört nicht zum südostasiatischen wirtschaftlichen und politischen supranationalen Verbund ASEAN (Association of Southeast Asian Nations), der manchmal als südostasiatisches Gegenstück zur Europäischen Union bezeichnet wird?
a) Volksrepublik China
b) Indonesien
c) Thailand
d) Philippinen

23. An welchem Fluss liegt die Stadt Budapest?
a) Oder
b) Moldau
c) Weichsel
d) Donau

24. Wo liegt die Insel Madagaskar?
a) im Pazifik
b) im Indischen Ozean
c) im Atlantik
d) im Japanischen Meer

25. Welchem Staat ist die richtige Hauptstadt zugeordnet?
a) Spanien / Barcelona
b) Kolumbien / Medellín
c) Kanada / Ottawa
d) Brasilien / Rio de Janeiro

26. Zu welchem Staat gehören die Azoren?
a) Niederlande
b) Portugal
c) Frankreich
d) Spanien

27. Österreich ist wie Deutschland eine Bundesrepublik und ein föderaler Staat, der aus Bundesländern besteht. Wie viele Bundesländer gibt es in Österreich?
a) 16
b) 5
c) 9
d)11

28. Welche Stadt in den USA hat die meisten Einwohner?
a) New York City
b) Chicago
c) Los Angeles
d) Philadelphia

29. Welcher Fluss ist der längste der Erde?
a) Nil
b) Amazonas
c) Jangtsekiang
d) Mississippi

30. Wie heißt die Insel, auf der Tokio liegt?
a) Honshu
b) Hokkaido
c) Shikoku
d) Fukuoka

31. Wie heißt der berühmte Berg bei Kapstadt?
a) Zuckerhut
b) Moco
c) Tafelberg
d) Mont Blanc

32. In welches Gewässer mündet der Mississippi?
a) Atlantik
b) Golf von Mexiko
c) Golf von Maine
d) Michigansee

33. Die Länge des Äquators beträgt wie viele Kilometer?
a) rund 50.000 Kilometer
b) rund 30.000 Kilometer
c) rund 25.000 Kilometer
d) rund 40.000 Kilometer

34. Wie heißt das Gebirge, das Europa von Asien trennt?
a) Pyrenäen
b) Ural
c) Apennin
d) Karpaten

35. Derna ist eine Hafenstadt in
a) Tunesien.
b) Ägypten.
c) Libyen.
d) Saudi-Arabien.

36. Wie heißt die Meerenge, die Istanbul in einen europäischen und einen asiatischen Teil trennt?
a) Bosporus
b) Dardanellen
c) Marmara-Enge
d) Straße von Kertsch

37. Welcher Staat ist kein sogenannter „Zwergstaat"?
a) Andorra
b) Luxemburg
c) Vatikanstadt
d) Malta

38. Zu welchem Land gehören die Kanarischen Inseln?
a) Spanien
b) Portugal
c) Westsahara
d) Marokko

39. Wie heißt die Wasserstraße, die von Spanien nach Marokko führt?
a) Straße von Tanger
b) Beringstraße
c) Straße von Gibraltar
d) Straße von Malakka

40. Welches der vier Länder ist das flächenmäßig größte?
a) Ukraine
b) Schweden
c) Spanien
d) Frankreich

41. Welches ist die einwohnerstärkste Stadt in Europa?
a) Moskau
b) Istanbul
c) Berlin
d) London

42. Welche beiden Länder verbindet der Eurotunnel?
a) Deutschland und Österreich
b) Italien und Schweiz
c) Dänemark und Schweden
d) Frankreich und England

43. Wo liegt der höchste noch aktive Vulkan in Europa?
a) Eyjafjallajökull auf Island
b) Ätna auf Sizilien
c) Beerenberg in Norwegen
d) Vesuv in Italien

44. Welche Aussage über den Yellowstone Nationalpark stimmt nicht?
a) Es ist der größte und meistbesuchte Nationalpark der Welt.
b) Unter dem Nationalpark befindet sich ein riesiges Vulkansystem.
c) Es ist der älteste Nationalpark der Welt.
d) Der Nationalpark wurde nach einem Fluss benannt.

45. Zu welchem Land gehören die Osterinseln?
a) Chile
b) Argentinien
c) Großbritannien
d) Philippinen

46. Die Hauptstadt der Volksrepublik China ist ...?
a) Peking
b) Shanghai
c) Hongkong
d) Shenyang

47. Welches ist die längste Gebirgskette der Welt?
a) Rocky Mountains
b) Transantarktisches Gebirge
c) Anden
d) Himalaya

48. Wie nennt man die vor der skandinavischen Küste durch die Gletscher abgerundeten Felsinseln?
a) Schelf
b) Schären
c) Kritzung
d) Moränen

49. Was haben die Länder Paraguay, Laos, Uganda und Botswana gemeinsam?
a) Sie werden alle vom Äquator durchquert.
b) Sie befinden sich alle auf dem gleichen Kontinent.
c) Sie haben dieselbe Amtssprache.
d) Sie sind allesamt Binnenstaaten.

50. Die Erdoberfläche besteht aus zirka 70 % Wasser. Wie viel Prozent der Meere wurden erst erforscht?
a) zirka 2 %
b) zirka 5 %
c) zirka 9 %
d) zirka 17 %

51. In welchem Weltmeer befinden sich die Galapagos Inseln?
a) Indischer Ozean
b) Atlantischer Ozean
c) Karibisches Meer
d) Pazifischer Ozean

52. Zu welchem Kontinent gehört der Staat Suriname?
a) Nordamerika
b) Südamerika
c) Asien
d) Afrika

Lösungen: Geografie

1. c)	19. b)	37. b)
2. d)	20. b)	38. a)
3. d)	21. a)	39. c)
4. b)	22. a)	40. a)
5. b)	23. d)	41. a)
6. b)	24. b)	42. d)
7. a)	25. c)	43. b)
8. a)	26. b)	44. a)
9. a)	27. c)	45. a)
10. b)	28. a)	46. a)
11. c)	29. a)	47. c)
12. a)	30. a)	48. b)
13. b)	31. c)	49. d)
14. d)	32. b)	50. a)
15. c)	33. d)	51. d)
16. a)	34. b)	52. b)
17. b)	35. c)	
18. a)	36. a)	

Interkulturelles Wissen

1. Die häufigste Infektionskrankheit der Welt ist ...
a) Aids.
b) Malaria.
c) die Grippe.
d) Tuberkulose.

2. Der sogenannte Schalttag fällt immer auf das Datum ...
a) 31. Januar.
b) 31. April.
c) 29. Februar.
d) 31. Juni.

3. Wobei handelt es sich um ein Notsignal im internationalen Funkverkehr?
a) Mayday
b) Down Town
c) Jetset
d) Flower-Power

4. Was haben viele Menschen – völlig unabhängig von ihren finanziellen Verhältnissen?
a) Fax-Sparbuch
b) SMS-Zinsen
c) Twitter-Darlehen
d) E-Mail-Konto

5. In welchem Land leben die meisten Vegetarier?
a) Deutschland
b) Japan
c) Angola
d) Indien

6. Was bezeichnet der Begriff Polytheismus?
a) das genaue Befolgen religiöser Ernährungs- und Kleidungsvorschriften
b) das Darbringen von Tieropfern in religiösen Kontexten
c) die Verehrung einer Vielzahl von Göttern
d) den Glauben an die ewige Wiederkehr des Gleichen

7. Welche Sprache hat die meisten Muttersprachler?
a) Spanisch
b) Englisch
c) Mandarin (Hochchinesisch)
d) Hindi
e) Arabisch

8. Der sogenannte Arabische Frühling begann in ...
a) Tunesien.
b) Maghreb.
c) Libyen.
d) Syrien.

9. Wofür steht der Ramadan?
a) für einen altägyptischen König
b) für den indischen Nationalfeiertag
c) für den Fastenmonat der Muslime
d) für ein asiatisches Volksfest

10. In welchem Land befindet sich der größte Tempelkomplex der Welt, Angkor Wat?
a) Kambodscha
b) Thailand
c) Vietnam
d) Bangladesch

11. Welcher Religion ordnet man den Begriff des Nirvanas zu?
a) Islam
b) Hinduismus
c) Buddhismus
d) Shintō

12. Welches jüdische Fest erinnert an den Auszug der Juden aus Ägypten?
a) Pessach
b) Jom Kippur
c) Chanukka
d) Hoschana Rabba

13. In welchem Land befindet sich die muslimische Pilgerstadt Mekka?
a) Saudi-Arabien
b) Iran
c) Türkei
d) Vereinigte Arabische Emirate

14. Wie groß wird die Weltbevölkerung laut Schätzungen im Jahr 2030 sein?
a) etwa achteinhalb Milliarden
b) etwa acht Milliarden
c) etwa neun Milliarden
d) etwa neuneinhalb Milliarden

15. Wie heißt der brasilianische Kampftanz, den ursprünglich afrikanische Sklaven im Lande praktizierten und der noch heute, weiterentwickelt, als akrobatische Kampfkunst ausgeübt wird?
a) Maculelê
b) Capoeira
c) Baile de la Conquista
d) Moringue

16. Wie heißt die keltische Sprache, die in manchen Gebieten Schottlands, vor allem auf den Hebriden-Inseln und im Westen der Highlands, noch heute als Alltagssprache gebräuchlich ist?
a) Galatisch
b) Walisisch
c) Bretonisch
d) Gälisch

17. Aus welchem Land stammte die Chemikerin und Physikerin Marie Curie ursprünglich?
a) Norwegen
b) Polen
c) Deutschland
d) Frankreich

18. Wie heißt in der antiken römischen Mythologie der Gott des Handels?
a) Apollo
b) Mars
c) Merkur
d) Neptun

19. Für welches alljährliche Ritual ist die baskische Stadt Pamplona bekannt?
a) Karnevalsumzug
b) Tomatenschlacht
c) Musikfestival
d) Stierlauf

20. Wodurch zeichnet sich ein Stoiker aus?
a) Egoismus
b) Gelassenheit
c) Niedergeschlagenheit
d) Humor

21. In welchem Jahr verfasste Martin Luther seine 95 Thesen, die die Reformation auslösten?
a) 1517
b) 1418
c) 1483
d) 1617

22. Wie heißt ein japanisches Bühnenspiel?
a) Kimono
b) Sake
c) Kabuki
d) Sushi

23. Wie viele Frauen wurden bislang mit dem Nobelpreis für Physik ausgezeichnet? (Stand: 2020)
a) eine
b) zwei
c) drei
d) vier

24. Wen beschützt die Schweizergarde?
a) den Papst im Vatikan
b) die Staatsgrenzen der Schweiz
c) den Bundespräsidenten der Schweiz
d) den Petersdom in Rom

25. Aus welcher Pflanzenblüte gewinnt man Safran, eines der teuersten Gewürze der Welt?
a) aus Krokuspflanzen
b) aus Mohn
c) aus Orchideenblüten
d) aus Kakteenblüten

26. Wie heißt in der griechischen Mythologie die Ehefrau von Göttervater Zeus?
a) Athene
b) Aphrodite
c) Artemis
d) Hera

27. Was erforscht ein Paläontologe?
a) Fossilien
b) menschliche Frühgeschichte
c) antike Architektur
d) Meerestiere

28. Was bezeichnet man als Talmud?
a) einen religiösen Feiertag
b) ein jüdisches Schriftwerk
c) ein arabisches Gericht
d) ein orientalisches Gewand

29. Was versteht man unter einer Pinakothek?
a) eine Gemäldesammlung
b) eine Sammlung alter Bücher
c) eine Sammlung alter Weine
d) eine Briefmarkensammlung

30. In welcher Stadt befindet sich kein wichtiges Pilgerziel für Muslime?
a) Mekka
b) Kairo
c) Medina
d) Marrakesch

31. Welche antike Stadt entdeckte Heinrich Schliemann?
a) Samaria
b) Ephesos
c) Knossos
d) Troja

32. Welches ist das höchste Bauwerk der Welt (Stand: April 2021)?
a) Burj Khalifa in den Vereinigten Arabischen Emiraten
b) Tokyo Sky Tree in Japan
c) Shanghai Tower in China
d) Mecca Royal Clock Tower Hotel in Saudi-Arabien

33. Die Freiheitsstatue in New York war ein Geschenk von ...?
a) Deutschland
b) Kanada
c) Frankreich
d) Russland

Lösungen: Interkulturelles Wissen

1. c)	12. a)	23. d)
2. c)	13. a)	24. a)
3. a)	14. a)	25. a)
4. d)	15. b)	26. d)
5. d)	16. d)	27. a)
6. c)	17. b)	28. b)
7. c)	18. c)	29. a)
8. a)	19. d)	30. d)
9. c)	20. b)	31. d)
10. a)	21. a)	32. a)
11. c)	22. c)	33. c)

Kunst, Literatur und Musik

1. „Die Botschaft hör ich wohl, allein mir fehlt der ...“?
a) Beweis.
b) Vaterschaftstest.
c) Absender.
d) Glaube.

2. Das Mondrian-Kleid wurde vom Designer ... entworfen.
a) Wolfgang Joop
b) Yves Saint Laurent
c) Christian Dior
d) Tom Ford

3. „Der Turm der blauen Pferde“ ist ein berühmtes Gemälde von ...
a) Pablo Picasso.
b) Franz Marc.
c) Claude Monet.
d) Gustav Klimt.

4. Welcher Kunstrichtung gehörte der Maler Claude Monet an?
a) Barock
b) Gotik
c) Surrealismus
d) Impressionismus

5. Welcher Maler schuf mit dem Gemälde „Guernica“ die erste Anklage gegen den Luftkrieg?
a) Marc Chagall
b) Joan Miró
c) Pablo Picasso
d) Salvador Dalí

6. In welcher Stadt finden die Festspiele zu Ehren des Komponisten Richard Wagner statt?
a) Bayreuth
b) Bamberg
c) München
d) Nürnberg

7. Welcher Komponist erschuf die Oper „Rigoletto“?
a) Wolfgang Amadeus Mozart
b) Richard Strauss
c) Giuseppe Verdi
d) Richard Wagner

8. Wer wurde als der „King of Pop“ bezeichnet?
a) Elvis Presley
b) Mick Jagger
c) Michael Jackson
d) Bob Dylan

9. Welcher amerikanische Autor schrieb „Der alte Mann und das Meer“?
a) Gary Larson
b) Ernest Hemingway
c) Charles Bukowski
d) Jerry Cotton

10. Welche dieser Personen der deutschen Literatur erhielt einen Nobelpreis?
a) Heinrich Böll
b) Hape Kerkeling
c) Alice Schwarzer
d) Martin Walser

11. Wer ist in den Erzählungen von Sir Arthur Conan Doyle der Partner des Meisterdetektivs Sherlock Holmes?
a) Dr. Schiwago
b) Dr. Jekyll
c) Dr. Mabuse
d) Dr. Watson

12. Welches der folgenden Werke stammt von Thomas Mann?
a) Der Tod in Venedig
b) In unserer Zeit
c) Zärtlich ist die Nacht
d) Der Zauberlehrling

13. In welcher Stadt starb Wolfgang Amadeus Mozart 1791?
a) Wien
b) Salzburg
c) München
d) Graz

14. Was ist ein Merkmal des gregorianischen Chorals?
a) Einstimmigkeit
b) Monotonie
c) von Instrumenten begleitet
d) Polyphonie

15. Wer schrieb den Roman „Die unendliche Geschichte"?
a) Cornelia Funke
b) Michael Ende
c) Otfried Preußler
d) Paul Maar

16. Welcher berühmte Komponist litt unter vollständiger Taubheit?
a) Gustav Mahler
b) Richard Wagner
c) Johann Sebastian Bach
d) Ludwig van Beethoven

17. Welches ist kein Saiteninstrument?
a) Bratsche
b) Cello
c) Oboe
d) Kontrabass

18. Mit welchem Musikstück wurde Maurice Ravel einem breiten Publikum bekannt?
a) Boléro
b) Badinerie
c) Die Zauberflöte
d) Valse d'été

19. In welchem Land spielt die Oper „Aida"?
a) China
b) Ägypten
c) Italien
d) Frankreich

20. Welches ist kein Werk von Georg Büchner?
a) Leonce und Lena
b) Woyzeck
c) Maria Stuart
d) Danton

21. Wer malte das berühmte Ölgemälde „Das Mädchen mit dem Perlenohrgehänge"?
a) Jan Vermeer
b) Auguste Renoir
c) Michelangelo
d) Peter Paul Rubens

22. Wie lautet der Fachbegriff, wenn ein Kunstwerk in einem älteren Zustand wiederhergestellt wird?
a) Renovierung
b) Restaurierung
c) Restauration
d) Retaliation

23. Juergen Teller ist ein deutscher
a) Architekt.
b) Schriftsteller.
c) Maler.
d) Fotograf.

24. Die Künstler Andy Warhol und Roy Liechtenstein sind Vertreter welcher Kunstrichtung?
a) Expressionismus
b) Konstruktivismus
c) Pop Art
d) Surrealismus

25. In welchem Stil ist die Kathedrale Notre Dame in Paris gebaut?
a) Barock
b) Gotik
c) Romanik
d) Renaissance

26. Wer war Edith Piaf?
a) innovative französische Modeschöpferin
b) schweizerische Begründerin der Sozialpädagogik um 1924
c) populäre französische Chansonsängerin
d) französische Philosophin, verheiratet mit Jean-Paul Sartre

27. Wer schrieb die Novelle „Der Schimmelreiter"?
a) Theodor Fontane
b) Heinrich Böll
c) Hermann Hesse
d) Theodor Storm

28. In welcher Stadt wird jedes Jahr der Deutsche Buchpreis verliehen?
a) Berlin
b) Frankfurt am Main
c) München
d) Leipzig

29. Welche Popgruppe feierte mit „Waterloo" den internationalen Durchbruch?
a) ABBA
b) Bee Gees
c) The Who
d) Beatles

30. Wer schrieb den Jugendroman „Die Wolke"?
a) Wolfgang Herrndorf
b) Christine Nöstlinger
c) Ottfried Preußler
d) Gudrun Pausewang

31. Welcher Maler wurde hauptsächlich durch seine Bildmotive aus der Südsee bekannt?
a) Claude Monet
b) Emil Nolde
c) Paul Gauguin
d) Vincent van Gogh

32. Wer war Käthe Kollwitz?
a) deutsche Grafikerin, Malerin und Bildhauerin
b) Frauenrechtlerin aus der Schweiz
c) deutsche Widerstandskämpferin während der NS-Diktatur
d) österreichische Schriftstellerin im Expressionismus

33. Wie bezeichnet man in der Kunst Wandmalereien?
a) Grafiken
b) Fresken
c) Gouache
d) Pittoresken

34. Wo steht die weltberühmte Semperoper?
a) Wien
b) Sydney
c) Dresden
d) Berlin

35. Wo kann man „Das jüngste Gericht" von Michelangelo sehen?
a) Sixtinische Kapelle
b) Louvre
c) Petersdom
d) Kathedrale Notre-Dame de Paris

36. Wer malte das weltberühmte „Letzte Abendmahl"?
a) Leonardo da Vinci
b) Vincent van Gogh
c) Michelangelo
d) Raffael

37. Welcher deutsche Dichter schrieb die „Ode an die Freude"?
a) Heinrich Heine
b) Friedrich Schiller
c) Johann Wolfgang von Goethe
d) Theodor Fontane

38. Wer komponierte die Musik zu der Oper „Die Zauberflöte"?
a) Antonio Vivaldi
b) Ludwig van Beethoven
c) Johann Sebastian Bach
d) Wolfgang Amadeus Mozart

39. Die Musik der Nationalhymne stammt von welchem Komponisten?
a) Robert Schumann
b) Ludwig van Beethoven
c) Joseph Haydn
d) Richard Wagner

40. Wer schrieb den Historienroman „Die drei Musketiere"?
a) Günter Grass
b) Alexandre Dumas
c) Victor Hugo
d) Stefan Zweig

41. Wie lautet der Fabelname des Fuchses?
a) Adebar
b) Grimbart
c) Isegrim
d) Reineke

42. In welcher Stadt findet alle zehn Jahre das weltweit bekannteste Passionsspiel statt?
a) Kiefersfelden
b) Traunstein
c) Oberammergau
d) Heldritt

43. Was ist das Hauptthema der Werke von Hieronymus Bosch?
a) Trauer
b) Verschwendungssucht
c) Dämonie und Versuchung
d) Lebensfreude

44. In welcher Stadt lebte und wirkte der Maler und Kupferstecher Martin Schongauer im 15. Jahrhundert?
a) Colmar
b) Straßburg
c) Freiburg
d) Baden-Baden

45. Welcher Kunstrichtung widmete sich Man Ray in erster Linie?
a) dem Theater
b) der Malerei
c) der Musik
d) der Fotografie

46. Wie heißt Caesars berühmter Kriegsbericht im Original?
a) Gallico e bello
b) La bella Gallica
c) De bello Gallico
d) Gallico e Asterix

47. Welche dieser Erzählungen stammt von dem deutschen Schriftsteller Martin Walser?
a) „Das Glasperlenspiel“
b) „Tod eines Kritikers“
c) „Die Physiker“
d) „Die Wahlverwandtschaften“

Lösungen: Kunst, Musik und Literatur

1. d)	17. c)	33. b)
2. b)	18. a)	34. c)
3. b)	19. b)	35. a)
4. d)	20. c)	36. a)
5. c)	21. a)	37. b)
6. a)	22. b)	38. d)
7. c)	23. d)	39. c)
8. c)	24. c)	40. b)
9. b)	25. b)	41. d)
10. a)	26. c)	42. c)
11. d)	27. d)	43. c)
12. a)	28. b)	44. a)
13. a)	29. a)	45. d)
14. a)	30. d)	46. c)
15. b)	31. c)	47. b)
16. d)	32. a)	

Technik

1. Holz ist ein ...
a) Kernbrennstoff.
b) organischer Brennstoff.
c) fossiler Energieträger.
d) Keine Lösung ist richtig.

2. Welche Bezeichnung ist – rein technisch betrachtet – doppelt gemoppelt?
a) Schusswaffe
b) Trommelrevolver
c) Jagdgewehr
d) Sportpistole

3. Um Wechselspannung in eine Gleichspannung umzusetzen, benutzt man ...
a) Pole.
b) Halbleiter.
c) Dioden.
d) Transistoren.

4. Welche Spannung liegt in Deutschland im Normalfall an Steckdosen an?
a) 320 V
b) 230 V
c) 500 V
d) 24 V

5. In welcher Einheit wird der Widerstand gemessen?
a) Ohm
b) Volt
c) Ampere
d) Watt

6. Die kleinste Maßeinheit zur Speicherung oder Übertragung von Daten heißt ...
a) Byte.
b) Bit.
c) 1 KB.
d) 1 MB.

7. Quecksilber ist ein ...
a) flüssiges Metall.
b) Edelmetall.
c) besonders hartes Metall.
d) nicht-metallischer Werkstoff.

8. Bismut ist vor allem ...
a) ein Gemisch.
b) ein Metall.
c) eine Legierung.
d) ein Automodell.

9. Der Ursprung des heutigen Internets liegt im Jahr 1969 in der Entwicklung eines Netzwerks namens ...
a) DATCOM.
b) LAMNET.
c) ARPANET.
d) ARGONET.

10. Die Bewegung von geladenen Teilchen (meist Elektronen) wird auch ... genannt.
a) Strom
b) Watt
c) Spannung
d) Volt

11. Ein Atom besteht aus einem Atomkern und aus einem Mantel zusammengesetzt aus ...
a) Neutronen.
b) Elektronen.
c) Protonen.
d) Atonen.

12. Wer hat das erste Gleitflugzeug erfunden?
a) Otto Lilienthal
b) Brüder Wright
c) Ferdinand Graf von Zeppelin
d) Octave Chanute

13. Welches Instrument dient zum Nachweis und zur Messung von radioaktiver Strahlung?
a) Golgi-Apparat
b) Photometer
c) Geigerzähler
d) Radiometer

14. Wer stellte 1905 die spezielle Relativitätstheorie auf?
a) Erwin Schrödinger
b) Otto Hahn
c) Albert Einstein
d) Werner Heisenberg

15. Für welches Gerät ist der US-Amerikaner Edwin Hubble Namensgeber?
a) ein Gerät zum Messen elektrischer Felder
b) ein Weltraumteleskop
c) ein Messgerät für polare Eismassen
d) ein Apparat speziell für die Tiefseeforschung

16. Wann wird elektrische Spannung zur Hochspannung?
a) über 1.000 Volt
b) über 10.000 Volt
c) über 20.000 Volt
d) über 100.000 Volt

17. Wer konstruierte das erste Düsenflugzeug?
a) Wernher von Braun
b) Willy Messerschmitt
c) Werner von Siemens
d) Ernst Heinkel

18. Welches Instrument verwendet man zum Messen des Luftdrucks?
a) Thermometer
b) Barometer
c) Semaphor
d) Nanometer

19. Was erfand Benjamin Franklin, einer der Gründerväter der Vereinigten Staaten von Amerika, unter anderem?
a) den Blitzableiter
b) das Mikroskop
c) die erste Glühbirne
d) den Hamburger

20. Welches sind keine elektromagnetischen Wellen?
a) Mikrowellen
b) Schallwellen
c) Radiowellen
d) Sonnenstrahlen

21. Welcher Planet ist am weitesten von der Sonne entfernt?
a) Uranus
b) Neptun
c) Mars
d) Saturn

22. Was speichert ein Kondensator?
a) Strom
b) Masse
c) Leistung
d) elektrische Ladung

23. Welches Bauteil ist bei Dieselmotoren, im Gegensatz zu Ottomotoren, überflüssig?
a) Zündkerze
b) Ölwanne
c) Verbrennungsraum
d) Nockenwelle

24. Was gibt die Oktanzahl an?
a) musikalisches Tonintervall
b) Sauerstoffbindungen pro Molekül
c) Klopffestigkeit von Kraftstoffen
d) geometrische Koordinaten einer Kugel

25. Weiches Wasser ist ...
a) Wasser mit mittlerem Kalkgehalt.
b) Wasser ohne Kalkgehalt.
c) Wasser ohne Salze.
d) Wasser mit starkem Kalkgehalt.

26. Was ist ein Messinstrument für Erdbeben?
a) Ergometer
b) Hygrometer
c) Quadrometer
d) Seismograf

27. Wo wird die Braunsche Röhre verwendet?
a) Oszilloskop
b) Stereoanlage
c) Teleskop
d) Telefon

28. Wie nennt man die Maßzahl für die Konzentration von Wasserstoffionen in Lösungen?
a) U-Wert
b) pH-Wert
c) MAK-Wert
d) cw-Wert

29. Was ist die Einheit der Skala für die absolute Temperatur?
a) Kelvin
b) Celsius
c) Réaumur
d) Fahrenheit

30. Wie lang ist eine Seemeile?
a) 30,48 m
b) 254 m
c) 1.852 m
d) 91.440 m

31. Was haben Alexander Graham Bell und Thomas A. Watson erfunden?
a) das Telefon
b) das Grammophon
c) die Glühbirne
d) die Dampfmaschine

32. Was wurde zirka 2000 v. Chr. erfunden?
a) Glas
b) Papyrus
c) Speichenrad
d) Kompass

33. Wer entwickelte ein komplettes System für Stromversorgung und Beleuchtung?
a) Nikola Tesla
b) André-Marie Ampère
c) Benjamin Franklin
d) Thomas Alva Edison

Lösungen: Technik

1. b)	12. a)	23. a)
2. b)	13. c)	24. c)
3. c)	14. c)	25. b)
4. b)	15. b)	26. d)
5. a)	16. a)	27. a)
6. b)	17. d)	28. b)
7. a)	18. b)	29. a)
8. b)	19. a)	30. c)
9. c)	20. b)	31. a)
10. a)	21. b)	32. c)
11. b)	22. d)	33. d)

IT und Elektrotechnik

IT-Grundkenntnisse gehören heute bei fast jedem Beruf dazu. Gerne stellen dich die Prüfer in dieser Disziplin auf die Probe. Außerdem solltest du dich mit den Grundlagen der Elektrotechnik beschäftigen. Hier sind zum Beispiel die Gebiete der Atome, Magnete, elektrische Felder und Grundlagen der Schaltungstechnik wesentlich.

1. Um was für eine Grundschaltung handelt es sich hier?

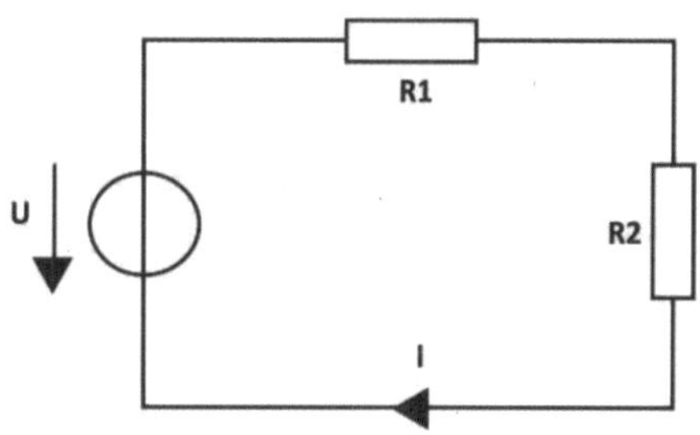

a) Parallelschaltung
b) Reihenschaltung
c) Zirkelschaltung
d) Einstein-Schaltung

2. Wie groß ist der Gesamtwiderstand bei der Schaltung aus Aufgabe 1, wenn R1 = 20 Ohm und R2 = 80 Ohm ist?
a) 100
b) 16
c) 2.080
d) 50

3. Der Gesamtwiderstand der Schaltung aus Aufgabe 1 beträgt nun 100 Ohm. Die Spannungsquelle liefert 10 V.

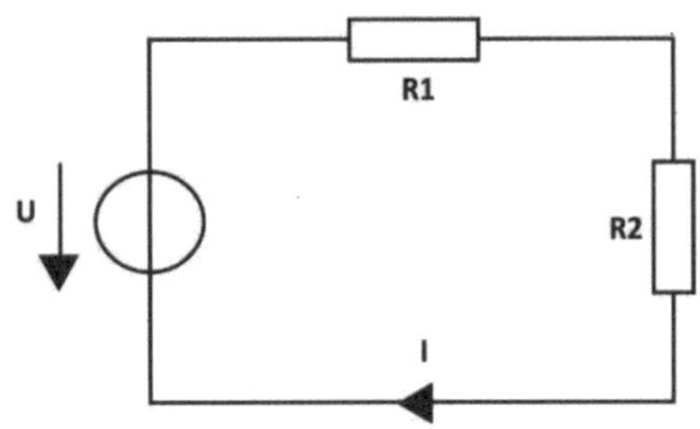

Welcher Strom fließt durch die Widerstände?
a) 0,01 A
b) 1 A
c) 1.000 A
d) 0,1 A

4. Zahlen und Programme sind gespeichert und dargestellt in ...
a) Hexadezimalform.
b) Tertiärform.
c) Binärform.
d) Sedezimalform.

5. In welcher Einheit wird die Spannung angegeben?
a) Kilogramm
b) Ampere
c) Volt
d) Ohm

6. In welcher Einheit wird die elektrische Leistung gemessen?
a) Ampere
b) Volt
c) Ohm
d) Watt

7. Welche Netzfrequenz wird im Stromnetz in Mitteleuropa verwendet?
a) 10 Hz
b) 20 Hz
c) 40 Hz
d) 50 Hz

8. Wie lautet das Ohmsche Gesetz?
a) P = U × I
b) O = F × G
c) F = m × a
d) U = R × I

9. Was passiert, wenn der Widerstand einer Reihenschaltung erhöht wird (Wir gehen von einer Gleichspannungsquelle aus.)?
a) Der Strom verringert sich.
b) Der Strom wird größer.
c) Alle Einheiten bleiben gleich.
d) Der Stromfluss wird gestoppt.

10. Was passiert, wenn zwei Widerstände erst in Reihe geschaltet waren und nun parallel geschaltet werden?
a) Der Gesamtwiderstand erhöht sich.
b) Der Gesamtwiderstand verringert sich.
c) Der Gesamtwiderstand bleibt gleich.
d) Keine der Antworten ist richtig.

11. Berechne den Widerstand bei einer Spannung von 360 Volt und einer Stromstärke von 0,2 Ampere.
a) 1.800 Ohm
b) 1.600 Ohm
c) 72 Ohm
d) 54 Ohm

12. Um Wechselspannung in eine Gleichspannung umzusetzen, benutzt man ...
a) Pole.
b) Halbleiter.
c) Dioden.
d) Transistoren.

13. Mit welchem Zeichen wird die elektrische Spannung angegeben?
a) S
b) A
c) U
d) W

14. Die Bewegung von geladenen Teilchen (meist Elektronen) wird auch … genannt.
a) Strom
b) Watt
c) Spannung
d) Volt

15. Wie groß ist der Strom unter B?

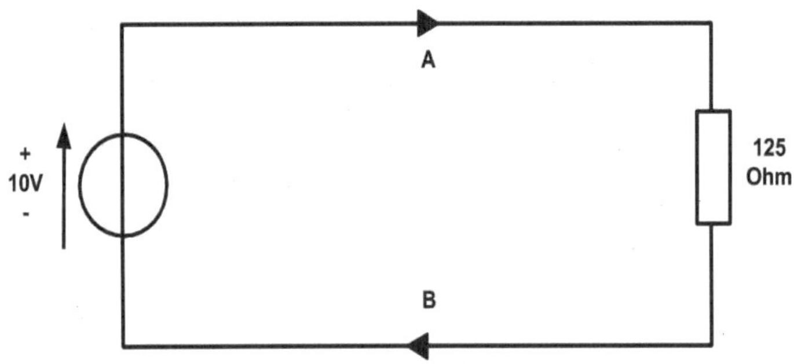

a) 0,1 A
b) 0,08 A
c) 0,125 A
d) 0,01

16. Mit welchem Gerät kann elektrische Energie in mechanische umgewandelt werden?
a) Kompressor
b) Elektromotor
c) Akkumulator
d) Zylinder

17. Die Spannung an der Spannungsquelle beträgt 10 V. Welche Spannung liegt über den beiden Widerständen insgesamt an?

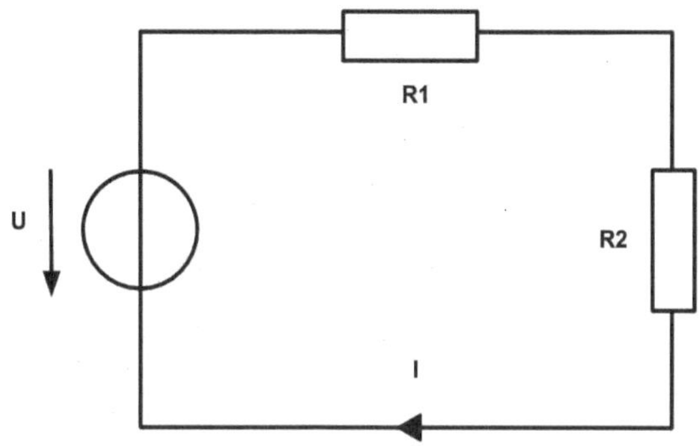

a) 1 V
b) 2 V
c) 5 V
d) 10 V

18. Um was für eine Grundschaltung handelt es sich?

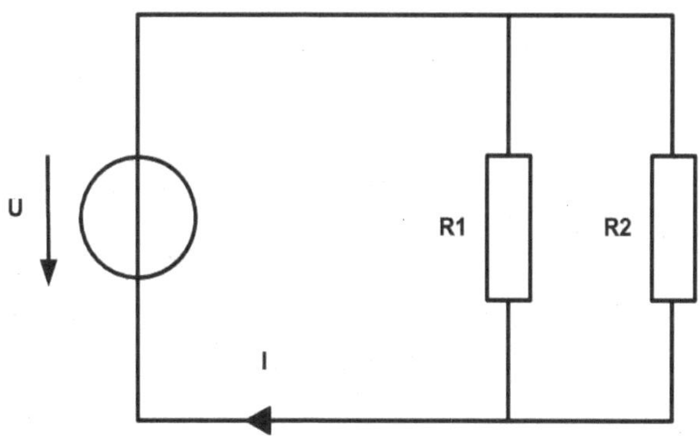

a) Zirkelschaltung
b) Einstein-Schaltung
c) Parallelschaltung
d) Reihenschaltung

19. Wie verhalten sich Strom und Spannung in der Schaltung aus Aufgabe 18, wenn die Widerstände unterschiedlich groß sind?
a) Die Spannung ist über den beiden Widerständen gleich hoch. Der Strom, der durch die beiden Widerstände fließt, ist ebenfalls gleich groß.
b) Die Spannung über den Widerständen ist gleich groß. Der Strom, der durch die beiden Widerstände fließt, ist unterschiedlich groß.
c) Die Spannung über den beiden Widerständen ist unterschiedlich. Der Strom, der durch die Widerstände fließt, ist gleich groß.
d) Der Strom ist überall in der Schaltung gleich groß.

20. Welche mathematische Funktion wird meistens genutzt, um den elektrischen Strom in einem Wechselspannungsnetz zu berechnen?
a) Sinus-Funktion
b) Cosinus-Funktion
c) Quadrat-Funktion
d) Mitternachtsfunktion

21. Bei welcher Schaltung leuchtet die Lampe?

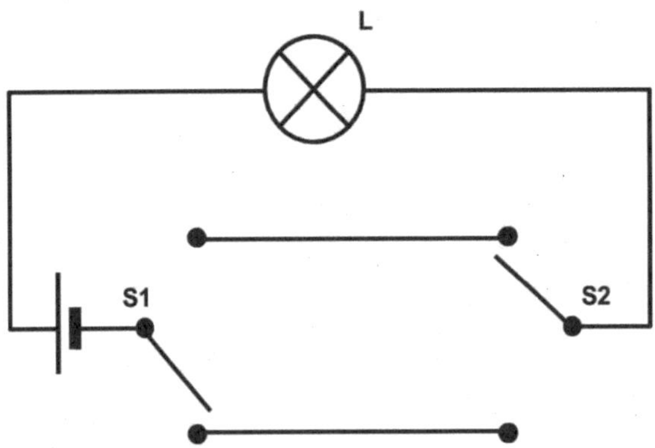

a) beide Schalter in Stellung 1
b) S1 in Stellung 1 und S2 in Stellung 2
c) S1 in Stellung 2 und S2 in Stellung 1
d) beide Schalter in Stellung 2

22. Bei welcher Schaltung leuchtet die Lampe?

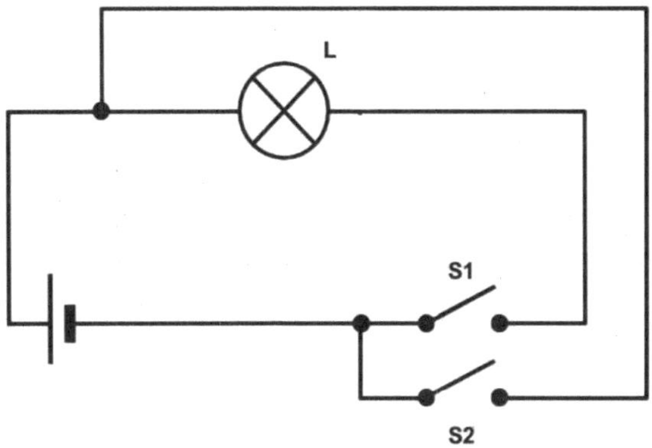

a) S1 und S2 sind beide offen.
b) S1 ist geschlossen und S2 offen.
c) S1 ist offen und S2 geschlossen.
d) S1 und S2 sind beide geschlossen.

23. Der Stromkreis enthält drei gleichartige Lampen. Welche Lampen leuchten, wenn beide Schalter offen sind und wie hell?

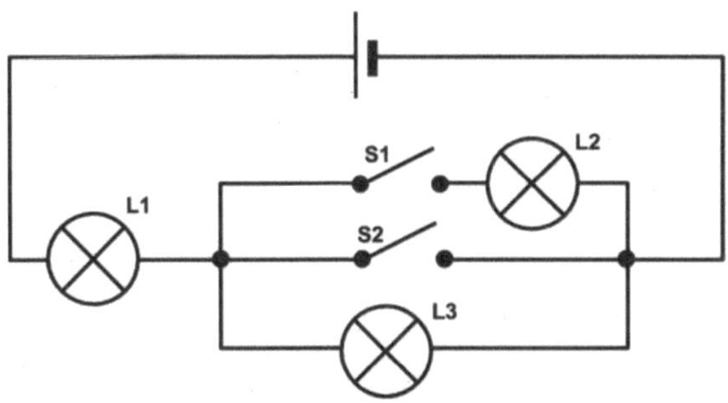

a) Alle Lampen leuchten und zwar gleich hell.
b) Es leuchten nur L1 und L3 und zwar beide gleich hell.
c) Es leuchten nur L1 und L2, aber L1 leuchtet heller als L2.
d) Es leuchten nur L1 und L2, aber L2 leuchtet heller als L1.

24. Der Stromkreis enthält vier gleichartige Lampen. Welche Lampen leuchten, wenn der Schalter S geschlossen ist und wie hell?

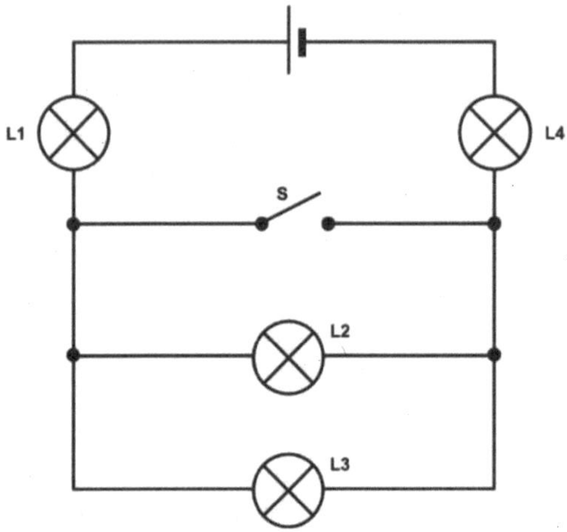

a) Alle Lampen leuchten und zwar gleich hell.
b) Nur L1 und L4 leuchten. Beide Lampen leuchten gleich hell.
c) Alle Lampen leuchten. Dabei leuchten L1 und L4 sowie L2 und L3 gleich hell. L1 und L4 leuchten weniger als L2 und L3.
d) Alle Lampen leuchten. Dabei leuchten L1 und L4 sowie L2 und L3 gleich hell. L1 und L4 leuchten heller als L2 und L3.

25. Ein Rechner besteht im Prinzip immer aus einer Zentraleinheit (CPU), Speicher und ...
a) Prozessor.
b) Netzwerk.
c) Ein- und Ausgabeeinheit.
d) Tastatur.

26. Aus welchen Ziffern besteht das Dualsystem?
a) 1 und 2
b) 0 und 2
c) 0 und 1
d) 1 und 3

27. Wofür steht die Abkürzung HTML?
a) Hightemp Makro Language
b) Hype Transmission Language
c) High Text Mental Language
d) Hypertext Markup Language

28. Welches ist keine Programmiersprache?
a) C++
b) Amiga
c) Perl
d) Basic

29. Wofür steht die Abkürzung FAQ?
a) Frequently Asked Questions
b) Fast Asked Questions
c) Five Asked Questions
d) Freshly Answered Quotes

30. In welcher Firma wurde der Mikroprozessor erfunden?
a) Texas Instruments
b) AMD
c) Intel
d) IBM

31. Wer konstruierte 1941 mit der „Z3" den ersten frei programmierbaren Computer?
a) Johann Carl Friedrich Gauß
b) Carl Zeiss
c) Thomas John Watson
d) Konrad Zuse

32. Was versteht man unter „Augmented Reality"?
a) ein Programm zur realitätsgetreuen Darstellung von Objekten
b) den 3D-Effekt in Filmen
c) die computergestützte Erweiterung der Realitätswahrnehmung
d) ein Computerspielgenre

33. Wie bezeichnet man die kleinste Einheit einer Rastergrafik?
a) Linie
b) Pixel
c) Vektor
d) Punkt

Lösungen: IT und Elektrotechnik

1. b)	12. c)	23. b)
2. a)	13. c)	24. b)
3. d)	14. a)	25. c)
4. c)	15. b)	26. c)
5. c)	16. b)	27. d)
6. d)	17. d)	28. b)
7. d)	18. c)	29. a)
8. d)	19. b)	30. a)
9. a)	20. a)	31. d)
10. b)	21. a), d)	32. c)
11. a)	22. b)	33. b)

Zu 2.: Da es sich um eine sogenannte Reihenschaltung der Widerstände handelt, muss hier die Summe der Widerstandswerte genommen werden, also R1 + R2 = 20 Ohm + 80 Ohm = 100 Ohm. Deshalb ist Antwort a) richtig.

Zu 3.: U = R × I. Da der Strom I gesucht ist, muss die Formel nach I umgestellt werden: I = U ÷ R. Somit erhalten wir I = 10 V ÷ 100 Ohm = 0,1 A. Antwort d) ist richtig.

Zu 9.: Auch hier können wir zur besseren Erklärung wieder die Formel U = R × I zur Hilfe nehmen und nach I umstellen. Wir erhalten I = U ÷ R. Wenn nun der Gesamtwiderstand R erhöht wird, so verringert sich der Strom. Deshalb ist Antwort a) richtig.

Zu 10.: b) ist richtig, der Gesamtwiderstand verringert sich. Du kannst dir die Schaltung in diesem Fall wie ein Fluss vorstellen. Ein Widerstand stellt dabei eine Verengung des Flusslaufes dar.

Zu 11.: a) ist richtig. Verwende die Formel U = R × I. Da nach dem Widerstand gefragt wird, wird die Formel nach R umgestellt: R = U ÷ I = 360 V ÷ 0,2 A = 1.800 Ohm

Zu 15.: b) ist richtig. Verwende die Formel U = R × I. Da nach dem Strom gefragt wird, wird die Formel nach I umgestellt: I = U ÷ R. Für U = 10 Volt und R = 125 Ohm ergibt sich: 10 ÷ 125 = 0,08 A

Zu 17.: d) Die Spannung bleibt immer gleich groß, egal wie der Stromkreis aufgebaut ist – also in diesem Fall 10 V.

Zu 21.: a) und d) sind richtig. Es handelt sich hier um eine Wechselschaltung. Die Lampe leuchtet also nur, wenn beide Schalter entweder in Stellung 1 oder in Stellung 2 sind.

Zu 22.: b) Schalter 1 muss geschlossen und Schalter 2 darf es nicht sein, da er sonst einen Kurzschluss verursacht.

Zu 23.: b) Sind beide Schalter geöffnet, ist der Stromkreis nur so geschlossen, dass L1 und L3 leuchten können. Da der Strom nicht geteilt wird, leuchten beide gleich hell.

Zu 24.: b) Nur L1 und L4 leuchten, da L2 und L3 durch den geschlossenen Schalter S überbrückt werden. Der Strom fließt also komplett über den Schalter und nicht mehr durch die beiden Lampen. Dabei leuchten L1 und L4 gleich hell.

Deutschlandkarte

1. Die Hauptstadt von Hessen heißt
a) Wiesbaden.
b) Frankfurt am Main.
c) Mainz.
d) Offenbach.

2. Wie viele Städte gibt es in Deutschland?
a) etwa 2.000
b) etwa 3.000
c) etwa 5.000
d) etwa 4.000

3. Welche Abkürzung hat das Bundesland Sachsen-Anhalt?
a) SA
b) SH
c) S
d) ST

4. Welche Sprachen sind in Deutschland auf gesamtstaatlicher Ebene Amtssprachen?
a) Deutsch
b) Deutsch, Englisch
c) Deutsch, Französisch
d) Deutsch, Dänisch

5. Welche Abkürzung hat das Bundesland Brandenburg?
a) BG
b) B
c) BB
d) BR

6. Welches der folgenden Bundesländer grenzt nicht an ein Nachbarland Deutschlands?
a) Sachsen
b) Thüringen
c) Saarland
d) Nordrhein-Westfalen

7. Wo befindet sich Deutschlands größter Hafen?
a) Duisburg
b) Hamburg
c) Bremen
d) Köln

8. Welcher Fluss legt die meisten Kilometer innerhalb Deutschlands zurück?
a) Donau
b) Elbe
c) Weser
d) Rhein

9. Wie lang sind Deutschlands Grenzen?
a) etwa 3.600 Kilometer
b) etwa 2.000 Kilometer
c) etwa 1.700 Kilometer
d) etwa 4.100 Kilometer

10. Wie lang sind Deutschlands Küsten?
a) etwa 700 Kilometer
b) etwa 2.400 Kilometer
c) etwa 1.100 Kilometer
d) etwa 1.800 Kilometer

11. Welche Insel im Mittelmeer wird manchmal scherzhaft als das „17. Bundesland" der Bundesrepublik Deutschland bezeichnet, weil dort so viele Bundesbürger wohnen?
a) Sardinien
b) Sylt

c) Kreta
d) Mallorca

12. In welchem deutschen Bundesland liegt das Mittelgebirge Hunsrück größtenteils?
a) Rheinland-Pfalz
b) Bayern
c) Thüringen
d) Hessen

13. An welchem Fluss liegt die Stadt Bremen?
a) Ems
b) Oder
c) Rhein
d) Weser

14. Wie heißt die Landeshauptstadt von Thüringen?
a) Dresden
b) Erfurt
c) Weimar
d) Magdeburg

15. Welches ist das flächenmäßig größte deutsche Bundesland?
a) Baden-Württemberg
b) Mecklenburg-Vorpommern
c) Bayern
d) Nordrhein-Westfalen

16. In welcher Klimazone befindet sich Deutschland?
a) kalte Zone
b) gemäßigte Zone
c) subpolare Zone
d) Subtropen

17. Wie heißt die größte Insel Deutschlands?
a) Sylt
b) Usedom
c) Rügen
d) Helgoland

18. Welcher Fluss fließt durch Dresden?
a) Elbe
b) Donau
c) Spree
d) Oder

19. In welcher Stadt kann man die Herkules-Statue bewundern?
a) Potsdam
b) Eisenach
c) Dresden
d) Kassel

20. Welche ist keine Millionen-Einwohner-Stadt in Deutschland?
a) Köln
b) Hamburg
c) Frankfurt am Main
d) München

21. Welches Bundesland hat prozentual auf die Landesfläche bezogen die größte Waldfläche?
a) Baden-Württemberg
b) Hessen
c) Bayern
d) Brandenburg

22. Welcher See liegt in Baden-Württemberg?
a) Wörthersee
b) Müritzsee
c) Bodensee
d) Chiemsee

23. Welches ist der höchste Berg, der in einem Mittelgebirge steht?
a) Brocken
b) Feldberg
c) Großer Arber
d) Fichtelberg

24. Wo liegt der größte Binnenhafen Deutschlands?
a) Ludwigshafen
b) Köln
c) Berlin
d) Duisburg

Lösungen: Deutschlandkarte

1. a)	9. a)	17. c)
2. a)	10. b)	18. a)
3. d)	11. d)	19. d)
4. a)	12. a)	20. c)
5. c)	13. d)	21. b)
6. b)	14. b)	22. c)
7. b)	15. c)	23. b)
8. d)	16. b)	24. d)

Geschichte

1. Zu den Siegermächten des Zweiten Weltkriegs gehörten Russland, USA, Großbritannien und ...
a) China.
b) Frankreich.
c) Niederlande.
d) Italien.
e) Spanien.

2. Wann fiel die Berliner Mauer?
a) 9./10. November 1989
b) 3. Oktober 1989
c) 3. Oktober 1990
d) 5. Oktober 1989

3. Die nördlichste Grenze zwischen BRD und DDR verlief in unmittelbarer Nähe von ...
a) Rügen.
b) Rostock.
c) Travemünde.
d) Kiel.

4. Welches Land gehörte NIEMALS zum Staatsgebiet der ehemaligen „Jugoslawischen Sozialistischen Föderativen
Republik"?
a) Bulgarien
b) Montenegro
c) Kroatien
d) Serbien

5. Der Name „Europa" leitet sich aus dem Altgriechischen ab und bedeutet so viel wie
a) die Frau mit der weiten Sicht.
b) der Wolf mit dem starken Willen.
c) der dunkelblaue Horizont.
d) der führende Stier.

6. Rom ist auch als die ...
a) „Ewige Stadt" bekannt.
b) „Weite Stadt" bekannt.
c) „Goldene Stadt" bekannt.
d) „Stadt der Wölfe" bekannt.

7. Die Insel, auf welche Napoleon bis zu seinem Lebensende verbannt wurde, heißt
a) St. Helena.
b) St. Marie.
c) St. Martin.
d) St. Peter Ording.

8. Die Französische Revolution (1789–1799) stand unter dem Motto...
a) Freiheit, Einheit, Brüderlichkeit.
b) Freiheit, Gleichheit, Brüderlichkeit.
c) Einheit, Gleichheit, Freiheit.
d) Einheit, Gleichheit, Brüderlichkeit.

9. Das heutige Judentum gibt es seit etwa dem ...
a) 5. Jahrhundert v. Chr.
b) 8. Jahrhundert v. Chr.
c) 20. Jahrhundert v. Chr.
d) 2. Jahrhundert n. Chr.

10. Der Islam ist eine Religion, welche seine Wurzeln hat im ...
a) 3. Jahrhundert n. Chr.
b) 7. Jahrhundert n. Chr..
c) 6. Jahrhundert v. Chr.
d) 10. Jahrhundert v. Chr.

11. Die Anfänge des römischen Reichs gehen geschichtlich zurück bis ins ...
a) 1. Jahrhundert v. Chr.
b) 7. Jahrhundert n. Chr.
c) 6. Jahrhundert n. Chr.
d) 8. Jahrhundert v. Chr.

12. Apollo 13 alarmierte die Bodenstation mit dem legendären Funkspruch: Houston, wir haben
a) Husten.
b) Whitney entführt.
c) ein Problem.
d) Klingonen an Bord.

13. Wie hieß die Reform, die Gorbatschow in der ehemaligen Sowjetunion einleitete?
a) Dafainoika
b) Kolchose
c) Afganoika
d) Perestroika

14. In welchem Jahr wurde die heutige Hauptstadt Berlin durch eine Mauer getrennt?
a) 1948
b) 1961
c) 1952
d) 1972

15. Wer war der erste Mensch im Weltraum?
a) Alan Shepard
b) Juri Gagarin
c) Neil Armstrong
d) Alexei Leonow

16. Die Antibabypille hieß in der DDR ...
a) Kinderlospille.
b) Babywegpille.
c) Kinderwegpille.
d) Kinderwunschpille.

17. Der Euro ist in der Bundesrepublik Deutschland am
a) 1. Januar 2011 als Bargeld eingeführt worden.
b) 1. Januar 1999 als Bargeld eingeführt worden.
c) 1. Februar 2001 bei Banken als Währungseinheit eingeführt worden.
d) 1. Januar 2002 als Bargeld eingeführt worden.

18. Die Bundesrepublik Deutschland wurde im Jahr ...
a) 1948 gegründet.
b) 1961 gegründet.
c) 1990 gegründet.
d) 1949 gegründet.

19. Mit Hellenismus ist gemeint?
a) Epoche im antiken Griechenland
b) kultureller Einfluss des Islams
c) Sittlichkeit der katholischen Mönche
d) griechische Alphabetisierung

20. Wer waren die Hugenotten?
a) eine Sektenbewegung aus dem Mittelalter
b) Orden der Anhänger des Hugo von Cluny
c) ein Volksstamm im Süden Afrikas
d) Anhänger des Calvinismus in Frankreich

21. Wo fanden die Punischen Kriege statt?
a) in Asien
b) in Amerika
c) in Afrika
d) im Mittelmeerraum

22. Welcher amerikanische Präsident appellierte 1987 für die Öffnung des Brandenburger Tors?
a) Ronald Reagan
b) John F. Kennedy
c) Bill Clinton
d) George Bush

23. Womit beschäftigte sich die Gauck-Behörde?
a) mit ethischen Fragen
b) mit Stasi-Unterlagen
c) mit Unterlagen aus der Nazi-Zeit
d) mit der Wiedervereinigung

24. Der deutsche Reichskanzler Otto von Bismarck war unter anderem bekannt für ...
a) seine Kriege gegen Napoleon.
b) die Einführung des Sozialversicherungssystems.
c) den schnellen Einmarsch in Polen.
d) die Gründung der Weimarer Republik.

25. Wie hieß der erste römische Kaiser?
a) Nero
b) Caligula
c) Augustus
d) Caesar

26. Aus welchem Adelsgeschlecht stammte Friedrich I., genannt Barbarossa?
a) Hohenzollern
b) Habsburger
c) Staufer
d) Wittelsbach

27. Welcher antike Feldherr überschritt mit einem Heer und Kriegselefanten die Alpen in Richtung Rom?
a) Julius Cäsar
b) Attila
c) Alexander der Große
d) Hannibal

28. Wie hieß der Mongolenherrscher, der im 13. Jahrhundert ein Weltreich eroberte?
a) Dschingis Kahn
b) Güyük Khan
c) Timur Khan
d) Batu Khan

29. Welchen US-Präsidenten stürzte die Watergate-Affäre?
a) John F. Kennedy
b) Ronald Reagan
c) Richard Nixon
d) Bill Clinton

30. In welcher Stadt fand das Attentat auf den österreichisch-ungarischen Thronfolger statt, das den Ersten Weltkrieg auslöste?
a) Zagreb
b) Sarajevo
c) Belgrad
d) Budapest

31. In welchem Jahr entdeckte der Seefahrer Christoph Kolumbus Amerika?
a) 1412
b) 1492
c) 1592
d) 1601

32. Welche Kriegsparteien waren am Dreißigjährigen Krieg beteiligt?
a) Wittenberger und Römer
b) Österreicher und Franzosen
c) Katholische Liga und Protestantische Union
d) Katholische Union und Protestantische Liga

33. In welchem Zeitraum fand die Renaissance statt?
a) 1150–1500
b) 1420–1600
c) 1600–1730
d) 1750–1840

34. In welchem Jahr begann die Neuzeit?
a) 1500 n. Chr.
b) im Jahr 0
c) 2000
d) 1900

35. Welches war das bedeutendste Reich der Antike?
a) Judäa
b) Kleinasien
c) Griechenland
d) Imperium Romanum

36. Winston Churchill war im 20. Jahrhundert ein berühmter ...?
a) Philosoph und Mathematiker
b) Staatsmann und Politiker
c) Erfinder und Entwickler
d) Schriftsteller und Dichter

37. Wer entdeckte 1498 Indien?
a) Christoph Columbus
b) Marco Polo
c) Vasco da Gama
d) Ferdinand Magellan

38. In welchem Jahr gelang die erste bemannte Mondlandung?
a) 1959
b) 1966
c) 1969
d) 1970

39. In welchem Zeitraum ereignete sich der Erste Weltkrieg?
a) 1914–1918
b) 1914–1919
c) 1915–1921
d) 1939-1945

40. Welche heutige Stadt hieß im Osmanischen Reich Konstantinopel?
a) Bagdad
b) Istanbul
c) Teheran
d) Jerusalem

41. Was ereignete sich am 9. November 1938?
a) Reichspogromnacht
b) Machtergreifung Hitlers
c) Beginn des Zweiten Weltkriegs
d) Hitlerputsch

42. Wo befindet sich die bedeutende Gedenkstätte Yad Vashem, die die nationalsozialistische Judenvernichtung dokumentiert und an sie erinnert?
a) Berlin
b) Warschau
c) Nürnberg
d) Jerusalem

43. Wofür steht die Abkürzung SA zur Zeit des NS-Regimes?
a) Sturmarmee
b) Schutzallianz
c) Sturmabteilung
d) Schutzarmee

44. Wodurch wurde die Verfolgung von Juden im Dritten Reich rechtlich legalisiert?
a) durch das Ermächtigungsgesetz
b) durch das Gesetz zur Abwehr heimtückischer Angriffe auf Staat und Partei und zum Schutz der Parteiuniform
c) durch die Nürnberger Gesetze
d) durch die Reichstagsbrandverordnung

45. Was war die sogenannte Weiße Rose?
a) ein verdeckter Befehl der SS
b) ein Symbol am Eingang jedes jüdischen Geschäfts
c) eine Widerstandsgruppe mit Dietrich Bonhoeffer als Anführer
d) eine Widerstandsgruppe, der unter anderem die Geschwister Scholl angehörten

46. Wer war Claus Schenk Graf von Stauffenberg?
a) ein führendes SS-Mitglied und wichtig für die Planung der Konzentrationslager
b) ein Widerstandskämpfer an der Seite von Hans und Sophie Scholl
c) ein Vertrauter Hitlers, der für die Umsetzung der Ideologie in den Schulen verantwortlich war
d) ein Offizier der deutschen Wehrmacht, der ein Attentat auf Hitler plante

47. Wofür steht die Abkürzung „SS" zur Zeit des Nationalsozialismus?
a) Secret Service
b) Schutzstaffel
c) Sicherheitsstaffel
d) Staatssicherheit

Lösungen: Geschichte

1. b)	17. d)	33. b)
2. a)	18. d)	34. a)
3. c)	19. a)	35. d)
4. a)	20. d)	36. b)
5. a)	21. d)	37. c)
6. a)	22. a)	38. c)
7. a)	23. b)	39. a)
8. b)	24. b)	40. b)
9. a)	25. c)	41. a)
10. b)	26. c)	42. d)
11. d)	27. d)	43. c)
12. c)	28. a)	44. c)
13. d)	29. c)	45. d)
14. b)	30. b)	46. d)
15. b)	31. b)	47. b)
16. d)	32. c)	

Physik

1. Was bedeutet der Energieerhaltungssatz?
a) Die Gesamtenergie eines abgeschlossenen Systems ändert sich nicht.
b) Energie bleibt nur eine gewisse Zeit erhalten.
c) Energie kann nur durch Arbeit erzeugt werden.
d) Die Gesamtenergie eines Systems verändert sich permanent.
e) Keine der genannten Antworten ist richtig.

2. Woraus bestehen die meisten Atome?
a) Neutronen und Megatronen
b) Protonen und Photonen
c) Elektronen, Neutronen und Protonen
d) Elektronen, Photonen und Neutronen

3. Mit welcher Formel wird die Höhenenergie beschrieben?
a) $E = m \times v$
b) $E = m \times c$
c) $E = m \times g \times h$
d) Keine der Antworten ist richtig.

4. Wofür steht die Formel $F = m \times a$?
a) m steht für Masse, a steht für die Beschleunigung. Das Gesetz stellt die Kraft in Abhängigkeit zu Masse und Beschleunigung dar, wenn die Masse gleich und die Beschleunigung konstant bleibt.
b) m steht für Masse, a steht für Ampere. Das Gesetz stellt die Kraft in Abhängigkeit zu Masse und Strom dar, wenn die Masse gleich und der Strom konstant bleibt.
c) Das Gesetz gibt die potenzielle Energie an und setzt die Höhe einer Masse in Abhängigkeit zur Energie.
d) Keine der Antworten ist richtig.

5. Was bedeutet Leistung aus physikalischer Sicht?
a) Die Leistung wird über die Geschwindigkeit und die Zeit berechnet.
b) Die Leistung ist eine physikalische Größe, die den Strom in einer bestimmten Zeit auf den Widerstand in einer Schaltung bezieht.
c) Die Leistung ist eine physikalische Größe, welche den Aufwand von Arbeit beschreibt.
d) Die Leistung ist eine physikalische Größe, welche in einer bestimmten Zeitspanne die eingesetzte Energie auf diese Zeitspanne bezieht.

6. Die Beschleunigung eines Autos beträgt $5\ m/s^2$. Das Auto beschleunigt aus dem Stand über eine Dauer von 10 Sekunden. Wie schnell fährt das Auto nach den 10 Sekunden?
a) 5 m/s
b) 25 m/s
c) 50 m/s
d) 100 m/s

7. Wie heißt die Einheit von Arbeit?
a) Joule
b) Newton
c) Leistung
d) Photon

8. Bitte nenne drei verschiedene Arten von Energie.
a) Bewegungsenergie, Leergutenergie, Lageenergie
b) Bewegungsenergie, chemische Energie, Höhenenergie
c) Betreuungsenergie, potenzielle Energie, Höhenenergie
d) Lageenergie, potenzielle Energie, elektrische Energie

9. Das dritte newtonsche Gesetz beschreibt das Wechselwirkungsprinzip. Wie wird dieses Prinzip häufig umschrieben?
a) actio gleich reactio
b) actio nicht reactio
c) actio non reactio
d) solo gleich actio

10. Wie hoch ist die Fallbeschleunigung auf der Erde?
a) zirka 57 m/s^2
b) zirka 2 m/s^2
c) zirka 9,81 m/s^2
d) Keine der Antworten ist richtig.

11. Womit beschäftigt sich das Archimedische Prinzip?
a) mit Reibung
b) mit Rotation
c) mit Auftrieb
d) mit Hebeln

12. Wie schnell breitet sich Schall im Vakuum aus?
a) überhaupt nicht
b) zirka 300 m/s
c) zirka 1.200 m/s
d) zirka 12 km/s

13. Was versteht man unter Kondensation?
a) Eindicken einer dünnflüssigen Flüssigkeit
b) Gefrieren von Ölen
c) Übergang eines Stoffes vom gasförmigen in den flüssigen Aggregatzustand
d) Senkung oder Erhöhung von elektrischer Spannung

14. Welches Material leitet Wärme am besten?
a) Kunststoff
b) Glas
c) Metall
d) Holz

15. Für welche moderne Erfindung ist der Bernoulli-Effekt von Nutzen?
a) Mikrowelle
b) Flugzeug
c) Atomuhr
d) Computer

16. Was versteht man unter einem Ion?
a) elektrisch geladenes Atom oder Molekül
b) physikalische Maßeinheit für Elektrizität
c) Messgröße für Volumina
d) chemisches Element

17. Was entdeckte Galileo Galilei?
a) das geozentrische Weltbild
b) die Hebelgesetze
c) das heliozentrische Weltbild
d) das Fernrohr

18. Welches Bauteil ist nicht durchlässig für Gleichstrom?
a) Transistor
b) Kondensator
c) Spule
d) Widerstand

19. Welches Metall ist nicht ferromagnetisch?
a) Kupfer
b) Nickel
c) Eisen
d) Kobalt

20. Wie heiß wird der Draht in der Glühlampe?
a) 100 Grad Celsius
b) 500 Grad Celsius
c) 1.000 Grad Celsius
d) über 2.000 Grad Celsius

21. Was versteht man unter der Brinellhärte?
a) Maß der Härte eines Werkstoffes
b) Maß für die Dichte von Schmucksteinen
c) Maß für die Lichtbrechung
d) Maß für den Abrieb von Reifen

22. Wie heißt die Maßeinheit für die Angabe von Radioaktivität?
a) Ohm
b) Sievert
c) Becquerel
d) Ampere

23. Was enthält ein Transistor?
a) ein Mikroprozessor
b) eine Antenne
c) ein Eisenkern
d) ein Halbleiter

24. Welches Tier steht in einem Gedankenexperiment des Physikers Erwin Schrödinger im Mittelpunkt?
a) ein Affe
b) ein Hund
c) eine Katze
d) eine Maus

25. Was versteht man unter einem Episkop?
a) Messgerät für Erdbeben
b) medizinisches Abhörgerät
c) optisches Gerät zur Projektion von Bildern
d) Gerät zur Untersuchung von Schallwellen

26. Von welchen Einheiten werden alle anderen physikalischen Einheiten abgeleitet?
a) Basiseinheiten
b) Standardeinheiten
c) Normeinheiten
d) Systemeinheiten

27. Ein Motorrad legt in einer Zeitspanne von 1 Minute eine Strecke von 1,2 km zurück. Berechne seine Durchschnittsgeschwindigkeit in Metern pro Sekunde.
a) 20 m/s
b) 0,5 m/s
c) 25 m/s
d) 0,05 m/s

28. Bei einer verzögerten Bewegung, handelt es sich um eine Bewegung mit ...
a) gleichbleibender Geschwindigkeit.
b) zunehmender Geschwindigkeit.
c) abnehmender Geschwindigkeit.
d) ohne Geschwindigkeit.

29. Ein Sportwagen startet mit einer konstanten Beschleunigung von a = 5 m/s². Welche Geschwindigkeit erreicht er nach 10 Sekunden?
a) 5 m/s
b) 25 m/s
c) 50 m/s
d) 100 m/s

30. Ein Sportwagen startet mit einer konstanten Beschleunigung von a = 5 m/s². Wie groß ist der in 10 Sekunden zurückgelegte Weg?
a) 25 m
b) 50 m
c) 500 m
d) 250 m

31. In welcher Einheit wird die Kraft gemessen?
a) Joule
b) Newton
c) Watt
d) Volt

32. Was wird unter der sogenannten Gravitationskonstante verstanden?
a) Die Gravitationskonstante gibt die Stärke der Gravitationskraft zwischen zwei Körpern in Abhängigkeit von ihrem Abstand und ihren Massen an.
b) Die Gravitationskonstante hält Planeten auf ihren Laufbahnen.
c) Die Gravitationskonstante beschreibt die Einheit mal Meter für das vektorielle Drehmoment.
d) Die Gravitationskonstante ist der positiv geladene innere Teil eines Atoms.

33. Eine Maschine verrichtet in einer Stunde eine Arbeit von 7.200 Joule. Wie hoch ist die mechanische Leistung der Maschine?
a) 0,5 Watt
b) 2 Watt
c) 120 Watt
d) 7.200 Watt

34. Ein Gegenstand wird mit einer Kraft von 25 N eine Strecke von 300 m geschoben. Wie viel Arbeit wird dabei verrichtet? (Die Reibung spielt in diesem Fall keine Rolle.)
a) 25 Joule
b) 1.200 Joule
c) 7.500 Joule
d) 75 Joule

35. Wie lautet die „Goldene Regel der Mechanik"?
a) „Was an Kraft eingespart wird, muss an Weg zugesetzt werden." – Galileo Galilei
b) „Actio gleich reactio." – Isaac Newton
c) „Wärme fließt immer vom wärmeren System in Richtung eines

kälteren Systems." – Rudolf Clausius
d) „Es ist schwieriger, eine vorgefasste Meinung zu zertrümmern, als ein Atom. – Albert Einstein"

36. Ein Wanderer mit einem Gewicht von 50 kg trägt einen 5 kg schweren Rucksack auf einen um 400 m höher gelegenen Gipfel eines Berges hinauf. Wie viel Hubarbeit verrichtet er insgesamt?
a) 19,62 kJ
b) 196,2 kJ
c) 22 kJ
d) 215,82 kJ

37. Zwei Kinder (20 kg und 25 kg) sitzen auf einem Schlitten und werden von ihrem Vater über eine ebene Wiese bedeckt mit Schnee über eine Strecke von 300 m gezogen. Der Schlitten wiegt 5 kg, die Reibungszahl von Metall auf Schnee beträgt 0,02. Welche Arbeit verrichtet der Vater?
a) 981 J
b) 1.500 J
c) 300 J
d) 2.934 J

38. Wie hoch ist die Leistung eines Sportlers mit einer Masse von 80 kg, wenn er zehn Klimmzüge mit einem Höhenunterschied von je 0,5 m in einer Zeit von insgesamt 10 Sekunden schafft?
a) 394,2 W
b) 392,4 W
c) 3.924 W
d) 392 W

39. Wie lautet die Formel zur Berechnung der mechanischen Leistung?
a) $R = U \div I$
b) $P = W \div t$
c) $W = F \times s$
d) $p = m \div V$

40. Zwei Bagger heben jeweils einen Haufen Steine, die der Gewichtskraft F = 6.000 N entspricht, auf eine fünf Meter hohe Rampe. Der eine Bagger benötigt für diesen Vorgang eine Zeit von 20 s, der andere Bagger hingegen 40 s. Wie hoch ist jeweils die Leistung der Bagger?
a) Bagger 1 (1.500 W), Bagger 2 (3.000 W)
b) Bagger 1 (150 W), Bagger 2 (75 W)
c) Bagger 1 (2.250W), Bagger 2 (3.000 W)
d) Bagger 1 (1.500 W), Bagger 2 (750 W)

41. An einem Ort mit dem Ortsfaktor 30 N/kg wird ein Körper der Masse 7 kg um 6 m angehoben. Wie groß ist die potenzielle Energie des Körpers?
a) 1.260 J
b) 1.620 J
c) 1.026 J
d) 1.206 J

Lösungen: Physik

1. a)	15. b)	29. c)
2. c)	16. a)	30. d)
3. c)	17. c)	31. b)
4. a)	18. b)	32. a)
5. d)	19. a)	33. b)
6. c)	20. d)	34. c)
7. a)	21. a)	35. a)
8. b)	22. c)	36. d)
9. a)	23. d)	37. d)
10. c)	24. c)	38. b)
11. c)	25. c)	39. b)
12. a)	26. a)	40. d)
13. c)	27. a)	41. a)
14. c)	28. c)	

Zu 1.: Der Energieerhaltungssatz lautet: „In einem abgeschlossenen System ist die Summe aller Energien konstant. Die Gesamtenergie bleibt erhalten.“. Daher ist Antwort a) richtig.

Zu 2.: c) Unterteilt wird ein Atom in den Atomkern, welcher aus neutral geladenen Neutronen und positiv geladenen Protonen besteht, und in die Atomhülle, in der sich negativ geladene Elektronen auf Kreisbahnen um den Kern bewegen.

Zu 3.: c) ist korrekt. Antwort a) weist auf die kinetische Energie hin, die mit $E = \frac{1}{2} \times m \times v^2$ berechnet wird. Antwort b) gehört zu Albert Einsteins berühmtem Zusammenhang zwischen Masse und Energie: $E = m \times c^2$. Daher kann für die potenzielle Energie nur Antwort c) korrekt sein.

Zu 4.: a) Gefragt ist nach dem 2. newtonschen Gesetz, dem sogenannten Aktionsprinzip: „Wirkt auf einen Körper eine Kraft, so wird er in die Richtung der Kraft beschleunigt. Die Beschleunigung ist der Kraft direkt, der Masse des Körpers umgekehrt proportional."

Zu 5.: d) Die Leistung P wird definiert durch den Quotienten aus aufgewendeter Energie ΔE oder verrichteter Arbeit ΔW und der dazu benötigten Zeit Δt: $P = \Delta E \ \Delta t = \Delta W \ \Delta t$. Gemessen wird die Leistung in Watt.

Zu 6.: c) Die Beschleunigung ergibt sich auf dem Quotienten einer Geschwindigkeit über die benötigte Zeit: $a = v \ t$. Eingesetzt und nach der Zeit aufgelöst ergibt sich eine Geschwindigkeit von: $v = a \times t = 5 \text{ m/s}^2 \times 10 \text{ s} = 50 \text{ m/s}$.

Zu 8.: b) Die drei richtigen Antworten sind definiert durch:

- Bewegungsenergie: $E = ½ m \times v^2$
- Chemische Energie beschreibt die freiwerdende Energie bei Bildung chemischer Bindungen.
- Höhenenergie: $E = m \times g \times h$

Zu 9.: a) Das 3. newtonsche Gesetz besagt: „Besteht zwischen zwei Körpern A und B eine Kraftwirkung, so ist die Kraft welche von A auf B ausgeübt wird, der Kraft, die B auf A ausübt, entgegengesetzt gleich." Umschrieben wird dieses Prinzip deshalb mit actio gleich reactio.

Zu 10.: c) Die Erdbeschleunigung ist definiert durch die Variable g und beträgt zirka $9{,}81 \text{ m/s}^2$.

Zu 27.: a) Verwende die Formel: $s = v \times t$. Gegeben sind:

- die Zeit [t]: 1 min = 60 s
- die Strecke [s]: 1,2 km = 1.200 m

Gesucht wird die Geschwindigkeit [v]. Nach v umgestellt lautet die Formel:
$v = s \div t$. $v = 1.200 \text{ m} \div 60 \text{ s} = 20 \text{ m/s}$

Zu 28.: c) Mit einer verzögerten Bewegung wird eine Bewegung bezeichnet, bei der die Geschwindigkeit abnimmt, wie zum Beispiel bei einem Auto, das bremst. Eine Bewegung mit gleichbleibender bzw. konstanter Geschwindigkeit wird „gleichförmige Bewegung" genannt. Eine Bewegung mit zunehmender Geschwindigkeit heißt „beschleunigte Bewegung".

Zu 29.: c) Verwende die Formel: $v = a \times t$. Gegeben sind:

- die durchschnittliche Beschleunigung [a]: 5 m/s^2
- die Zeit [t]: 10 s

Gesucht wird die Geschwindigkeit [v]. $v = 5 \text{ m/s}^2 \times 10 \text{ s} = 50 \text{ m/s}$

Zu 30.: d) Verwende die Formel: $s = 0{,}5 \times a \times t^2$. Gegeben sind:

- die durchschnittliche Beschleunigung [a]: 5 m/s^2
- die Zeit [t]: 10 s

Gesucht wird die zurückgelegte Strecke [s].
$s = 0{,}5 \times 5\ m/s^2 \times (10\ s)^2 = 2{,}5\ m/s^2 \times 100\ s^2 = 250\ m$

Zu 32.: a) Die Gravitationskonstante gibt nach dem Gravitationsgesetz von Isaac Newton an, welche Kraft zwei Körper bekannter Massen aufeinander ausüben. Sie bestimmt also die Stärke der Massenanziehung, ist eine Naturkonstante und wird mit dem Formelzeichen G beschrieben. Die Gravitationskonstante der Erde beträgt etwa 9,81 N/kg.

Zu 33.: b) Verwende die Formel: $P = W \div t$. Gegeben sind:

- die Arbeit [W]: 7.200 J
- die Zeit [t]: 1 h = 60 min = 3.600 s

Gesucht wird die Leistung [P]. $P = 7.200\ J \div 3.600\ s = 2\ J/s = 2\ W$

Zu 34.: c) Verwende die Formel: $W = F \times s$. Gegeben sind:

- die Kraft [F]: 25 N
- die Strecke [s]: 300 m

Gesucht wird die Arbeit [W]. $W = 25\ N \times 300\ m = 7.500\ Nm = 7.500$ Joule

Zu 35.: a) Die „Goldene Regel der Mechanik" drückt den Inhalt des Energieerhaltungssatzes aus. Während Kräfte durch entsprechende Hilfsmittel in ihrer Richtung oder ihrem Betrag geändert werden können, kann die für einen mechanischen Prozess nötige Arbeit nicht verringert werden – die Menge an Arbeit bleibt erhalten. Abgesehen von Reibungsverlusten bleibt das Produkt aus Weg und Kraft (entlang des Weges) stets konstant.

Zu 36.: d) Da nach der Hubarbeit insgesamt gefragt ist, müssen sowohl die des Rucksacks als auch die des Wanderers berechnet und zusammengezählt werden. Verwende die Formel: $W = m \times g \times h$. Gegeben sind:

- die Masse des Wanderers [m (w)]: 50 kg
- die Masse des Rucksacks [m (r)]: 5 kg
- die Gravitationskonstante [g]: 9,81 N/kg
- die Höhe in Metern [h]: 400 m

W Rucksack = 5 kg × 9,81 N/kg × 400 m = 19.620 Nm = 19.620 J
W Wanderer = 50 kg × 9,81 N/kg × 400 m = 196.200 Nm = 196.200 J
W gesamt = W Rucksack + W Wanderer = 19.620 J + 196.200 J = 215.820 J = 215,82 kJ
Alternativ können auch beide Massen zunächst zusammengezählt und dann in die Formel eingesetzt werden.

Zu 37.: d) Gegeben sind:

- die Gesamtmasse der Kinder und des Schlittens [m]:
  20 kg + 25 kg + 5 kg = 50 kg
- der Reibungskoeffizient [μ]: 0,02
- die Gravitationskonstante [g]: 9,81 N/kg
- die zurückgelegte Strecke in Metern [s]: 300m

Berechne zunächst die Reibungskraft mit Hilfe der Formel:
$FR = \mu \times m \times g$
$FR = 0{,}02 \times 50\ kg \times 9{,}81\ N/kg = 9{,}81\ N$
Die Reibungskraft wird durch die Zugkraft des Vaters ausgeglichen. Da die Kraft entlang der Strecke konstant ist, kann die Zugarbeit des Vaters [W] ausgerechnet werden.
Verwende die Formel: $W = F \times s$
$W = 9{,}81\ N \times 300\ m = 2.943\ Nm = 2.943\ J$

Zu 38.: b) Gegeben sind:

- die Masse des Sportlers [m]: 80 kg
- die Gravitationskonstante [g]: 9,81 N/kg
- die Höhe in Metern [h]: 0,5 m
- die benötigte Zeit in Sekunden [t]: 10 s

Gesucht ist die Leistung des Sportlers [P]. Verwende die Formel:
$P = W \div t$. Zunächst muss die gesamte Arbeit W ermittelt werden (hier: Hubarbeit): $W = m \times g \times h$. Beachte dabei, dass der Sportler nicht nur einen, sondern zehn Klimmzüge macht.
$W = 10 \times m \times g \times h = 10 \times 80\ kg \times 9{,}81\ N/kg \times 0{,}5\ m = 3.924\ J$
Mit allen Angaben kann nun die Leistung berechnet werden:
$P = W \div t = 3.924\ J \div 10\ s = 392{,}4\ W$

Zu 39.: b) Die Leistung P ist gleich dem Verhältnis aus Arbeit W und der Zeit t in der sie verrichtet wird. Sie wird nach dem Ingenieur James Watt in der Einheit Watt (W) angegeben.
Bei a) handelt es sich um das Ohmsche Gesetz. Bei c) um die Formel zur Berechnung mechanischer Arbeit und bei d) um die Formel zur Berechnung von Dichte.

Zu 40.: d) Gegeben sind:

- die Gewichtskraft [F]: 6.000 N
- die Höhe [h]: 5 m
- die benötigte Zeit der zwei Bagger [t]: 20 s, 40 s

Gesucht ist die Leistung der beiden Bagger [P]. Verwende die Formel: $P = W \div t$.
Die Arbeit W kann mit $W = F \times h$ berechnet werden.
Bagger 1: $P = (F \times h) \div t = (6.000\ N \times 5\ m) \div 20\ s = 30.000\ Nm \div 20\ s = 1.500\ Nm/s = 1.500\ W$

Bagger 2: Da der zweite Bagger die Arbeit in der doppelten Zeit verrichtet, ist sein Arbeitstempo bzw. seine Leistung halb so hoch wie die des ersten Baggers: 1.500 W ÷ 2 = 750 W

Zu 41.: a) Gegeben sind:

- der Ortsfaktor [g]: 30 N/kg
- die Masse des Körpers [m]: 7 kg
- die Höhe [h]: 6 m

Gesucht wird die potenzielle Energie [E_{pot}]. Verwende die Formel:

$E_{pot} = m \times g \times h$

$E_{pot} = 7\text{ kg} \times 30\text{ N/kg} \times 6\text{ m} = 1.260\text{ Nm} = 1.260\text{ J}$

Chemie, Biologie und Medizin

1. Wie nennt man einen chemischen Vorgang, bei dem man Stoffe zerlegt?
a) Oxidation
b) Reduktion
c) Synthese
d) Analyse

2. Aus wie vielen Knochen besteht das menschliche Skelett?
a) zirka 102
b) zirka 212
c) zirka 252
d) zirka 300

3. Die organische Chemie beschäftigt sich mit ...?
a) Wasser.
b) Kohlenstoffverbindungen.
c) Mineralien.
d) Metallen.

4. Was versteht man unter einem Ökosystem?
a) ein Lebensraum zwischen Menschen, Tieren und Pflanzen
b) die gesamte Tierwelt eines bestimmten Lebensraums
c) Lebensraum einer bestimmten Lebensgemeinschaft von Pflanzen
d) eine Lebensgemeinschaft der Flora und Fauna

5. Ein Schlaganfall ist ...?
a) eine Gehirnblutung.
b) eine Arterienverkalkung der Gefäßwand.
c) eine Störung der Hirnblutversorgung.
d) ein Aussetzen der Herzfunktion.

6. Wo wird das körpereigene Hormon Insulin produziert?
a) in der Bauchspeicheldrüse
b) in der Leber
c) in den Nieren
d) im Gehirn

7. Welches ist das größte menschliche Organ?
a) Darm
b) Haut
c) Gehirn
d) Leber

8. Was passiert bei einer Photosynthese?
a) Nahrungsaufnahme
b) Atmung
c) Stoffumwandlung
d) Zellenspaltung

9. Warum reagieren Stoffe miteinander?
a) um einen stabilen Zustand zu erhalten
b) um die Reaktionszeit zu verlängern
c) um energiereich zu werden
d) um sich gegenseitig abzustoßen

10. Was ist das Endprodukt einer Neutralisation in der Chemie?
a) Pulverisierung
b) Ionenbindung unter Wasser
c) Natriumchlorid und andere Elemente
d) Molekülverbindung und Ionenbindung

11. Wie viel Chromosomen hat die menschliche Zelle?
a) 24
b) 46
c) 64
d) 106

12. Welche Tiere haben Facettenaugen?
a) Insekten
b) Würmer
c) Maulwürfe
d) Schnecken

13. Welches der folgenden Metalle ist kein Element?
a) Aluminium
b) Platin
c) Quecksilber
d) Bronze

14. Bei welcher Temperatur hat Wasser seine größte Dichte?
a) 0° C
b) 4° C
c) 37,2° C
d) 100° C

15. Wie wird Malaria übertragen?
a) durch verunreinigte Lebensmittel
b) durch die Tsetse-Fliege
c) durch die Anopheles-Mücke
d) durch bestimmte Bakterien

16. Was ist Leukämie?
a) Blutkrebs
b) Lungenkrebs
c) Schüttelähmung
d) Gelbsucht

17. Was entdeckte der Bakteriologe Sir Alexander Fleming durch Zufall?
a) Narkosemittel
b) Penicillin
c) Aspirin
d) Insulin

18. Wie viel Blut hat ein erwachsener Mensch?
a) 4 Liter
b) 5 bis 6 Liter
c) 7 Liter
d) 10 Liter

19. Wer wurde für die Einführung eines Verfahrens berühmt, das die operative Öffnung des Brustkorbs erlaubte?
a) Johannes Müller
b) Rudolf Virchow
c) Rita Levi-Montalcini
d) Ferdinand Sauerbruch

20. Wie viele Zähne hat normalerweise das Gebiss eines erwachsenen Menschen?
a) 18
b) 26
c) 32
d) 36

21. Welches der folgenden Tiere hat sein natürliches Verbreitungsgebiet nicht in Afrika?
a) Gnu
b) Elefant
c) Jaguar
d) Leopard

22. Wie nennt man eine sprunghaft auftretende Veränderung im Erbgefüge
a) Mutation
b) Selektion
c) Modifikation
d) Variation

23. Was ist kein Bestandteil des Innenohrs?
a) Schnecke
b) Amboss
c) Hammer
d) Speiche

24. Welcher wichtige Stoff ist in Düngemittel enthalten?
a) Sauerstoff
b) Wasserstoff
c) Kohlenstoff
d) Stickstoff

25. Welcher Stoff ist dafür verantwortlich, dass Rasen grün ist?
a) Chlorodent
b) Natriumchlorid
c) Chlorophyll
d) Chloroform

26. Was ist Thyroxin?
a) Hauptvitamin
b) Schilddrüsenhormon
c) Schlangengift
d) Bleichmittel

27. Wie heißt der Oberbegriff für Gallen- und Magensaft?
a) Enzyme
b) Lauge
c) Sekrete
d) Hormone

28. Was versteht man unter Glukose?
a) Traubenzucker
b) einfacher Zucker
c) Fruchtzuckerart
d) eine Art Süßstoff

29. Wann färbt sich Lackmuspapier rot?
a) In Kontakt mit Kälte
b) in Kontakt mit Sauerstoff
c) in Kontakt mit Säure
d) in Kontakt mit Basen

30. Für welches chemische Element steht das N?
a) Sauerstoff
b) Stickstoff
c) Wasserstoff
d) Kohlenstoff

31. Wie wird die Vogelkunde noch genannt?
a) Ornithologie
b) Morphologie
c) Ipanologie
d) Aeronologie

32. Bei wie viel Grad werden flüssige Lebensmittel pasteurisiert?
a) 50–60° C
b) 60–100° C
c) 100–120° C
d) 150–200° C

33. Wann wurde das chemische Element Phosphor entdeckt?
a) 1669
b) 1781
c) 1877
d) 1952

34. Welcher Stoff ist nicht in Beton enthalten?
a) Kies
b) Wasser
c) Zement
d) Glimmer

35. Wozu dient ein Emulgator?
a) Er beeinflusst die Geschwindigkeit chemischer Reaktionen.
b) Er verleiht Materie Farbe.
c) Er verhindert die Trennung von Wasser- und Ölphase.
d) Er verhindert die Autoxodation.

36. Wofür kann man Boraxlösung verwenden?
a) Reinigen von Flecken
b) Destillieren von Schnaps
c) Löschen von Feuer
d) Konstruieren von Kernwaffen

37. Wo wurde vermutlich das Schwarzpulver erfunden?
a) Deutschland
b) China
c) USA
d) Japan

38. Unter welchem Markennamen ist Siliciumcarbid besser bekannt?
a) Sinter
b) Siphon
c) Siwamat
d) Silit

39. Welches Sinnesorgan kann von einem Trachom befallen werden?
a) Ohr
b) Auge
c) Zunge
d) Nase

40. Wogegen hilft Eukalyptus?
a) Durchfall
b) Krebs
c) Erkältungskrankheiten
d) Knochenbrüche

41. Shiatsu arbeitet nach ähnlichen Prinzipien wie ...?
a) Akupressur
b) Ayurveda
c) Yoga
d) Aromatherapie

42. Wofür benötigt der Mensch Carotinoide?
a) Bildung von Vitamin A
b) Bildung von Hornhaut
c) Bildung von Stammzellen
d) Bildung von Speichel

Lösungen: Chemie, Biologie und Medizin

1. d)	15. c)	29. c)
2. b)	16. a)	30. b)
3. b)	17. b)	31. a)
4. d)	18. b)	32. b)
5. c)	19. d)	33. a)
6. a)	20. c)	34. d)
7. b)	21. c)	35. c)
8. c)	22. a)	36. a)
9. a)	23. d)	37. b)
10. b)	24. d)	38. d)
11. b)	25. c)	39. b)
12. a)	26. b)	40. c)
13. d)	27. c)	41. a)
14. b)	28. a)	42. a)

Abkürzungen

Es ist nicht unwahrscheinlich, dass du im Einstellungstest zu Abkürzungen befragt wirst. In vielen Branchen gehören Abkürzungen zum Alltag. Wer hier vernünftig kommunizieren möchte, der muss sich entsprechend auskennen. In gewisser Weise sind sie zudem ein Zeichen von Allgemeinbildung. Natürlich musst du nicht jede abstruse Abkürzung kennen. Die besonders gängigen sollten dir aber schon vertraut sein.

Übliche Abkürzungen der Allgemeinsprache werden gern in Deutsch- oder Allgemeinwissenstests abgefragt. Bewerber können sowohl nach der Bedeutung als auch nach dem Kürzel gefragt werden. Nachfolgend eine Auflistung von klassischen Beispielen, die in einem Eignungstest gern einmal vorkommen können:

- allg. – allgemein
- bez. – bezüglich
- bspw. – beispielsweise
- bzw. – beziehungsweise
- d. h. – das heißt
- dgl. – dergleichen
- etc. – et cetera
- evtl. – eventuell
- geb. – geboren
- gem. – gemäß
- ggf. – gegebenenfalls
- i. A. – im Allgemeinen
- i. d. R. – in der Regel
- od. – oder
- s. – siehe
- s. a. – siehe auch
- s. o. – siehe oben
- s. u. – siehe unten
- u. – und
- u. a. – unter anderem oder unter anderen
- u. U. – unter Umständen
- usw. – und so weiter
- v. a. – vor allem
- vgl. – vergleiche
- z. B. – zum Beispiel
- z. H. – zu Händen
- z. T. – zum Teil
- zzt. – zurzeit

Neben den allgemeinen Abkürzungen gibt es, wie schon erwähnt, auch Kurzschreibweisen, die nur in bestimmten Branchen verwendet werden. Wer beispielsweise als Immobilienkaufmann arbeiten möchte, der sollte sich mit ein paar zusätzlichen Begriffen auskennen. Ein paar typische Beispiele sind:

- Bj. – Baujahr
- BK – Betriebskosten
- Blk. / Balk. -Balkon
- Bung. – Bungalow
- bzb. – beziehbar
- Ct. – Courtage
- FH – Familienhaus
- HK – Heizkosten
- lfd. – laufend
- MwSt. – Mehrwertsteuer
- NK – Nebenkosten
- p. a. – per annum/jährlich

1. Die Abkürzung DHB steht vor allem für den ...
a) Deutschen Hochsprungbund.
b) Deutschen Hallensportbund.
c) Deutschen Handballbund.
d) Deutschen Hessenbund.

2. Wofür steht die Abkürzung BFD?
a) Bund Freier Denker
b) Betrieblicher Freiwilligen-Dienst
c) Berufsförderungsdienst der Bundeswehr
d) Bundeswehr-Frauen-Dienst

3. Was bedeutet die Abkürzung GPS?
a) Global Positioning System
b) Global Point System
c) Geological Point System
d) Geological Priority System

4. Was bedeutet die Abkürzung JAV, nicht nur im Handwerk?
a) Justizvollzugsanstalt
b) Jugend- und Auszubildendenvertretung
c) Junge Arbeitnehmervertretung
d) Justiz-Arbeitnehmer-Verwaltung

5. Wofür steht die Abkürzung EZB vor allem?
a) Elektronischer Zeitschriftenbund
b) Europäische Zentralbibliothek
c) Effektiver Zeitbedarf
d) Europäische Zentralbank

6. Wofür steht die Abkürzung NATO?
a) North Atlantic Treaty Organization
b) North American Tactical Operations
c) North Atlantic Trade Organization
d) North American Trade Organization

7. Was bedeutet die Abkürzung PKA?
a) Pharmazeutisch-kaufmännischer Assistent
b) Pharmazeutisch-kaufmännische Ausbildung
c) Pharmazeutisch-kaufmännischer Apotheker
d) Pharmazeutisch-kaufmännischer Angestellter

8. Bei der Bundesagentur für Arbeit steht die Abkürzung BiZ für ...
a) Bundesinformationszentrale.
b) Bildungsinvestitionszentrum.
c) Berufsinvestitionszentrale.
d) Berufsinformationszentrum.

9. Die Abkürzung UEFA steht für ...
a) Union of European Football Associations.
b) Union of European Football Alliance.
c) Universal European Football Alliance.
d) Universal European Football Associations.

10. Was bedeutet die Abkürzung HLF?
a) Hilfeleistungslöschgruppenfahrzeug
b) Hilfeleistungslöschfahrzeug
c) Helikopterleitfahrzeug
d) Helikopterleitfahrzeug

11. Welche Bedeutung hat die Abkürzung StPO?
a) Strafpolizeiordnung
b) Steuerpolizeiordnung
c) Strafprozessordnung
d) Straßenverkehrsordnung

12. Die Abkürzung IWF steht für ...
a) International Wellness Federation
b) Internationaler Währungsfonds.
c) Integrierte Wohnraum Facility
d) Institute of War and Fundraising

13. Die Abkürzung WHO bedeutet
a) Welthungeroffensive.
b) Welthandelsordnung.
c) Western History Organization.
d) World Health Organization.

Lösungen: Abkürzungen

1. c)	6. a)	11. c)
2. c)	7. d)	12. b)
3. a)	8. d)	13. d)
4. b)	9. a)	
5. d)	10. a)	

Logik

Bewerber reden sich häufig ein, sie seien nicht gut im logischen Denken oder hätten große Defizite im Bereich Mathematik. Die Wahrheit ist aber, dass mit einer guten Vorbereitung niemand Angst vor Tests aus dem Bereich „Logisches Denken" haben muss.

Im Einstellungstest solltest du nicht versuchen, krampfhaft alle Aufgaben nacheinander abzuarbeiten und richtig zu beantworten. Oft gibt es mehr Fragen in den Tests als zeitlich zu bewältigen sind. Dadurch soll geprüft werden, wie Bewerber unter Stresssituationen arbeiten. Lass dich nicht aus der Ruhe bringen und bearbeite zunächst die Aufgaben, die du schnell und sicher lösen kannst und überspringe Fragen, bei denen du nicht weiterkommst.

Du wirst sehen, dass du bereits nach wenigen Übungen aus diesem Buch routinierter wirst und Aufgaben schneller und besser lösen kannst. Ziel dieses Kapitels soll es sein, dass du anschließend mit erhöhtem Selbstbewusstsein und mehr Routine in den logischen Teil des Einstellungstests gehen kannst.

Unter der Rubrik „Logik" sind Übungen zusammengefasst, die das abstrakte beziehungsweise schlüssige Denken abfragen. Es geht bei diesen Aufgaben meist darum, eine bestimmte Reihenfolge logisch fortzusetzen oder die richtigen Schlüsse zu ziehen.

Zahlenreihen

Setze die Zahlenreihen logisch fort. Überlege dabei genau, welche Regel sich hinter den Zahlen verbergen könnte.

Beispiel
Das folgende Beispiel soll dir dabei helfen, den Aufgabentyp „Zahlenreihen" besser zu verstehen und die Aufgaben effizient lösen zu können:

Gegeben: 0, 4, 2, 6, 4, 8, ?
Bei dieser Zahlenreihe wurde als Erstes die Zahl 4 addiert: 0 + 4 = 4
Im nächsten Schritt wurde von 4 die Zahl 2 subtrahiert: 4 – 2 = 2
Anschließend wurde wieder die Zahl 4 addiert: 2 + 4 = 6

Wahrscheinlich erkennst du jetzt schon ein Muster. Es wird immer abwechselnd erst 4 addiert und anschließend die Zahl 2 abgezogen. Wenn du diese Regel für die gesamte Zahlenreihe fortführst, kommst du am Ende auf die Zahl 6 als gesuchte Zahl.

Beachte, dass bei Zahlenreihen neben der Addition und Subtraktion auch weitere Rechenoperationen wie Multiplikation oder Division möglich sind. Bei etwas komplexeren Aufgaben können beispielsweise auch Primzahlen eine Rolle spielen. Primzahlen sind Zahlen, die nur durch sich selbst und 1 teilbar sind und größer als 1 sind.

Primzahlen: 2, 3, 5, 7, 11, 13 usw.

Eine etwas komplexere Zahlenreihe könnte beispielsweise folgendermaßen aussehen: 1, 3, 5, 8, 10, 15, 17, 24, 26, ?

Die Zahlenreihe startet mit 1. Um herauszufinden, was die fehlende Zahl ist, schauen wir uns zunächst die Differenz zwischen den gegebenen Zahlen an und versuchen, Muster zu erkennen:

Differenz zwischen 1 und 3 → 2*
Differenz zwischen 3 und 5 → 2
Differenz zwischen 5 und 8 → 3*
Differenz zwischen 8 und 10 → 2
Differenz zwischen 10 und 15 → 5*
Differenz zwischen 15 und 17 → 2
Differenz zwischen 17 und 24 → 7*
Differenz zwischen 24 und 26 → 2

Die Lösung für die gesuchte Zahl ist in diesem Fall 37. Es wird abwechselnd eine Primzahl (siehe mit Stern markierte Differenz) und dann wieder die Zahl 2 addiert.

Dieses Beispiel mag dir im ersten Moment sehr schwierig erscheinen, du wirst aber bereits nach wenigen Zahlenreihen in deiner Lösungsfindung immer schneller werden.

Tipp: Mehr als 200 weitere Aufgaben zu Zahlenreihen findest du in unserer kostenlosen Testtrainer App. Eine Anleitung, wie du die App herunterladen und aktivieren kannst, findest du auf Seite 40.

1. Aufgabe
0, 5, 3, 8, 6, ?
a) 9
b) 7
c) 11
d) 8

2. Aufgabe
96, 87, 79, 72, ?
a) 66
b) 67
c) 65
d) 61

3. Aufgabe
13, –21, 34, –55, 89, ?
a) 144
b) –144
c) 123
d) –123

4. Aufgabe
0, 9, 1, 8, 2, 7, 3, ?
a) 5
b) 6
c) 4
d) 10

5. Aufgabe
500, 50, 40, 400, 40, 30, ?
a) 20
b) 200
c) 300
d) 450

6. Aufgabe
35, 42, 49, 56, ?
a) 61
b) 63
c) 70
d) 77

7. Aufgabe
1, 4, 7, 10, 13, ?
a) 15
b) 16
c) 17
d) 18

8. Aufgabe
2, 1, 3, 0, 4, –1, ?
a) 4
b) 5
c) 6
d) 3

9. Aufgabe
11, 22, 15, 30, 23, 46, ?
a) 69
b) 54
c) 57
d) 39

10. Aufgabe
5, 8, 11, 14, ?
a) 16
b) 17
c) 18
d) 19

11. Aufgabe
16, 32, 64, 128, ?
a) 192
b) 196
c) 256
d) 512

12. Aufgabe
2, 1, 3, 9, 8, 10, 30, ?
a) 32
b) 29
c) 15
d) 90

13. Aufgabe
625, 125, 25, ?
a) 5
b) 15
c) 50
d) 75

14. Aufgabe
–3, 4, -5, 2, –7, 0, ?
a) 8
b) -8
c) 9
d) -9

15. Aufgabe

1, 2, 6, 30, 210, ?

a) 1.890

b) 2.310

c) 1.230

d) 3.210

16. Aufgabe

3, 2, 4, 1, 4, –1, ?

a) –2

b) –6

c) 2

d) 6

17. Aufgabe

1	7	15	90	630	622	3.732

a) 26.487 26.143

b) 26.068 26.060

c) 26.124 26.132

d) 27.456 27.423

e) Keine Antwort ist richtig.

18. Aufgabe

2	7	27	34	61	285	346

a) 631 2.931

b) 688 1.356

c) 799 2.867

d) 799 3.476

e) Keine Antwort ist richtig.

19. Aufgabe

28	34	49	70	106	163	256

a) 365 456

b) 398 465

c) 401 649

d) 406 649

e) Keine Antwort ist richtig.

20. Aufgabe

135	108	207	45	36	69	15

a) 13 18

b) 13 19

c) 12 20
d) 12 23
e) Keine Antwort ist richtig.

21. Aufgabe

24	56	284	36	84	426	54

a) 126 639
b) 144 686
c) 198 696
d) 213 696
e) Keine Antwort ist richtig.

22. Aufgabe

8	109	117	234	468	936	187

a) 476 736
b) 56 7
c) 497 809
d) 77 13
e) Keine Antwort ist richtig.

23. Aufgabe

33	46	62	81	103	128	156

a) 187 221
b) 183 249
c) 189 256
d) 206 387
e) Keine Antwort ist richtig.

24. Aufgabe

6	30	15	42	210	105	132

a) 554 594
b) 660 330
c) 678 694
d) 734 783
e) Keine Antwort ist richtig.

Lösungen: Zahlenreihen

1. c)	10. b)	19. d)
2. a)	11. c)	20. d)
3. b)	12. b)	21. a)
4. b)	13. a)	22. e)
5. c)	14. d)	23. a)
6. b)	15. b)	24. b)
7. b)	16. b)	
8. b)	17. e)	
9. d)	18. a)	

Zu 1.: c) Die Zahlenreihe folgt dem Muster: + 5, – 2.

Zu 2.: a) Um auf den Wert 66 zu kommen wird von 96 zuerst 9, von diesem Ergebnis 8, anschließend 7 und schlussendlich 6 subtrahiert.

Zu 3.: b) Die Differenz aus den ersten beiden Zahlen wird berechnet, hier 34. So wird von der Zahl 13 die Zahl 34 subtrahiert, um den Folgewert –21 zu erlangen. Wird die Reihe weiter betrachtet, so steht die 34 als folgende Zahl. Damit ist die Lösung jeweils die Differenz zweier aufeinanderfolgender Werte; zu beachten ist, dass die Differenz nach einer positiven Zahl subtrahiert und nach einer negativen Zahl addiert wird.

Zu 4.: b) Das Muster ist: + 9 , – 8, + 7, – 6, + 5, – 4, + 3

Zu 5.: c) Hier lässt sich ein periodisches Muster feststellen: ÷ 10, – 10, × 10

Zu 6.: b) Die Lösung 63 ergibt sich durch wiederholtes Addieren der Zahl 7.

Zu 7.: b) ähnlich wie Aufgabe 6, jedoch durch Addition der Zahl 3

Zu 8.: b) Das Muster ist: – 1, + 2, – 3, + 4, – 5, + 6

Zu 9.: d) Die Zahlenreihe folgt dem Muster: × 2, – 7

Zu 10.: b) siehe Lösung Aufgabe 7

Zu 11.: c) Das Ergebnis 256 erlangt man durch Verdoppelung der Werte.

Zu 12.: b) Das periodische Vorgehen ist definiert durch: – 1, + 2, × 3

Zu 13.: a) Bei jedem Schritt wird durch 5 geteilt.

Zu 14.: d) Die Zahlenreihe folgt dem Muster: + 7, – 9

Zu 15.: b) Die Lösung ist, die ersten fünf Primzahlen jeweils mit dem Ergebnis zuvor zu multiplizieren. So ist 30 × 7 = 210 und 210 × 11 = 2.310.

Zu 16.: b) Hier wird eine Abfolge von Subtraktion und Multiplikation durchgeführt, wobei von der Zahl 1 hochgezählt wird: – 1, × 2, – 3, × 4, – 5, × 6

Zu 17.: e) × 7, + 8, × 6, × 7, – 8, × 6

Zu 18.: a) (Zahl 1 + Zahl 2) × 3 = Zahl 3, Zahl 2 + Zahl 3 = Zahl 4, (Zahl 4 + Zahl 5) × 3 = Zahl 6 usw., jede dritte Zahl × 3

Zu 19.: d) Rechenschritt 1 + Rechenschritt 2 = Rechenschritt 3, R 2 + R 3= R 4

Zu 20.: d) Zahl 1 ÷ 3= Zahl 4, Zahl 2 ÷ 3= Zahl 5 usw.

Zu 21.: a) Zahl 1 x 1,5 = Zahl 4, Zahl 2 x 1,5 = Zahl 5 usw.

Zu 22.: e) addieren aller vorherigen Zahlen

Zu 23.: a) Steigerung in der Additionszeile um 13 + 3 x (Stelle der Zahl – 1)

Zu 24.: b) × 5, ÷ 2, + 27

Figuren und Matrizen

Figurenreihen und Matrizen sind ein beliebtes Mittel, um die logische Denkfähigkeit zu testen. Dabei müssen Figurenreihen entweder ergänzt oder Fehler in der Reihe aufgedeckt werden. Dabei ist zu beachten, wie die Form der Figuren aufgebaut ist, welche Positionen diese haben und welche Farben verwendet wurden.

1. Welche Figur passt nicht in die Reihe?

1

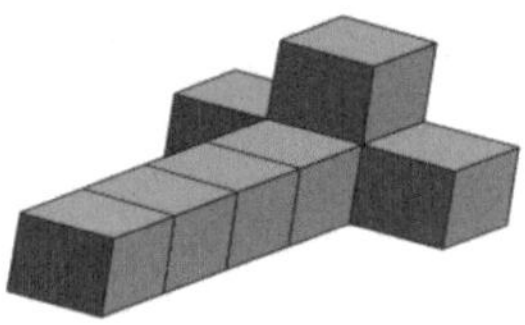

2

3

4

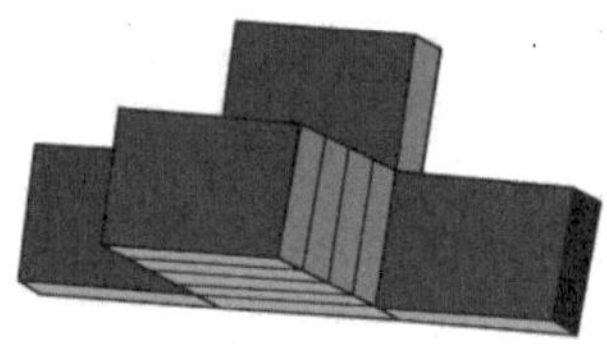

2. Welche Figur passt nicht in die Reihe?

1

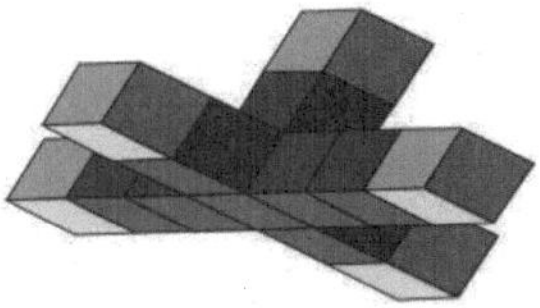

2

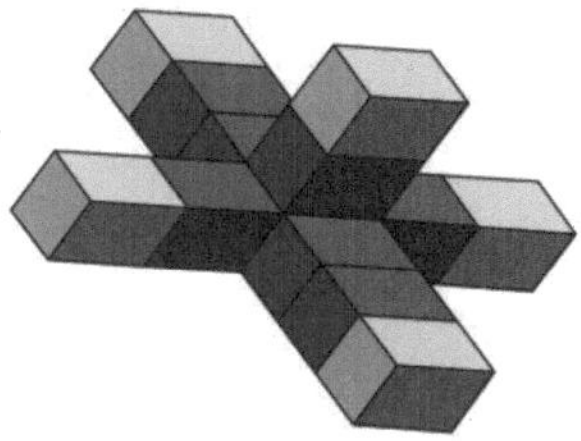

3

4

3. Welche Figur passt nicht in die Reihe?

1

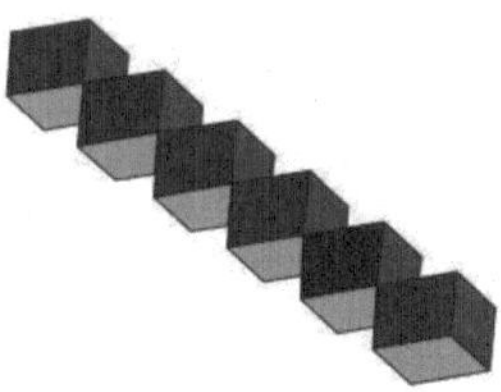

2

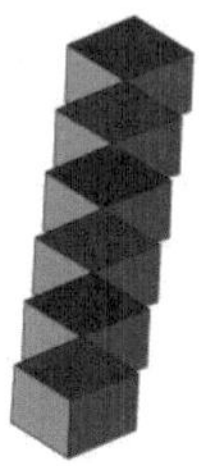

3

4

4. Welche Figur passt nicht in die Reihe?

1

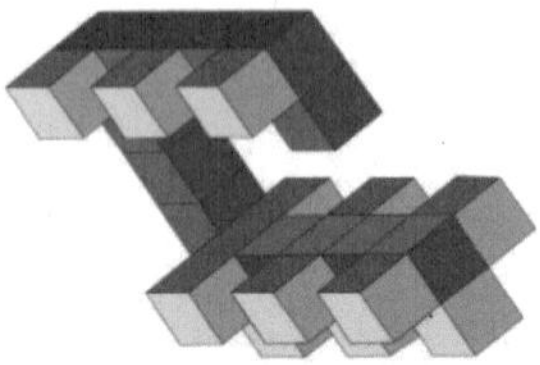

2

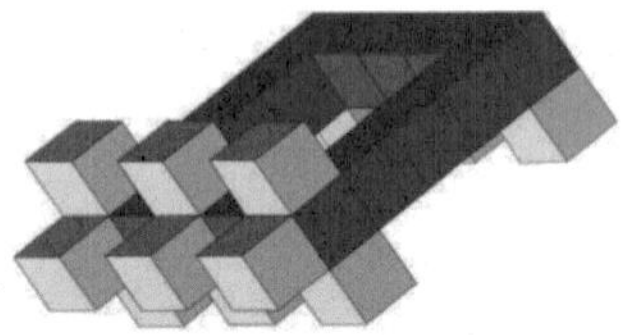

3

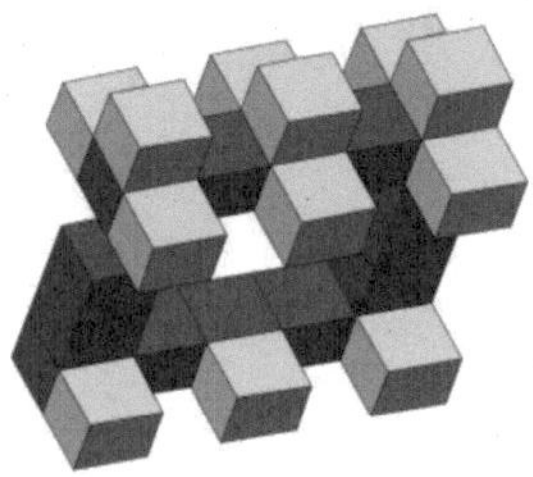

4

5. Welche Figur passt nicht in die Reihe?

1

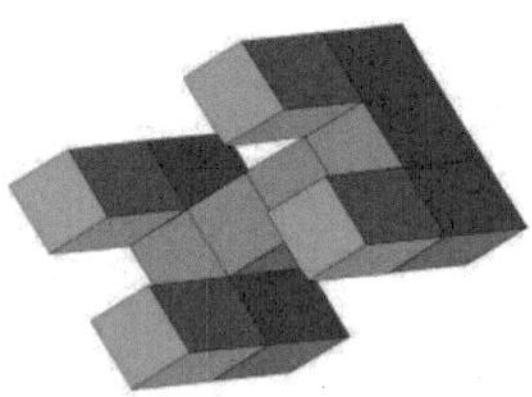

2

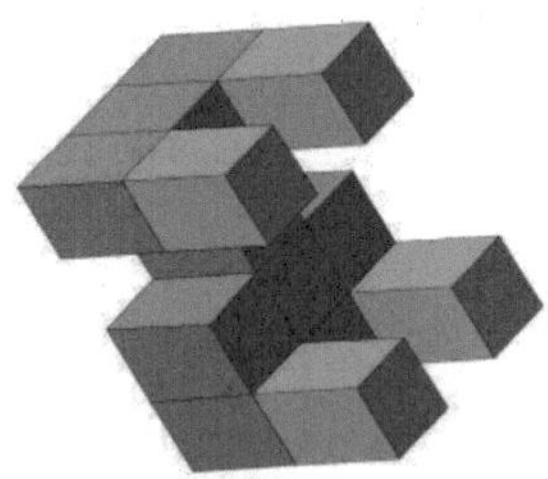

3

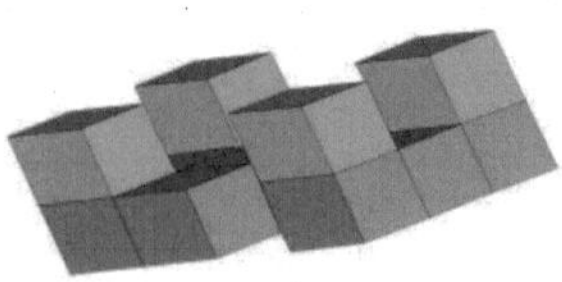

4

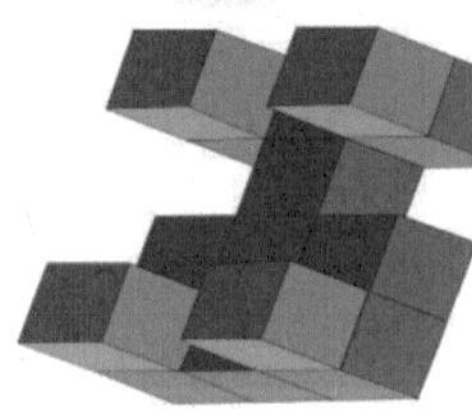

6. Welcher Ausschnitt passt in das leere Feld?

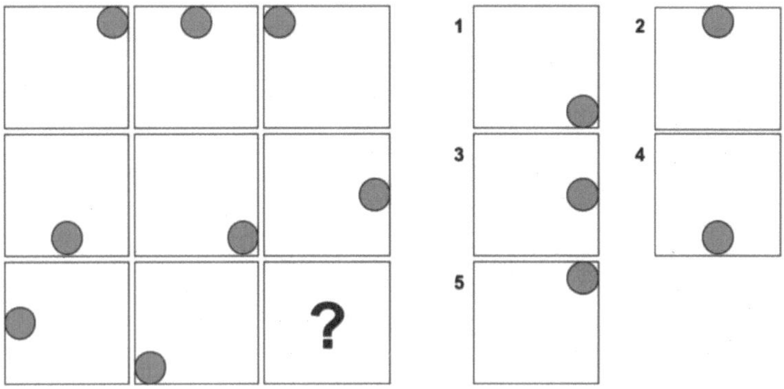

7. Welcher Ausschnitt passt in das leere Feld?

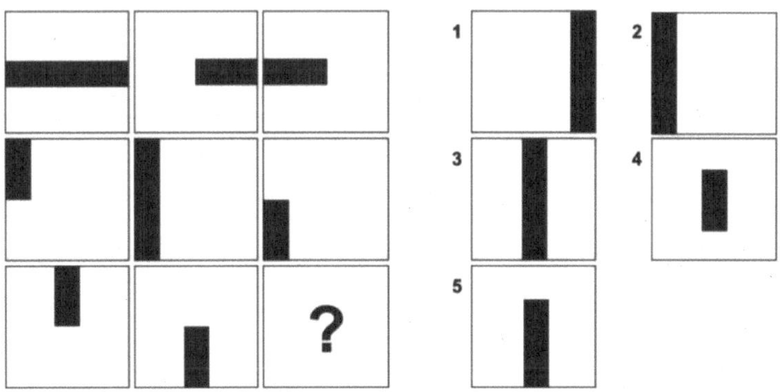

8. Welcher Ausschnitt passt in das leere Feld?

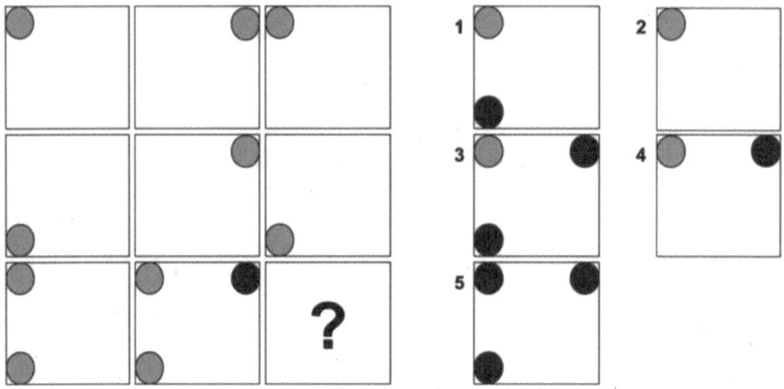

9. Welcher Ausschnitt passt in das leere Feld?

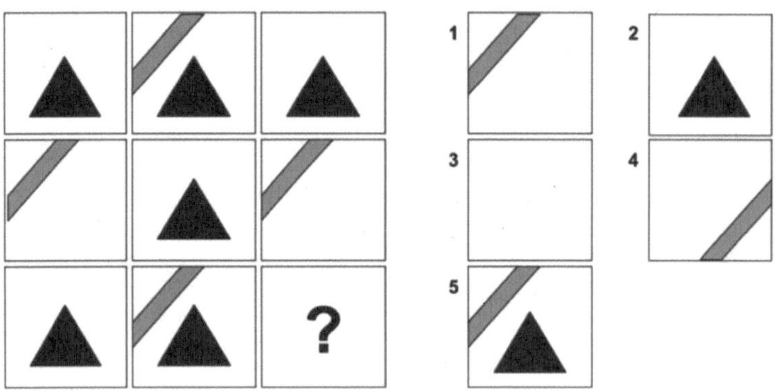

10. Welcher Ausschnitt passt in das leere Feld?

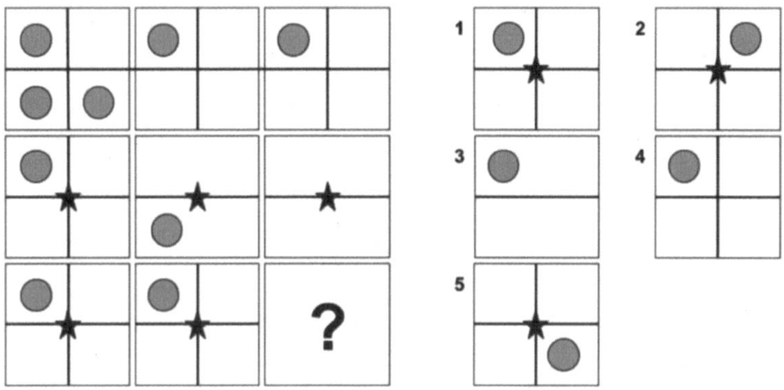

11. Welcher Ausschnitt passt in das leere Feld?

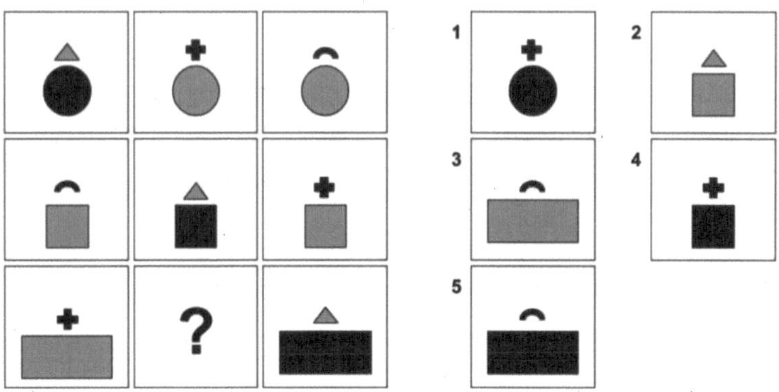

12. Welcher Ausschnitt passt in das leere Feld?

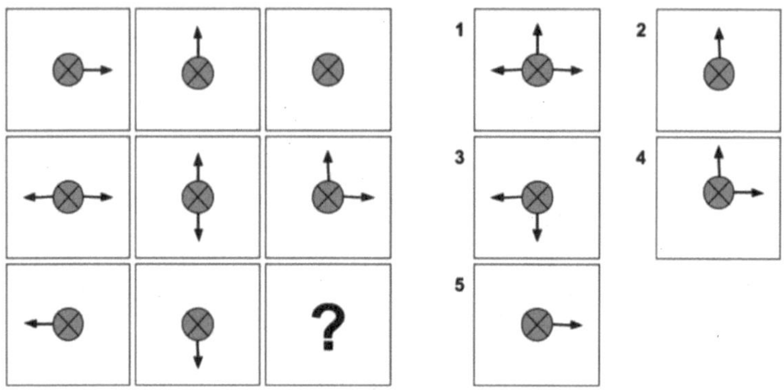

13. Welcher Ausschnitt passt in das leere Feld?

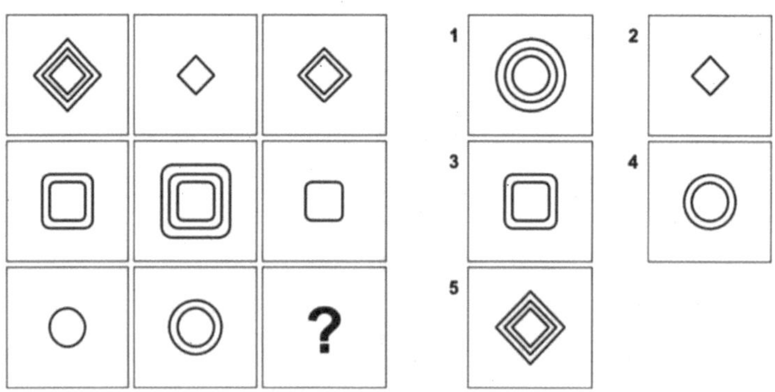

14. Welcher Ausschnitt passt in das leere Feld?

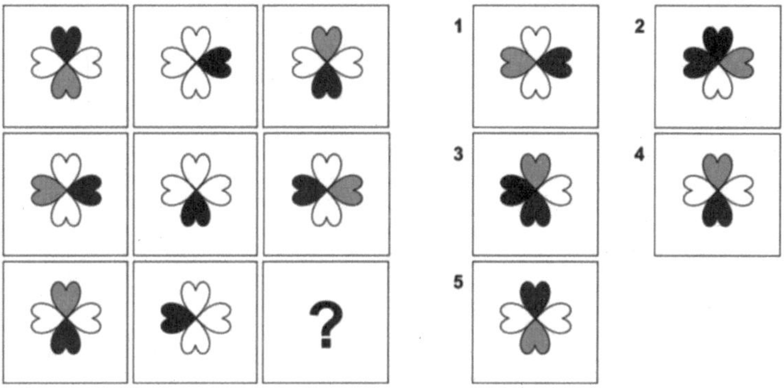

15. Welcher Ausschnitt passt in das leere Feld?

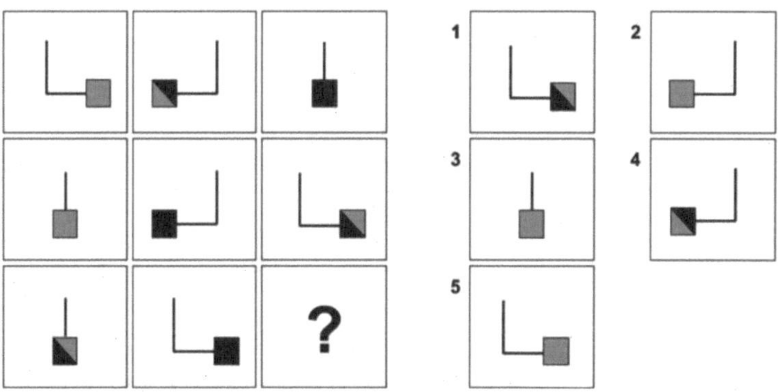

16. Welcher Ausschnitt passt in das leere Feld?

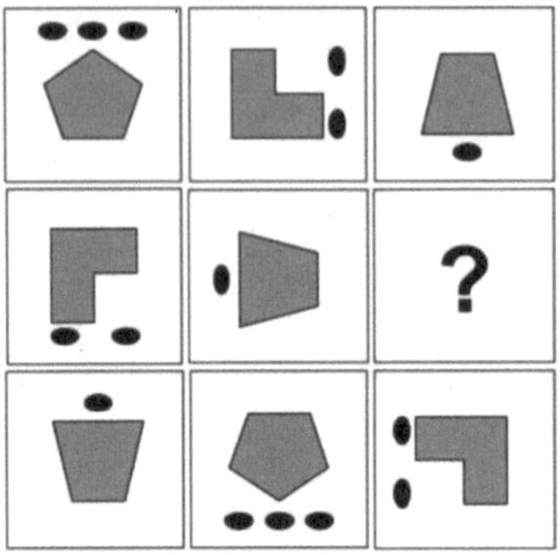

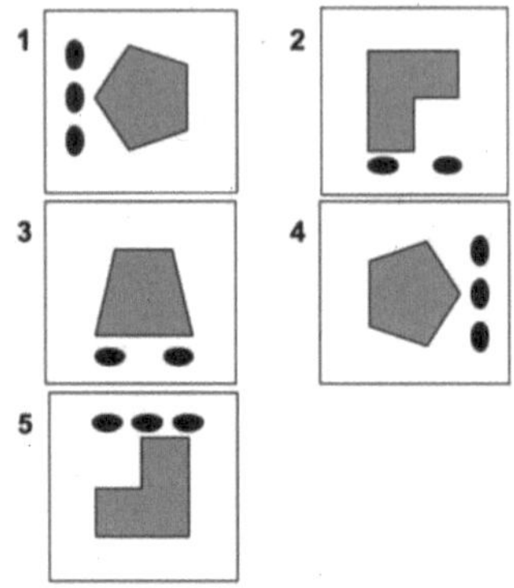

17. Welcher Ausschnitt passt in das leere Feld?

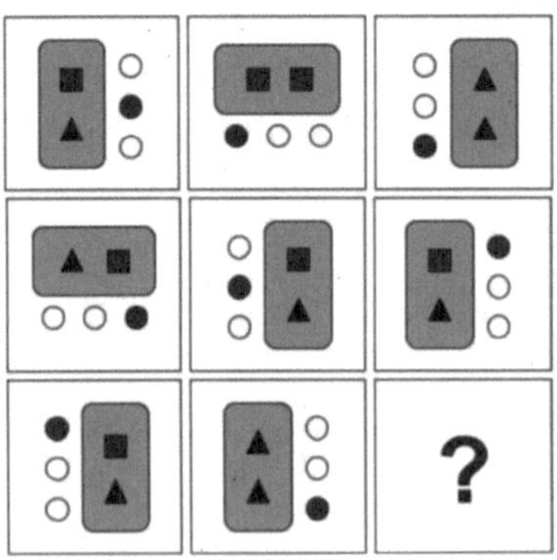

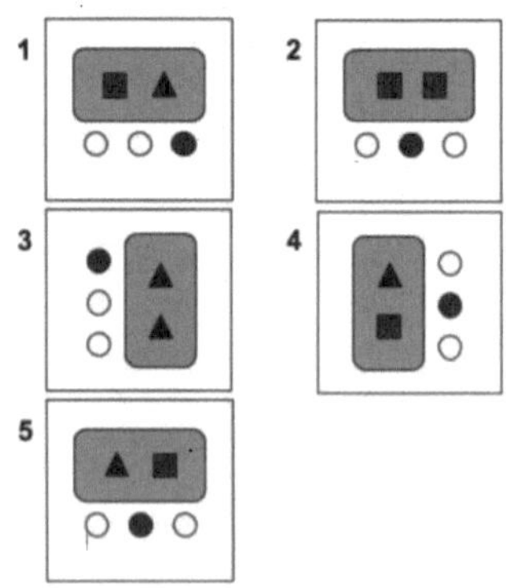

18. Welcher Ausschnitt passt in das leere Feld?

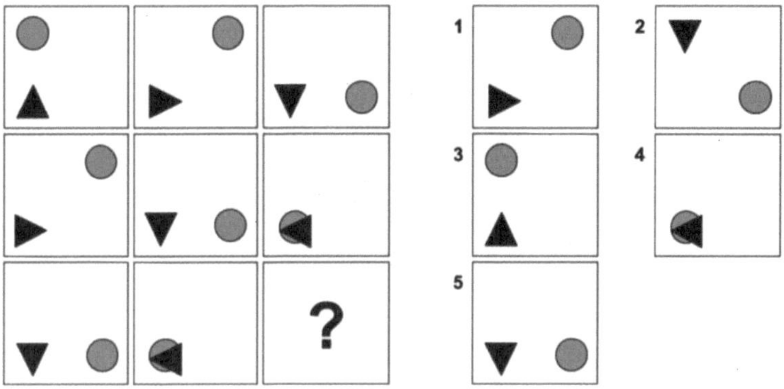

19. Welcher Ausschnitt passt in das leere Feld?

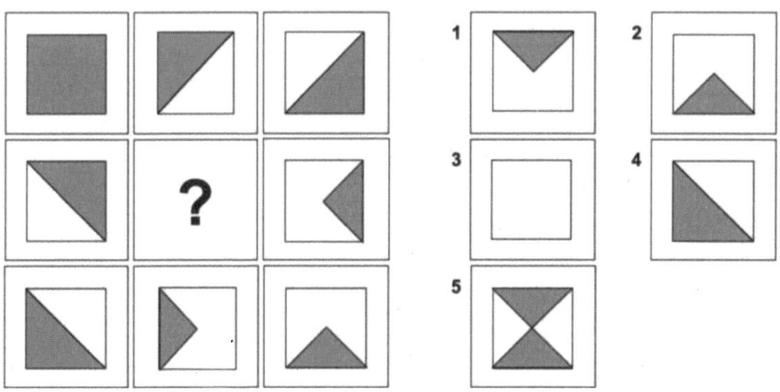

20. Welcher Ausschnitt passt in das leere Feld?

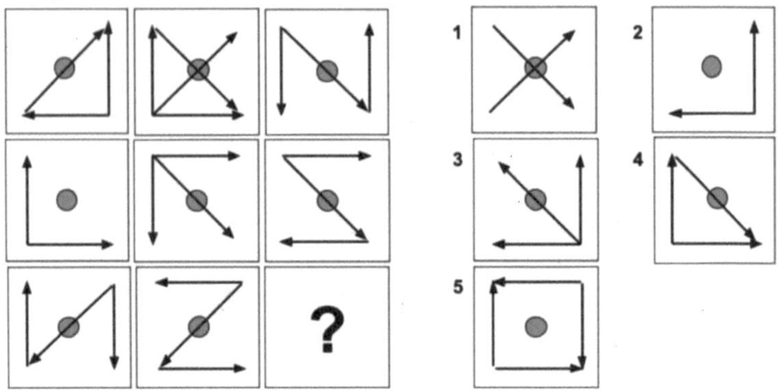

21. Welcher Ausschnitt passt in das leere Feld?

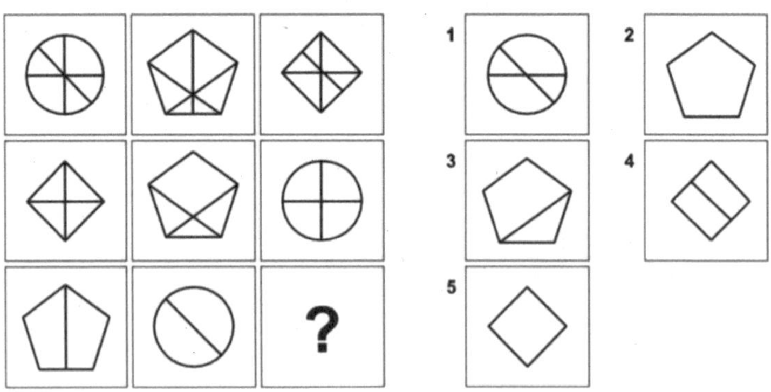

22. Welcher Ausschnitt passt in das leere Feld?

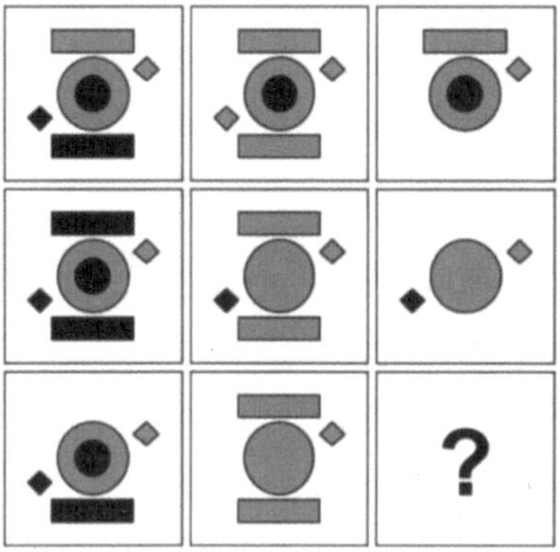

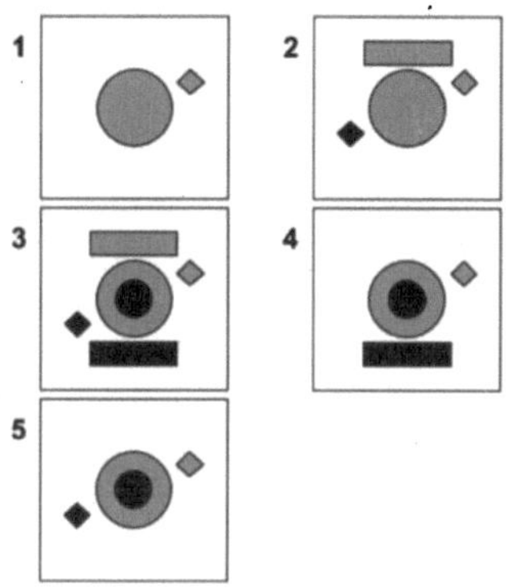

23. Welcher Ausschnitt passt in das leere Feld?

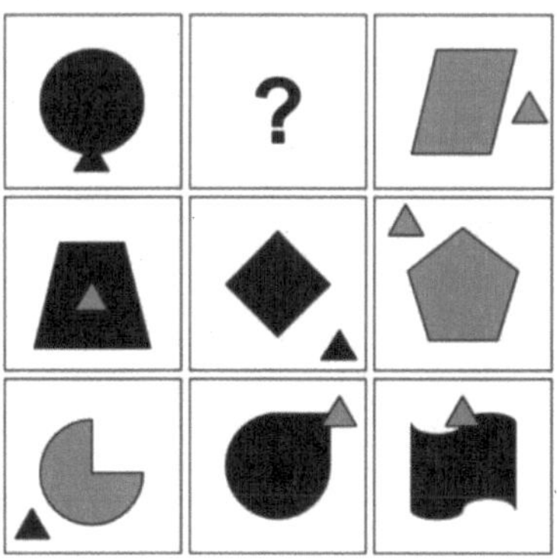

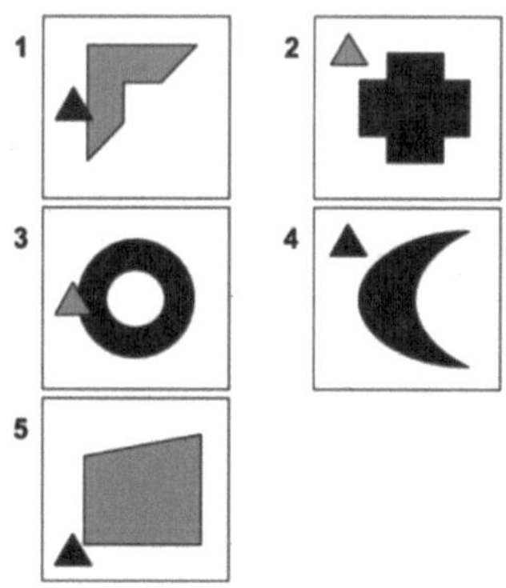

24. Welcher Ausschnitt passt in das leere Feld?

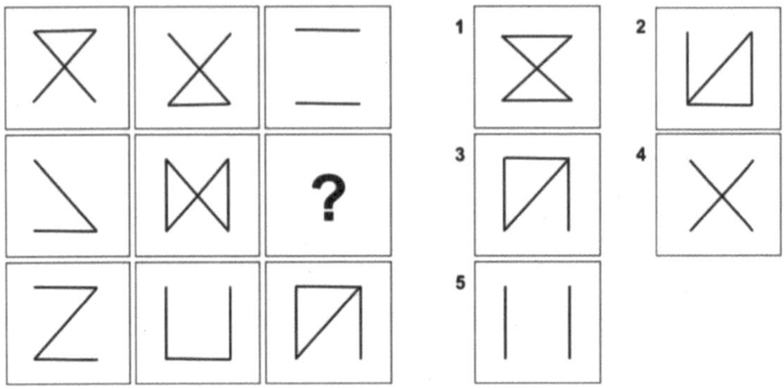

25. Welcher Ausschnitt passt in das leere Feld?

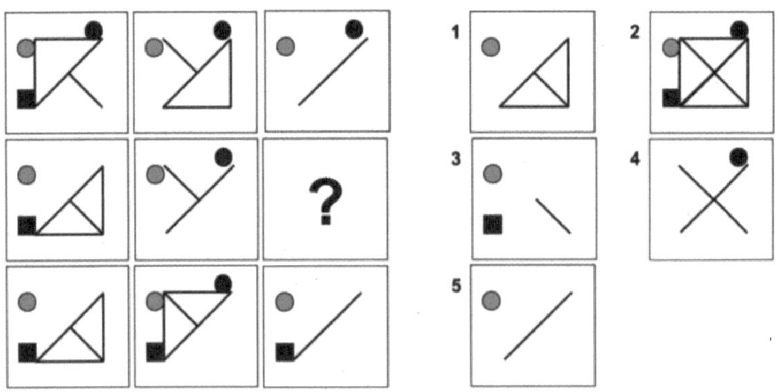

Lösungen: Figuren und Matrizen

1. 4 passt nicht	10. 1 passt	19. 1 passt
2. 3 passt nicht	11. 3 passt	20. 5 passt
3. 1 passt nicht	12. 4 passt	21. 4 passt
4. 1 passt nicht	13. 1 passt	22. 1 passt
5. 1 passt nicht	14. 5 passt	23. 3 passt
6. 4 passt	15. 2 passt	24. 2 passt
7. 3 passt	16. 4 passt	25. 5 passt
8. 5 passt	17. 2 passt	
9. 2 passt	18. 3 passt	

Zu 6.: 4. Es ist jede Zeile waagrecht zu betrachten. Die Kreise bewegen sich dabei gegen den Uhrzeigersinn eine Position weiter.

Zu 7.: 3. In den waagrechten Reihen ergeben die jeweils zwei kürzeren Striche zusammengesetzt die dritte Figur.

Zu 8.: 5. Das unterste Kästchen der ersten Spalte ergibt sich aus der Kombination der zwei darüber. Das unterste Kästchen der zweiten Spalte setzt sich ebenfalls aus den zwei darüber liegenden zusammen. Dabei überlappen sich zwei graue Kreise und ändern dadurch die Farbe zu schwarz. Zudem wird das unterste Kästchen der ersten Spalte hinzugefügt. Somit ergibt sich das gesuchte Kästchen aus den zwei darüberliegenden und den zwei links davon liegenden Kästchen. Auch hier färben sich überlappende Kreise schwarz.

Zu 9.: 2. Das mittlere Kästchen ist jeweils umgeben von identischen Figuren.

Zu 10.: 1. Die dritte Figur in der letzten Spalte setzt sich aus den Elementen der ersten beiden zusammen. Nur gemeinsame Elemente werden übernommen.

Zu 11.: 3. Horizontal ist in jeder Reihe die untere Figur gleich, davon zwei grau und eine schwarz. Das obere kleine Symbol muss in jeder horizontalen Reihe je einmal vorkommen.

Zu 12.: 4. Das Symbol der mittleren Reihe ergibt sich jeweils aus der Kombination des Kästchens darüber und darunter.

Zu 13.: 1. In jeder horizontalen Reihe muss die Figur jeweils ein-, zwei- und dreischichtig abgebildet sein.

Zu 14.: 5. Das Symbol wird in der vertikalen Reihe schrittweise jeweils um 90° im Uhrzeigersinn gedreht.

Zu 15.: 2. In jeder horizontalen Reihe muss eine Figur links, rechts und mittig angeordnet sein. Es soll eine schwarze, graue und schwarz-graue Figur vorkommen.

Zu 16.: 4. Jede Figur wird schrittweise pro Reihe um 90° im Uhrzeigersinn gedreht und muss je einmal vorkommen.

Zu 17.: 2. In jeder Reihe – egal ob horizontal oder vertikal – muss immer je einmal der kleine Kreis rechts, links und mittig dunkelgrau sein. Außerdem müssen entweder alle drei Figuren einer Reihe ein schwarzes Dreieck und ein dunkelgraues Viereck haben oder eines aus zwei schwarzen Dreiecken, eines aus zwei dunkelgrauen Vierecken und ein gemischtes vorhanden sein. Das ganze Gebilde muss zudem je Reihe nach rechts, links und unten ausgerichtet sein.

Zu 18: 3. Der hellgraue Kreis rotiert pro Figur jeweils von Ecke zu Ecke im Uhrzeigersinn. Das schwarze Dreieck bleibt dabei fest in einer Ecke und dreht sich jeweils um sich selbst um 90° im Uhrzeigersinn.

Zu 19.: 1. Zwei Figuren einer Reihe ergeben zusammengesetzt die dritte.

Zu 20.: 5. Die Figuren in der dritten Spalte ergeben sich durch das Zusammensetzen der zwei Figuren davor. Dabei werden sich überlappende Linien bzw. Pfeile gestrichen und nur die sich nicht überschneidenden Linien bleiben erhalten.

Zu 21.: 4. In jeder waagrechten Reihe befinden sich je ein Kreis, ein Quadrat und ein Fünfeck. Mit jeder Reihe nach unten nimmt die Anzahl der Striche ab – drei, zwei und zuletzt ein Strich.

Zu 22.: 1. Die dritte Figur in jeder Zeile setzt sich aus den Elementen der ersten beiden zusammen. Übernommen werden jedoch nur gemeinsame Elemente.

Zu 23.: 3. Die kleinen Dreiecke gehen alle Positionen im Kasten einmal durch – die einzige Position, die fehlt, ist mittig links. Dabei befinden sich in jeder waagrechten Seite zwei graue und ein schwarzes kleines Dreieck. Von den großen Figuren sind jeweils zwei schwarz und eine grau.

Zu 24.: 2. Die dritte Figur in jeder Zeile setzt sich aus den Elementen der ersten beiden zusammen. Gemeinsame Elemente werden jedoch nicht übernommen.

Zu 25: 5. Die dritte Figur in der letzten Spalte setzt sich aus den Elementen der ersten beiden zusammen. Nur gemeinsame Elemente werden übernommen.

Grundrechenaufgaben

Löse alle Aufgaben ohne Taschenrechner. Du darfst Nebenrechnungen auf ein Notizblatt machen. Schreibe die Ergebnisse ohne Trennung von Punkten.

Beispiel: falsch = 12.500, richtig = 12500

Wie lautet das Ergebnis für die folgenden Aufgaben?

Zeit: **20 Minuten**

1. Aufgabe
5.473 + 8.569

2. Aufgabe
17.916,72 + 12.480,47

3. Aufgabe
4.982 + 1.675 + 3.102

4. Aufgabe
6.725 – 544 – 2.397

5. Aufgabe
548.912 – 375.869

6. Aufgabe
163.755 + 45.843 – 89.270

7. Aufgabe
75.178 – 69.430 – 390,75

8. Aufgabe
25.482,32 – 24.921,75

9. Aufgabe
9.489 × 8.112

10. Aufgabe
2.552 ÷ 44

11. Aufgabe
580,79 × 725,40

12. Aufgabe
12,15 × 0,08

13. Aufgabe
25,47 × 8,13

14. Aufgabe
989 ÷ 23

15. Aufgabe
26.415 ÷ 45

16. Aufgabe
380.138 ÷ 11

Lösungen: Grundrechenaufgaben

1. 14042	7. 5357,25	13. 207,0711
2. 30397,19	8. 560,57	14. 43
3. 9759	9. 76974768	15. 587
4. 3784	10. 58	16. 34558
5. 173043	11. 421305,066	
6. 120328	12. 0,972	

Rechenoperationen einsetzen

Bei dieser Aufgabe musst du die fehlenden Rechenzeichen (+, – , ×, ÷) in die Lücken einfügen, um auf das jeweilige Endergebnis zu kommen. Beim Lösen der Gleichungen gilt die Punkt- vor Strichrechnung.

Beispiel: 20 ___ 3 ___ 6 = 2

Die einzige Möglichkeit, um auf das korrekte Ergebnis zu kommen, ist: 20 – 3 × 6 = 20 – 18 = 2

Zeit: **10 Minuten**

1. 16 ___ 13 ___ 3 = 6
2. 11 ___ 16 ___ 2 = 3
3. 12 ___ 2 ___ 4 = 14
4. 10 ___ 14 ___ 2 = 17
5. 4 ___ 8 ___ 19 = 51
6. 3 ___ 5 ___ 9 = 48
7. 8 ___ 13 ___ 13 = 7
8. 6 ___ 7 ___ 3 = 45
9. 16 ___ 3 ___ 4 = 4
10. 23 ___ 24 ___ 2 = 71
11. 1 ___ 12 ___ 4 = 3
12. 13 ___ 4 ___ 7 = 41
13. 3 ___ 10 ___ 5 = 1
14. 15 ___ 10 ___ 4 = 154
15. 10 ___ 6 ___ 15 = 19
16. 9 ___ 2 ___ 5 = 13
17. 28 ___ 22 ___ 11 = 26
18. 26 ___ 26 ___ 22 = 74

Lösungen

Zu 1.: $16 - 13 + 3 = 6$

Zu 2.: $11 - 16 \div 2 = 11 - 8 = 3$

Zu 3.: $12 - 2 + 4 = 14$

Zu 4.: $10 + 14 \div 2 = 10 + 7 = 17$

Zu 5.: $4 \times 8 + 19 = 32 + 19 = 51$

Zu 6.: $3 + 5 \times 9 = 3 + 45 = 48$

Zu 7.: $8 - 13 \div 13 = 8 - 1 = 7$

Zu 8.: $6 \times 7 + 3 = 42 + 3 = 45$

Zu 9.: $16 - 3 \times 4 = 16 - 12 = 4$

Zu 10.: $23 + 24 \times 2 = 23 + 48 = 71$

Zu 11.: $1 \times 12 \div 4 = 12 \div 4 = 3$

Zu 12.: $13 + 4 \times 7 = 13 + 28 = 41$

Zu 13.: $3 - 10 \div 5 = 3 - 2 = 1$

Zu 14.: $15 \times 10 + 4 = 150 + 4 = 154$

Zu 15.: $10 - 6 + 15 = 19$

Zu 16.: $9 \times 2 - 5 = 18 - 5 = 13$

Zu 17.: $28 - 22 \div 11 = 28 - 2 = 26$

Zu 18.: $26 + 26 + 22 = 74$

Kopfrechnen

Deine mathematischen Fähigkeiten werden unter anderem durch verschiedene Kopfrechenaufgaben geprüft. Dabei sind alle Grundrechenarten, Wurzelziehen, Potenzen sowie Bruchrechnung von Belang.

Dir steht, wie auch beim richtigen Test, sehr wenig Zeit zur Verfügung. Wenn du nicht alle Aufgaben in der Zeit schaffst, ist das in Ordnung! Lasse dich nicht aus der Ruhe bringen. Rechne alle Aufgaben konzentriert und zügig durch.

Zeit: **4 Minuten**

1. Aufgabe
$\sqrt{121} =$

2. Aufgabe
$21^2 =$

3. Aufgabe
44 + 17 + 88 =

4. Aufgabe
2.347 – 479 – 23 =

5. Aufgabe
24 × 24 =

6. Aufgabe
57 × 7 =

7. Aufgabe
13 × 21 =

8. Aufgabe
4.619 + 193 – 348 =

9. Aufgabe
7 × 31 – 30 =

10. Aufgabe
721 – 47 + 98 =

11. Aufgabe
12 × 13 =

12. Aufgabe
35 ÷ 5 =

13. Aufgabe
23 × 51 =

14. Aufgabe
15 × 11 – 63 + 52 =

15. Aufgabe
57 + 14 + 36 =

16. Aufgabe
$(5 + 3)^2 - 10 =$

17. Aufgabe
14 × 12 – 15 =

18. Aufgabe
79 – 35 + 88 =

19. Aufgabe
56 – 28 =

20. Aufgabe
42 ÷ 6 =

Lösungen: Kopfrechnen

1. 11	8. 4.464	15. 107
2. 441	9. 187	16. 54
3. 149	10. 772	17. 153
4. 1.845	11. 156	18. 132
5. 576	12. 7	19. 28
6. 399	13. 1.173	20. 7
7. 273	14. 154	

Ergebnisse schätzen

Rechne das Ergebnis nicht genau aus, sondern schätze es. Das heißt, überschlage es grob oder stelle kurze rechnerische Überlegungen an. Zeit: **10 Minuten**

1. Aufgabe: 548 × 315 =
a) 155.200
b) 175.644
c) 182.141
d) 172.620

2. Aufgabe: 17.495 – 8.795 – 712 =
a) 7.988
b) 8.088
c) 8.112
d) 7.898

3. Aufgabe: 25.187 + 12.327 + 37.589 =
a) 74.895
b) 75.235
c) 74.903
d) 75.103

4. Aufgabe: 389.455 – 294.981 =
a) 93.974
b) 94.474
c) 89.740
d) 104.447

5. Aufgabe: 3.840 × 1.420 =
a) 580.688
b) 3.880.120
c) 7.564.110
d) 5.452.800

6. Aufgabe: 47 × 98 + 1.223 =
a) 15.023
b) 5.829
c) 6.145
d) 5.459

7. Aufgabe: 49 × 49 =
a) 2.501
b) 2.401
c) 2.081
d) 2.481

8. Aufgabe: 69,2 % von 1.845 =
a) 1.195,45
b) 1.412,37
c) 1.276,74
d) 1.588,89

9. Aufgabe: 3,2 × 6,7 =
a) 21,44
b) 21
c) 22,14
d) 19,4

10. Aufgabe: 3,2 cm von 11,8 cm =
a) ≈ 27,11 %
b) ≈ 29,88 %
c) ≈ 24,56 %
d) ≈ 35,12 %

11. Aufgabe: 367,85 – 184,6 + 1.302,66 =
a) 1.405,81
b) 1.630,91
c) 1.485,91
d) 1.508,11

12. Aufgabe: 36.340 ÷ 92 =
a) 395
b) 508
c) 421
d) 348

13. Aufgabe: 23,23 – 14,5 + 6,06 =
a) 2,67
b) 13,79
c) 15,97
d) 14,79

14. Aufgabe: 8.589.723 – 6.993.930 =
a) 1.605.793
b) 1.495.883
c) 995.643
d) 1.595.793

15. Aufgabe: 85^2 =
a) 8.100
b) 7.225
c) 7.921
d) 6.825

16. Aufgabe: 6 € von 4,00 €=
a) 145%
b) 150%
c) 135%
d) 160%

Lösungen: Ergebnisse schätzen

1. d)	7. b)	13. d)
2. a)	8. c)	14. d)
3. d)	9. a)	15. b)
4. b)	10. a)	16. b)
5. d)	11. c)	
6. b)	12. a)	

Zu 1. d) Berechne die letzte Ziffer 5 × 8=40. Die letzte Ziffer muss also 0 sein. Rechne vereinfacht 5,5 × 3 = 16,5. Das Ergebnis liegt also über 160.000 somit kommt nur 172.620 in Frage.

Zu 2. a) Berechne die letzten Ziffern 95 – 95 – 12 = 88. Die letzte Ziffer muss also 88 sein. Überschlage den Rest, das Ergebnis muss unter 8.000 liegen. Somit kommt nur 7.988 in Frage.

Zu 3. d) Berechne die letzte Ziffer 7 + 7 + 9 = 23. Die letzte Ziffer muss also 3 sein. Per Überschlag mit gerundeten Werten stellt man außerdem fest, dass die Lösung über 75.000 ist.

Zu 4. b) Berechne die letzte Ziffer 5 – 1 = 4. Die letzte Ziffer muss also 4 sein. Nach Abzug mit gerundeten Werten muss das Ergebnis bei rund 95.000 liegen.

Zu 5. d) Berechne die letzte Ziffer 0 x 0 = 0. Die letzte Ziffer muss also 0 sein. Rechne vereinfacht 4 × 1,5 = 6 und 4 × 1 = 4. Das Ergebnis muss also kleiner als 6 und größer als 4 sein.

Zu 6. b) Berechne die letzte Ziffer 7 × 8 + 3 = 59. Die letzte Ziffer muss also 9 sein. Vereinfacht kann man dann 4,7 × 10 rechnen. 4.700 + 1.200 = 5.900, das Ergebnis muss also bei diesem Wert liegen. Hier kommt nur 5.829 in Frage.

Zu 7. b) Berechne die letzte Ziffer 9 × 9 = 81. Die letzte Ziffer muss also 1 sein. Wenn du per Überschlag mit 50 × 50 (5 × 5 = 25) rechnest, erhältst du 2.500. Der Wert muss aber mindesten um 98 (49 + 49) darunter liegen.

Zu 8. c) Für die Schätzung empfiehlt es sich, zuerst den Anteil von 10 % zu bestimmen: 1.845 ÷ 10 = 184,5. Da der Anteil bei gut 70 % liegt, kannst du jetzt vereinfacht rechnen: 18 × 7 = 126 (1.260). Das Ergebnis muss also bei einem Wert von 1.260 liegen.

Zu 9. a) Berechne die letzte Ziffer 2 × 7 = 14. Die letzte Ziffer muss also 4 sein. Rechne nun mit gerundeten Werten von 3 × 7 = 21. Die Lösung muss also in diesem Bereich liegen. Hier trifft nur 21,44 zu.

Zu 10. a) Hier empfiehlt es sich, die beiden Zahlen erst auf- bzw. abzurunden. Rechne nun mit den Zahlen 3 und 12. 3 cm sind 25 % von 12 cm (12 ÷ 3 = 4, 100 ÷ 4 = 25). Der Prozentwert liegt also bei 25 %. Da wir aber mit gerundeten Zahlen grob gerechnet haben, muss die Lösung etwas mehr als 25 % betragen.

Zu 11. c) Berechne die Nachkommastellen: 85 – 60 + 66 = 91. Die letzte Ziffer muss also 91 sein. Per Überschlag der restlichen Zahlen stellst du fest, dass das Ergebnis bei rund 1.500 liegen muss.

Zu 12. a) Um hier annähernd zum Ergebnis zu kommen, müssen erst einmal beide Zahlen gerundet werden. Wir runden wie folgt: 36.000 ÷ 90 = 400. Auch vereinfacht: 36 ÷ 9 = 4. Das Ergebnis liegt also bei etwa 400.

Zu 13. d) Berechne die letzte Ziffer 23 – 50 + 0,6 = 79. Per Überschlag erhältst du einen restlichen Wert von 15. Die Lösung muss also knapp darunter liegen.

Zu 14. d) Die Berechnung durch die letzte Ziffer kannst du dir hier sparen, da sie bei allen Lösungen 3 ist. Rechne mit aufgerundeten Millionenwerten: 8,6 – 7 = 1,6 (1.600.000). Da mit aufgerundeten Werten gerechnet wurde, muss das Ergebnis knapp darunter liegen.

Zu 15. b) Hier empfiehlt es sich, die Quadratzahlen bis 100 auswendig zu können. Die letzte Ziffer lässt sich berechnen: 5 × 5 = 25. Die letzte Ziffer ist also 5. Eine mögliche Rechnung sieht wie folgt aus: 8,5 × 8,5 = 72,25. Besser lässt es sich rechnen, wenn du eine 0,5 zu der anderen Zahl addierst: 8 × 9 = 72 (72 × 100 = 7.200)

Zu 16. b) Hier bietet sich eine einfache Rechnung an. Wenn die 4 € 100 % sind, dann sind 8 € 200%. Da der Wert aber nur um 2 € steigt, steigt der Prozentwert auch nur um 50 %.

Maße und Einheiten

Hier musst du Maße und Einheiten umrechnen. Zeit: **5 Minuten**

1. Wie viele Kubikzentimeter sind 775 Liter?
a) 77.500
b) 750
c) 7.500
d) 775.000

2. Wie viele Kilogramm sind 0,23 Tonnen?
a) 230
b) 23
c) 23.000
d) 2.300

3. Wie viele Meter sind 5.300 Zentimeter?
a) 5,3
b) 53
c) 530
d) 50,3

4. Wie viele Quadratmeter sind 420 Quadratzentimeter?
a) 42
b) 0,042
c) 4,2
d) 0,0042

5. Wie viele Gramm sind 2,5 Zentner?
a) 250.000
b) 1.250.000
c) 125.000
d) 12.500

6. Wie viele Hektar sind 6.400 Quadratmeter?
a) 0,64
b) 6,4
c) 64
d) 0,064

7. Wie viele Dezimeter sind 0,8 Kilometer?
a) 8.000
b) 800
c) 80.000
d) 800.000

8. Wie viele Liter sind 0,93 Milliliter?
a) 0,0093
b) 0,093
c) 0,00093
d) 0,000093

9. Wie viele Tage sind 432.000 Sekunden?
a) 7
b) 5
c) 2
d) 9

10. Wie viele Zentner sind 2.325 Kilogramm?
a) 93
b) 23,25
c) 46,5
d) 465

Lösungen: Maße und Einheiten

1. d)	5. c)	9. b)
2. a)	6. a)	10. c)
3. b)	7. a)	
4. b)	8. c)	

Zu 1. d) Ein Liter sind 1.000 Kubikzentimeter, also entsprechen 775 Liter 775.000 Kubikzentimeter: 775 x 1.000 cm^3 = 775.000 cm^3

Zu 2. a) Eine Tonne sind 1.000 Kilogramm, also entsprechen 0,23 Tonnen 230 Kilogramm: 0,23 x 1.000 kg = 230 kg

Zu 3. b) Ein Meter sind 100 Zentimeter, also entsprechen 5.300 Zentimeter 53 Meter: 5.300 ÷ 100 cm = 53 m

Zu 4. b) Ein Quadratmeter sind 10.000 Quadratzentimeter, also entsprechen 420 Quadratzentimeter 0,042 Quadratmeter: 420 ÷ 10.000 m^2 = 0,042 m^2

Zu 5. c) Ein Zentner sind 50 Kilogramm und ein Kilogramm entsprechen 1.000 Gramm bzw. 50 Kilogramm sind 50.000 Gramm, also entsprechen 2,5 Zentner 125.000 Gramm: 2,5 x 50.000 g = 125.000 g

Zu 6. a) Ein Hektar sind 10.000 Quadratmeter, also entsprechen 6.400 Quadratmeter 0,64 Hektar: 6.400 ÷ 10.000 m^2 = 0,64 ha

Zu 7. a) Ein Kilometer sind 1.000 Meter bzw. 10.000 Dezimeter, also entsprechen 0,8 Kilometer 8.000 Dezimeter: 0,8 x 10.000 dm = 8.000 dm

Zu 8. c) Ein Liter sind 1.000 Milliliter, also entsprechen 0,93 Milliliter 0,00093 Liter: 0,93 ÷ 1.000 ml = 0,00093 l

Zu 9. b) Ein Tag sind 24 Stunden bzw. 1.440 Minuten bzw. 86.400 Sekunden, also entsprechen 432.000 Sekunden 5 Tage: 432.000 ÷ 60 ÷ 60 ÷ 24 = 5

Zu 10. c) Ein Zentner sind 50 Kilogramm, also entsprechen 2.325 Kilogramm 46,5 Zentner: 2.325 ÷ 50 kg = 46,5 Ztr

Geometrie

Bei dieser Aufgabe musst du die fehlenden Ergebnisse für die jeweiligen Flächen und Körper berechnen. Bitte runde die Ergebnisse auf beziehungsweise rechne bis zur dritten Nachkommastelle. Trage die Lösungen in die freien Felder ein.

Zeit: **15 Minuten**

1. Ergänze das Rechteck.
Seite a: 6
Seite b: ____
Flächeninhalt: ____
Umfang: 32

2. Ergänze das Rechteck.
Seite a: 6
Seite b: 4
Flächeninhalt: ____
Umfang: ____

3. Ergänze das Rechteck.
Seite a: ____
Seite b: 8
Flächeninhalt: 192
Umfang: ____

4. Ergänze das Rechteck.
Seite a: 14
Seite b: ____
Flächeninhalt: ____
Umfang: 52

5. Ergänze den Würfel.
Seite a: 10
Grundfläche: ____
Oberfläche: ____
Volumen: ____

6. Ergänze den Würfel.
Seite a: ____
Grundfläche: ____
Oberfläche: ____
Volumen: 2.744

7. Ergänze den Würfel.
Seite a: ____
Grundfläche: ____
Oberfläche: 4.056
Volumen: ____

8. Ergänze den Würfel.
Seite a: ____
Grundfläche: 36
Oberfläche: ____
Volumen: ____

9. Ergänze den Kreis.
Radius: ____
Durchmesser: ____
Umfang: ____
Flächeninhalt: 50,265

10. Ergänze den Kreis.
Radius: ____
Durchmesser: ____
Umfang: 119,381
Flächeninhalt: ____

Lösungen: Geometrie

Zu 1.:
Seite a: 6
Seite b: 10
Flächeninhalt: 60
Umfang: 32

Zu 2.:
Seite a: 6
Seite b: 4
Flächeninhalt: 24
Umfang: 20

Zu 3.:
Seite a: 24
Seite b: 8
Flächeninhalt: 192
Umfang: 64

Zu 4.:
Seite a: 14
Seite b: 12
Flächeninhalt: 168
Umfang: 52

Zu 5.:
Seite a: 10
Grundfläche: 100
Oberfläche: 600
Volumen: 1.000

Zu 6.:
Seite a: 14
Grundfläche: 196
Oberfläche: 1.176
Volumen: 2.744

Zu 7.:
Seite a: 26
Grundfläche: 676
Oberfläche: 4.056
Volumen: 17.576

Zu 8.:
Seite a: 6
Grundfläche: 36
Oberfläche: 216
Volumen: 216

Zu 9.:
Radius: 4
Durchmesser: 8
Umfang: 25,133
Flächeninhalt: 50,265

Zu 10.:
Radius: 19
Durchmesser: 38
Umfang: 119,381
Flächeninhalt: 1.134,115

Rechteckberechnung
Flächeninhalt A = a × b
Umfang U = 2 × a + 2 × b

Würfelberechnung
Grundfläche A = a × b
Oberfläche O = 6 × A
Volumen V = A^3 (a × a × a)

Kreisberechnung
Radius r = d ÷ 2
Durchmesser d = 2 × r
Umfang U= d × π
Flächeninhalt A= π × r^2

Symbolrechnen

In dieser Aufgabe musst du die Symbole durch Zahlen ersetzen, dabei stehen gleiche Symbole für gleiche Zahlen. Ein Symbol kann mit einer Zahl von 0 bis 9 ersetzt werden.

Zeit: **10 Minuten**

1. Welche Zahl steht für Δ?
Δ × ΔΔ = ΩΩ
a) 4
b) 9
c) 3
d) 1

2. Welche Zahl steht für O?
Π + O – O – O = Π
a) 2
b) 0
c) 3
d) 6

3. Welche Zahl steht für Λ?
Λ × Λ = Λ + Λ
a) 2
b) 3
c) 6
d) 1

4. Welche Zahl steht für Π?
ΔΠ × Ψ = ΨΠ
a) 1
b) 7
c) 2
d) 0

5. Welche Zahl steht für Π?
TXШ – Σ = ΠΠ
a) 9
b) 5
c) 7
d) 1

6. Welche Zahl steht für Ω?
ΛΛ + ΛΩ = ΩX
a) 2
b) 0
c) 5
d) 4

7. Welche Zahl steht für Π?
(Π + Π) × (Π + Π) = ΠΨ
a) 3
b) 6
c) 2
d) 4

8. Welche Zahl steht für Δ?
ΔШ ÷ Ш = Ш
a) 7
b) 4
c) 5
d) 2

9. Welche Zahl steht für Ω?
∏∏² = ∏Ω∏
a) 1
b) 4
c) 2
d) 8

10. Löse alle Symbole.
ΛΠ – OΔ = ΨX
÷ Λ × Λ = OX –
= OΔ + Π = ΔΣ

Λ =
Π =
O =
Δ =
Ψ =
X =
Σ =

Lösungen: Symbolrechnen

1. c)	5. a)	9. c)
2. b)	6.) d)	10. siehe unten
3. a)	7. a)	
4. d)	8. d)	

Zu 1.: c) 3
Δ × ΔΔ = ΩΩ
3 × 33 = 99

Zu 2.: b) 0
Π + O – O – O = Π
O steht für die Zahl 0. Für das Symbol Π kann jede Zahl von 1 bis 9 eingesetzt werden.
2 + 0 – 0 – 0 = 2

Zu 3.: a) 2
Λ × Λ = Λ + Λ
2 × 2 = 2 + 2

Zu 4.: d) 0
ΔΠ × Ψ = ΨΠ
Π steht für die Zahl 0. Für das Symbol Ψ kann jede Zahl von 1 bis 9 eingesetzt werden.
10 × 4 = 40

Zu 5.: a) 9
TXШ – Σ = ΠΠ
Π steht für die Zahl 9.
Für die erste Symbolreihe kommen mehrere Zahlen in Frage.
102 – 3 = 99 I 103 – 4 = 99 I 104 – 5 = 99 usw.

Zu 6.: d) 4
ΛΛ + ΛΩ = ΩX
22 + 24 = 46

Zu 7.: a) 3
(Π + Π) × (Π + Π) = ΠΨ
(3 + 3) × (3 + 3) = 36

Zu 8.: d) 2
ΔШ ÷ Ш = Ш
25 ÷ 5 = 5

Zu 9.: c) 2
∏∏² = ∏Ω∏
$11^2 = 121$

Zu 10.:
ΛΠ – OΔ = ΨX
÷ Λ × Λ = OX –
= OΔ + Π = ΔΣ

Λ = 4
Π = 8
O = 1
Δ = 2
Ψ = 3
X = 6
Σ = 0

48 – 12 = 36
÷ 4 × 4 = 16
12 + 8 = 20

Klammerrechnung

Rechne alle Aufgaben im Kopf aus und notiere gegebenenfalls Nebenrechnungen auf einem Notizblatt.

Zeit: **20 Minuten**

1. Aufgabe:
50 + (47 – 16) + 89 – (59 – 9) =

2. Aufgabe:
(82 – 45) + 32 – (11 – 5) – 16 =

3. Aufgabe:
68 – (49 – 38) + 58 – (40 – 7) =

4. Aufgabe:
70 – (38 – 13) + (41 – 11) – 19 =

5. Aufgabe:
76 + 24 – (30 – 23) + 19 + 62 =

6. Aufgabe:
56 + (52 – [26 + 11 – 40]) + 25 =

7. Aufgabe:
104 – 20 – (12 – [25 – 10]) + 12 =

8. Aufgabe:
64 + 26 – (37 – [20 + 18]) – 16 =

9. Aufgabe:
97 – (39 – 14) – (57 – [20 + 18]) =

10. Aufgabe:
5 × (3 – 1) × (8 + 8) =

11. Aufgabe:
8 × 5 – (7 + [5]) =

12. Aufgabe:
7 × 1 × (2) + (5 – 8) =

13. Aufgabe:
5 – (2 × 2 + [9 × 5]) =

14. Aufgabe:
6 – (6 × [7] – 9) =

15. Aufgabe:
7 + 7 × 6 – (8 – [3]) =

16. Aufgabe:
8 × 8 + (4 × [6]) =

17. Aufgabe:
6 × 8 × (9 – [8]) =

18. Aufgabe:
8 + (6 – 5 + [7] × 7) =

19. Aufgabe:
7 × (2) – 3 – (8 – 6) =

20. Aufgabe:
2 + 1 – 7 × (8) × (4) =

21. Aufgabe:
(-8) × 3 – (–12) × 3 =

22. Aufgabe:
–24 + 15 – (-3 × 33 – [7 × 5]) =

23. Aufgabe:
217 – 85 – (14 × [– 3] + 518) – 42 =

24. Aufgabe:
12 × 5 – 3 × (–3 × 8 + [–76]) =

25. Aufgabe:
(–212) × 3 + 110 + (9 × 6) =

26. Aufgabe:
2.750 – (5 × 325) – (69 ÷ 3) =

27. Aufgabe:
$32 - (840 - 584) \div (64 \div 4) \times 3 =$

28. Aufgabe:
$3 \times \{99 - [4 + 2\ (21 \div 3) \times 2] + 8\} - 6 =$

29. Aufgabe:
$(-3)^3 + (-2)^4 =$

30. Aufgabe:
$(-5)^4 + (-3)^5 =$

Lösungen: Klammerrechnung

1. 120	11. 28	21. 12
2. 47	12. 11	22. 125
3. 82	13. –44	23. –386
4. 56	14. –27	24. 360
5. 174	15. 44	25. –472
6. 136	16. 88	26. 1.102
7. 99	17. 48	27. –16
8. 75	18. 58	28. 219
9. 53	19. 9	29. –11
10. 160	20. –221	30. 382

Was ist bei der Klammerrechnung zu beachten?
Klammern drücken eine vorrangige Rechenoperation, vor anderen in der Rechenreihenfolge, aus.

- Regel 1: Punktrechnung geht vor Strichrechnung
- Regel 2: den Wert innerhalb der Klammern immer zuerst ermitteln
- Regel 3: Klammern innerhalb von Klammern sind zuerst aufzulösen. Klammern werden immer von innen nach außen aufgelöst.

Bruchrechnung

Löse alle Aufgaben im Kopf und notiere gegebenenfalls Nebenrechnungen auf einem Notizblatt.

Zeit: **15 Minuten**

1. Aufgabe: $\frac{4}{2}+\frac{6}{3}=$

2. Aufgabe: $\frac{6}{4}+\frac{1}{5}=$

3. Aufgabe: $\frac{4}{5}-\frac{3}{6}=$

4. Aufgabe: $\frac{5}{3}-\frac{5}{6}=$

5. Aufgabe: $\frac{1}{3}\times\frac{5}{3}=$

6. Aufgabe: $\frac{2}{2}\div\frac{5}{4}=$

7. Aufgabe: $3\frac{12}{6}=$

8. Aufgabe: $5\frac{8}{7}=$

9. Aufgabe: $6\times\frac{5}{24}=$

10. Aufgabe: $14\times\frac{5}{56}=$

11. Aufgabe: $4\frac{2}{3}\times 6\frac{2}{1}=$

12. Aufgabe: $4\frac{3}{2}\div 2\frac{3}{2}=$

Lösungen: Bruchrechnung

Zu 1.:

$$\frac{4}{2}+\frac{6}{3}=\frac{12}{6}+\frac{12}{6}=\frac{24}{6}$$

$= 4$

Zu 2.:

$$\frac{6}{4}+\frac{1}{5}=\frac{30}{20}+\frac{4}{20}=\frac{34}{20}=$$

$1\frac{7}{10}$

Zu 3.:

$$\frac{4}{5}-\frac{3}{6}=\frac{24}{30}-\frac{15}{30}=\frac{9}{30}=$$

$\frac{3}{10}$

Zu 4.:

$$\frac{5}{3}-\frac{5}{6}=\frac{10}{6}-\frac{5}{6}=\frac{5}{6}$$

Zu 5.:

$$\frac{1}{3}x\frac{5}{3}=\frac{1x5}{3x3}=\frac{5}{9}$$

Zu 6.:

$$\frac{2}{2}\div\frac{5}{4}=\frac{2}{2}x\frac{4}{5}=\frac{2x4}{2x5}=$$

$\frac{8}{10}=\frac{4}{5}$

Zu 7.:

Zähler: 6 x 3+12=30

$$3\frac{12}{6}=\frac{30}{6}=5$$

Zu 8.:

Zähler: 7 x 5+8=43

$$5\frac{8}{7}=\frac{43}{7}=6\frac{1}{7}$$

Zu 9.:

Zähler: 6 x 5 = 30

$$6\ x\ \frac{5}{24}=\frac{30}{24}=\frac{5}{4}=1\frac{1}{4}$$

Zu 10.:

Zähler: 14 x 5 = 70

$$14\ x\ \frac{5}{56}=\frac{70}{56}=\frac{5}{4}=1\frac{1}{4}$$

Zu 11.:

$$4\frac{2}{3}x6\frac{2}{1}=\frac{14}{3}x\frac{8}{1}=\frac{112}{3}$$

$= 37\frac{1}{3}$

Zu 12.:

$$4\frac{3}{2}\div2\frac{3}{2}=\frac{11}{2}\div\frac{7}{2}=\frac{11}{2}x$$

$$\frac{2}{7}=\frac{22}{14}=\frac{11}{7}=1\frac{4}{7}$$

Gleichungen lösen

Löse alle Aufgaben im Kopf und notiere dir gegebenenfalls deine Zwischenschritte auf ein Notizblatt. Löse die Gleichungen nach x auf.

Zeit: **10 Minuten**

1. Aufgabe
$13x - 4 = 52 + 5x$ |
|
|
x =

2. Aufgabe
$2x - 9 = -49 + 7x$ |
|
|
x =

3. Aufgabe
$3x + 12 = 92 - 7x$ |
|
|
x =

4. Aufgabe
$8x + 8 = 2 + 14x$ |
|
|
x =

5. Aufgabe
$13x + 5 = 33 + 9x$ |
|
|
x =

6. Aufgabe
$7x - 8 = -17 + 8x$ |
|
|
x =

7. Aufgabe
$21x + 10 = 74 + 13x$ |
|
|
x =

8. Aufgabe
$-4x - 6 = -18 + 2x$ |
|
|
x =

Lösungen: Gleichungen lösen

1. Aufgabe
$13x - 4 = 52 + 5x$
$13x - 5x - 4 = 52 \quad | -5x$
$8x - 4 = 52 \quad | +4$
$8x = 56 \quad | \div 8$
x = 7

2. Aufgabe
$2x - 9 = -49 + 7x$
$2x - 9 = -49 + 7x \quad | -7x$
$-5x - 9 = -49 \quad | +9$
$-5x = -40 \quad | \div (-5)$
x = 8

3. Aufgabe
$3x + 12 = 92 - 7x$
$3x + 7x + 12 = 92 \quad | +7x$
$10x + 12 = 92 \quad | -12$
$10x = 80 \quad | \div 10$
x = 8

4. Aufgabe
$8x + 8 = 2 + 14x$
$8x - 14x + 8 = 2 \quad | -14x$
$-6x = 2 - 8 \quad | -8$
$-6x = -6 \quad | \div (-6)$
x = 1

5. Aufgabe
$13x + 5 = 33 + 9x$
$13x - 9x + 5 = 33 \quad | -9x$
$4x + 5 = 33 \quad | -5$
$4x = 28 \quad | \div 4$
x = 7

6. Aufgabe
$7x - 8 = -17 + 8x \quad | -8x$
$-1x - 8 = -17 \quad | +8$
$-1x = -9 \quad | \div (-1)$
x = 9

7. Aufgabe
$21x + 10 = 74 + 13x$
$21x - 13x + 10 = 74 \quad | -13x$
$8x + 10 = 74 \quad | -10$
$8x = 64 \quad | \div 8$
x = 8

8. Aufgabe
$-4x - 6 = -18 + 2x$
$-4x - 2x - 6 = -18 \quad | -2x$
$-6x - 6 = -18 \quad | +6$
$-6x = -12 \quad | \div (-6)$
x = 2

Prozentrechnung

Aufgaben zur Prozentrechnung sind in Einstellungstests sehr beliebt. Um die richtige Lösung zu finden, sollten die drei Werte Grundwert (G), Prozentwert (W) und Prozentsatz (p) ein Begriff sein, denn einer dieser Werte ist meistens gefragt und muss anhand der allgemeinen Formel (p % = W ÷ G) ermittelt werden. Bitte beachte an dieser Stelle, dass die Formel gegebenenfalls umgeformt werden muss.

p % = p ÷ 100

Beispiel
In der folgenden Beispielaufgabe wollen wir die Formel nun anwenden und aufzeigen, wie eine Aufgabe aus dem Bereich Prozentrechnung gelöst werden kann.

Beispielaufgabe: Wie viel sind 5 % von 200?
p = 5 %
G = 200
W = ?

Die oben gegebene Formel lässt sich nach den verschiedenen Variablen G, W und p umstellen.

p % = W ÷ G
W = p % × G
G = W ÷ p %

In diesem Fall ist W gesucht. Daher berechnen wir W = 5 % × 200 beziehungsweise W = (5 ÷ 100) × 200 = 10.

Zeit: **15 Minuten**

1. Von den 32 Schülern haben drei Schüler eine 1 geschrieben und weitere fünf haben die Note 2. Die anderen waren bei einer 3 oder schlechter. Wie viel Prozent der Schüler waren besser als eine 3?
a) 20 %
b) 40 %
c) 25 %
d) 30 %

2. Vor zehn Jahren gab es 35 % Singlehaushalte in der EU. Und es gab 260 Mio. Haushalte mit mehr als einer Person. Wie viele Singlehaushalte gab es in der EU?
a) 130 Mio.
b) 140 Mio.
c) 35 Mio.
d) 120 Mio.

3. Der Joghurt, den Meike kaufen möchte, ist 250 g schwer. Auf der Verpackung steht, dass dieser 16 g Fett enthält. Wie viel Prozent Fett enthält der Joghurt?
a) 6,4 %
b) 7,8 %
c) 16 %
d) 2,5 %

4. Herr Glück hat 900 Euro inklusive Zinsen von seinem Bankkonto abgehoben. Das Geld wurde ein Jahr lang zu einem stolzen Zinssatz von 20 % fest verzinst. Wie viel Kapital musste Herr Glück vor einem Jahr anlegen, um diese Summe zu erhalten?
a) 180 Euro
b) 750 Euro
c) 700 Euro
d) 450 Euro

5. Herr Schmidt kauft ein neues Auto für 50.000 Euro. Leider hat das Auto bereits nach kurzer Zeit einen Getriebeschaden, was hohe Reparaturkosten verursacht. Herr Schmidt erhält aus diesem Grund von seinem Händler 20 % des Kaufpreises erstattet. Wie viel Euro erhält Herr Schmidt vom Händler?
a) 10.000 Euro
b) 20.000 Euro
c) 25.000 Euro
d) 30.000 Euro

6. Frau Feldbusch kauft sich für 500 Euro Aktien. Aufgrund einer guten wirtschaftlichen Entwicklung steigen die Aktienkurse auf 200 % des eingesetzten Kapitals. Wie viel Euro sind diese Aktien nun Wert?
a) 500 Euro
b) 1.000 Euro
c) 2.000 Euro
d) 5.000 Euro

7. Wie drückt man das Verhältnis 16 von 32 in Prozent aus (Prozentsatz)?
a) 16 %
b) 32 %
c) 60 %
d) 50 %

8. 8 % sind 80 Einheiten, wie viel sind 100 % (Grundwert)?
a) 100 Einheiten
b) 1.000 Einheiten
c) 400 Einheiten
d) 4.000 Einheiten

9. Der Preis für eine Kilowattstunde wird von 0,25 Euro auf 0,30 Euro erhört. Wie hoch ist die Steigerung in %?
a) 20 %
b) 25 %
c) 30 %
d) 5 %

10. Bei meiner Stamm-Apotheke erhalte ich drei Prozent Rabatt auf alle Rechnungen. Meine letzte Rechnung betrug vor Abzug 40,00 Euro. Wie hoch war die Ersparnis?
a) vier Euro
b) zwölf Euro
c) 1,20 Euro
d) 0,40 Euro

11. Im Polizeibezirk Bochum arbeiten 1.500 Männer und 500 Frauen. Wie hoch ist der prozentuale Frauenanteil in diesem Bezirk?
a) 15 %
b) 20 %
c) 25 %
d) 30 %

12. Der Bauer hat insgesamt 90 Apfelbäume und will 18 weitere anpflanzen. Wie viel Prozent sind das?
a) 18 %
b) 20 %
c) 24 %
d) 19 %

13. Der Pizza-Lieferservice wirbt mit 20 % Rabatt bei der nächsten Bestellung. Luisa möchte sich eine 15,00 Euro Pizza bestellen. Wie hoch wäre die Ersparnis?
a) 2,50 Euro
b) 3,00 Euro
c) 2,00 Euro
d) 1,50 Euro

14. Wie hoch ist die Wahrscheinlichkeit in Prozent, als Kandidat bei der Show „Wer wird Millionär" eine Million Euro zu gewinnen, wenn es nur sechs Kandidaten von 300 schaffen?
a) 0,6 %
b) 1,5 %
c) 3 %
d) 2 %

15. Bei einer mobilen Blitzkontrolle beträgt die Wahrscheinlichkeit, dass jemand zu schnell fährt, etwa zehn Prozent. Die Blitzkontrolle wurde an einer vielbefahrenen Straße aufgebaut. Hier fahren von 7.00 Uhr bis 16.00 Uhr etwa 2.100 Autos entlang. Pro Ticket fallen Kosten von durchschnittlich zehn Euro an. Wie hoch ist der Betrag, der hier im genannten Zeitraum an Strafen eingenommen wird?
a) 2.100 Euro
b) 2.200 Euro
c) 2.300 Euro
d) 2.400 Euro

16. Wie viele Birnen können gekauft werden, wenn zehn Prozent von 80 Birnen vom Markt genommen wurden?
a) 76 Birnen
b) 88 Birnen
c) 70 Birnen
d) 72 Birnen

17. Ende April 2015 waren in den Bremer Justizvollzugsanstalten 1.350 Strafgefangene inhaftiert. Das sind etwa vier Prozent weniger als im Vorjahr, so das Statistikamt. Wie viele Strafgefangene waren im Vorjahr inhaftiert?
a) 1.445 Strafgefangene
b) 1.296 Strafgefangene
c) 1.404 Strafgefangene
d) 1.498 Strafgefangene

18. Im Jahr 2013 wurden deutschlandweit 9.640 Tote durch Verkehrsunfälle verzeichnet. Darunter waren 1.364 Motorradunfälle und 3.456 PKW-Unfälle. Wie viel Prozent der Tode wurden nicht durch Motorräder oder PKWs verursacht?

a) 15 %

b) 25 %

c) 50 %

d) 75 %

Lösungen: Prozentrechnung

1. c)	7. d)	13. b)
2. b)	8. b)	14. d)
3. a)	9. a)	15. a)
4. b)	10. c)	16. d)
5. a)	11. c)	17. c)
6. b)	12. b)	18. c)

Zu 1.: c) Zuerst muss die Anzahl der Schüler, die besser als eine 3 waren, berechnet werden: drei (Anzahl der Note 1) + fünf (Anzahl der Note 2) = acht. Eingesetzt in die Formel für Prozentrechnung, ergibt sich ein Wert von p = 8 ÷ 32 × 100 % = 25 %.

Zu 2.: b) Um herauszufinden, wie viele Singlehaushalte es gegeben hat, muss zuerst die Gesamthaushaltszahl bestimmt werden. Hierzu stellen wir die Formel um: G= W ÷ p % × 100 % = 260 Mio. ÷ 65 % × 100 % = 400 Mio. Mit Hilfe des berechneten Grundwerts lässt sich in Teilschritt zwei der Prozentwert durch W = p % × G = 35 % ÷ 100 % × 400 Mio. = 140 Mio. ermitteln.

Zu 3.: a) Einsetzen in die Formel bringt: p = 16 ÷ 250 × 100 % = 6,4 %.

Zu 4.: b) Mit p = 120 % und W = 900 Euro erhält man: G = W ÷ p × 100 % = 750 Euro. Der Prozentsatz p wird so gewählt, da man im Vorjahr 100 % hatte und jetzt durch die Zinsen 20 % dazugekommen sind.

Zu 5.: a) Wird die Gleichung nach dem Prozentwert W umgestellt und für p = 20 % und G = 50.000 Euro gewählt, so erhält man: W = p % × G = 10.000 Euro

Zu 6.: b) Entsprechen 500 Euro gleich 100 %, so verdoppelt sich dieser Wert, um auf 200 % zu kommen. Antwort b) ist korrekt.

Zu 7.: d) p = 16 ÷ 32 × 100 % = 50 %. In diesem Fall wird mit 100 % multipliziert, da das Resultat in Prozent gewünscht ist. Ist nur das Verhältnis gefragt, so stimmt Antwort d) ebenfalls.

Zu 8.: b) Mit W = 80 Einheiten und p = 8 %: G = W ÷ p × 100 % = 1.000 Einheiten.

Zu 9.: a) Bei dieser Aufgabe ist zu beachten, dass G und W richtig gewählt werden: Da es sich um eine Steigerung handelt, wird der Prozentsatz auch über 100 % betragen.

Daher müssen nach der Berechnung p = 0,30 ÷ 0,25 × 100 % = 120 %, mit W = 0,30 Euro und G = 0,25 Euro, die anfänglichen 100 % abgezogen werden, um auf die reine Steigerung zu kommen.

Zu 10.: c) Siehe Lösung Aufgabe 5: W = p % × G = 1,20 Euro

Zu 11.: c) Die große Gefahr ist hierbei, dass anstatt mit 2.000 Beschäftigten nur mit dem Anteil der Männer von 1.500 Arbeitern gerechnet wird. Eingesetzt ergibt dies: p = 500 ÷ 2.000 × 100 % = 25 %

Zu 12.: b) p = 18 ÷ 90 × 100 % = 20 %

Zu 13.: b) Siehe Lösung Aufgabe 5: W = p % × G = 3,00 Euro

Zu 14.: d) p = 6 ÷ 300 × 100 % = 2 %

Zu 15.: a) Diese Aufgabe besteht aus zwei Teilschritten: die Berechnung der Anzahl an Autos, die mit großer Wahrscheinlichkeit zu schnell fahren, und der daraus resultierenden Gesamtsumme. Für Ersteres dient die Formel W = p % × G = 210 Autos, mit p = 10 % und G = 2.100 Autos. Da jedes Auto durchschnittlich 10 € bezahlt, lautet das Resultat in Teilschritt 2: 210 × 10 € = 2.100 €.

Zu 16.: d) Siehe Lösung Aufgabe 5: W = p % × G = 72 Stück. Hierbei ist zu beachten, dass nicht die im Text erwähnten 10 % für p gewählt werden, sondern die verbleibenden 90 %.

Zu 17.: c) Die Ende April 2015 1.350 Inhaftierten entsprechen 96% , die aus dem Vorjahr 100%. Daraus ergibt sich:
1.350 × 4% =54
100 % = 1.350 + 54 = 1.404

Zu 18.: c) Da nach den Verkehrsunfällen gefragt ist, welche weder von PKWs noch Motorrädern verursacht worden sind, müssen von den 9.640 Toten insgesamt 4.820 Opfer (Summe der Motorrad- und PKW-Unfälle) subtrahiert werden. So berechnet sich p nach: p = 4.820 ÷ 9.640 × 100 % = 50 %

Zinsrechnung

Die **Deutsche Zinsmethode** sieht vor, dass jeder Monat mit 30 Zinstagen und ein gesamtes Jahr mit 360 Zinstagen gerechnet wird. Somit werden Monate, die als Ganzes zwischen Anfangsdatum und Enddatum des Zinszahlungszeitraums liegen, unabhängig von ihrer tatsächlichen Tagesanzahl mit je 30 Tagen gezählt.

Löse alle Aufgaben und trage das Ergebnis entsprechend ein. Bei Rechenaufgaben darfst du Nebenrechnungen auf ein Notizblatt schreiben. Zeit: **10 Minuten**

1. Ein Kapital von 22.500 € wird zu einem Zinssatz von 7,5 % angelegt. Wie hoch ist der Zins nach neun Monaten und zehn Tagen?
Ergebnis: ___________ €

2. Das Haus der Familie Müller ist mit einer Hypothek belastet. Familie Müller zahlt bei einem Zinssatz von 8,5 % monatlich 637,50 € Zinsen. Wie hoch ist die Hypothek?
Ergebnis: ___________ €

3. Herr Schmidt kauft ein Auto zum Preis von 13.750 € und lässt diese Summe vom Autohändler finanzieren. In einem Jahr hat Herr Schmidt 15.331,25 € gezahlt. Wie hoch war der Zinssatz?
Ergebnis: ___________ %

4. Zum Bau eines Einfamilienhauses benötigt Familie Koch eine Hypothek von 150.000 €. Die Zinsen für die ersten fünf Jahre sind auf 6 % pro Jahr festgelegt. Außerdem muss Familie Koch 1 % Tilgung pro Jahr zahlen. Wie hoch sind die monatlichen Kosten der Familie Koch?
Ergebnis: ___________ €

5. Ein Sparer erhält für sein Kapital von 42.500 € bei einem Zinssatz von 6,5 % 552,50 € ausgezahlt. Wie lange war das Kapital angelegt?
Ergebnis: ___________ Tage

6. Für ein Darlehn von 33.000 € mussten bei einem Zinssatz von 8 % insgesamt 9.240 € an Zinsen gezahlt werden. Nach welcher Zeit wurde das Darlehen abgelöst?
Ergebnis: ___________ Monate

7. Ein Kleinwagen kostet 15.600 €, wenn er bar bezahlt wird. Das Auto kann auch in zwei Raten zu 8.000 € bezahlt werden, wobei die erste Rate sofort und die zweite zu einem späteren Zeitpunkt ist. Wie viel beträgt der Zinssatz, den der Verkäufer bei diesem Abzahlungsgeschäft verlangt?
Ergebnis: ___________ %

8. Deine Eltern haben für dich auf der Bank Festgeld bei einem Zinssatz von 3,00 % angelegt. Nach einem Jahr werden dir auf deinem Sparbuch dafür 45 € Zinsen gutgeschrieben.
a) Berechne, wie viel Geld deine Eltern für dich angelegt haben.
b) Berechne, wie viel Zinsen du in zehn Tagen erhältst.
Ergebnis: a) = ___________ €
b) = ___________ €

Mögliche Lösungswege: Zinsrechnung

Zu 1.: **1.312,50 €**
Jahreszins = 22.500 € × 7,5 % ÷ 100 %= 1.687,50€
Tageszins = 1.687,50 € ÷ 360 = 4,6875 €
Gesamtzins = 4,6875 € × 280 = 1.312,50 €

Zu 2.: **90.000 €**
Jahreszahlung= 637,50 € × 12 = 7.650 €
Kapital = 7.650 € ÷ 8,5 % × 100 % = 90.000 €

Zu 3.: **11,5 %**
Zinszahlung = 15.331,25 € - 13.750 €= 1.581,25 €
Prozentwert= 1.581,25 € ÷ 13.750 € × 100 % = 11,5 %

Zu 4.: **875 €**
Jahreszins = 150.000 € ÷ 100 % × 7 % = 10.500 €
Monatszins = 10.500 € ÷ 12 = 875€

Zu 5.: **72 Tage**
Jahreszins = 42.500 € × 6,5 % ÷ 100 %= 2.762,50 €
Tageszins = 2.762,50 € ÷ 360 = 7,67361111 €
Anlagedauer = 552,50 € ÷ 7,67361111 € = 72

Zu 6.: **42 Monate**
Jahreszins = 33.000 € × 8 % ÷ 100 % = 2.640 €
Monatszins = 2.640 € ÷ 12 = 220 €
Anlagedauer = 9.240 € ÷ 220 € = 42

Zu 7.: **5,263 %**
Der Verkäufer leiht dem Käufer 7.600 Euro und verlangt dafür eine „Gebühr“ von 400 Euro.
Zinssatz = 400 € × 100 % ÷ 7.600 € = 5,263 %

Zu 8. a) **1.500€**, b) **1,25 €**
Zu a): Anlagesumme = 45 € × 100 % ÷ 3 % = 1.500 €
Zu b) Tageszins = 45 € ÷ 360 = 0,125 €
Tageszins = 0,125 € x 10 = 1,25 €

Dreisatz

Der Dreisatz (auch Verhältnisgleichung genannt) ist ein Lösungsverfahren, um in den meisten Fällen aus drei gegebenen Werten eines Verhältnisses den unbekannten vierten Wert zu berechnen. Dabei unterscheidet man bei der Schwierigkeit der Aufgaben zwischen einem einfachen Dreisatz (je mehr A, desto mehr B), umgekehrten Dreisatz (Je mehr A, desto weniger B) und zusammengesetzten Dreisatz (beispielsweise je mehr A und je weniger B, desto mehr C).

Beispiel

Das folgende Beispiel soll dir helfen, die Vorgehensweise zur Lösung von Dreisatzaufgaben ins Gedächtnis zu rufen:

Beispielaufgabe: Drei Hamburger kosten neun Euro. Wie viel kosten vier Hamburger?

Meistens wird bei Dreisatzaufgaben versucht, zunächst den Wert für eine Sache zu berechnen. In diesem Fall also der Preis für einen Hamburger.

Da drei Hamburger neun Euro kosten, berechnen wir neun Euro ÷ drei Hamburger = drei Euro pro Hamburger. Ein Hamburger kostet also drei Euro.

Da an der Stelle nach vier Hamburgern gefragt ist, berechnen wir: vier × drei Euro = zwölf Euro. Vier Hamburger kosten also zwölf Euro.

Zeit: **20 Minuten**

1. Anlässlich des Firmenjubiläums von sechs Mitarbeitern, welche zusammen 60 Jahre bei dieser Firma arbeiten, erhalten diese eine Prämie von insgesamt 1.200 Euro. Die Prämie errechnet sich nach der Anzahl der Dienstjahre. Karim Schuster wird nächstes Jahr sein 15-jähriges Jubiläum erreichen und überlegt, ob er mit der Prämie seinen Jahresurlaub zahlen kann, der 540 Euro kosten wird. Kann er das?

a) Ja, er kann den Urlaub mit der Prämie zahlen.
b) Nein, er kann den Urlaub nicht mit der Prämie zahlen.
c) Ja, es bleibt sogar noch was für Cocktails übrig.
d) Ja, wenn er noch 80 Euro dazuzahlt.

2. Eine Belegschaft von zwölf Arbeitern hat in je acht Stunden an sieben Tagen 390.000 Federn produziert. Über einen Zeitraum von 16 Tagen sollen 2.340.000 Federn produziert werden. Wie viele Arbeiter werden am Band benötigt, wenn acht Stunden am Tag gearbeitet wird?

a) unter 20 Arbeiter
b) zwischen 20 und 29 Arbeiter
c) zwischen 30 und 36 Arbeiter
d) mehr als 36 Arbeiter

3. Zwei Pumpen füllen in sechseinhalb Stunden einen Pool, welcher 13.000 Liter fasst. Für einen Pool, der 21.000 Liter fasst, werden drei dieser Pumpen verwendet. Wie lange benötigen diese Pumpen, um den Pool zu füllen?
a) vier Stunden
b) fünf Stunden
c) sechs Stunden
d) sieben Stunden

4. Hans möchte Rindfleisch kaufen. 450 g kosten 13,50 Euro. Was kostet ein Kilogramm Rindfleisch?
a) 28 Euro
b) 27 Euro
c) 45 Euro
d) 30 Euro

5. Für die Vorbereitungen auf einen Tornado stattet Familie Frisch ihren Bunker aus. Vor einigen Jahren ist das Ehepaar mit neun Konserven und zwölf Litern Wasser für drei Tage ausgekommen. Mittlerweile hat das Ehepaar zwei Kinder und möchte sich im Notfall für fünf Tage versorgen können. Wie viele Konserven und wie viel Liter Wasser sollte die Familie in den Bunker bringen, wenn jede Person die gleiche Menge verbraucht?
a) zehn Konserven und 15 Liter Wasser
b) 15 Konserven und 25 Liter Wasser
c) 20 Konserven und 30 Liter Wasser
d) 30 Konserven und 40 Liter Wasser

6. Aus drei Brunnen können maximal 24 Familien mit Wasser versorgt werden. Wie viele Familien können aus 20 Brunnen mit Wasser versorgt werden?
a) 160 Familien
b) 140 Familien
c) 120 Familien
d) 150 Familien

7. Ein Weizenfeld wird von fünf Mähdreschern in neun Tagen bestellt. Wie lange brauchen 15 Mähdrescher dafür?
a) drei Tage
b) vier Tage
c) fünf Tage
d) sechs Tage

8. Zwei Maurer brauchen 48 Stunden, um eine Mauer hochzuziehen. Wie viele Stunden benötigen sechs Maurer für die gleiche Arbeit?
a) zehn Stunden
b) 16 Stunden
c) 18 Stunden
d) 24 Stunden

9. Mona ist 24 Kilometer gefahren und hat 1,2 Liter Benzin verbraucht. Wie viel Liter verbraucht sie auf 100 Kilometern?
a) zehn Liter
b) fünf Liter
c) acht Liter
d) 2,4 Liter

10. Um ein Waldstück von 80.000 Quadratmetern abzusuchen, benötigen zehn Polizisten 40 Stunden. Wie lange benötigen fünf Polizisten für eine Fläche von 50.000 Quadratmetern?
a) 25 Stunden
b) 50 Stunden
c) 80 Stunden
d) 100 Stunden

11. Für die Strecke von der Polizeiwache zum Einsatzort benötigt der Fahrer 24 Minuten bei der zulässigen Höchstgeschwindigkeit von 80 km/h. Mit Blaulicht kann er etwa 40 km/h schneller fahren. Wie lange benötigt er für die Strecke, wenn er das Blaulicht verwendet?
a) vier Minuten
b) 16 Minuten
c) 20 Minuten
d) 48 Minuten

12. Für die Fertigstellung eines Rohbaus von einem neuen Gebäudeteil benötigen vier Bauarbeiter, die täglich sieben Stunden arbeiten, 20 Tage. Ein Maurer hatte einen Arbeitsunfall. Die übrigen Bauarbeiter können den Verlust etwas kompensieren, indem sie täglich eine Stunde länger arbeiten, also acht Stunden

am Tag. Wie viele Tage dauert es nun, bis der neue Gebäudeteil fertiggestellt wird?

a) ca. 20 Tage
b) ca. 21 Tage
c) ca. 23 Tage
d) ca. 33 Tage

13. Zwei Fliesenleger benötigen für das Fliesen einer 32 Quadratmeter großen Garage vier Stunden. Wie lange brauchen fünf Fliesenleger für 40 Quadratmeter?

a) fünf Stunden
b) vier Stunden
c) drei Stunden
d) zwei Stunden

14. Um eine Mauer von 32 Quadratmeter zu ziehen, brauchen zwei Maurer vier Stunden. Wie lange brauchen drei Maurer für eine 144 Quadratmeter Mauer?

a) zehn Stunden
b) elf Stunden
c) zwölf Stunden
d) 15 Stunden

15. Für eine Strecke benötigt man neun Stunden bei einer Geschwindigkeit von 80 km/h. Wie hoch muss die Geschwindigkeit sein, wenn man diese Strecke in sechs Stunden schaffen möchte?

a) 90 km/h
b) 100 km/h
c) 110 km/h
d) 120 km/h

16. Ein leitender Angestellter möchte vom Unternehmen ein Geschäftsauto gestellt bekommen. Er muss allerdings ein Prozent des Kaufwertes monatlich versteuern. Wie viel Euro muss er im Jahr zusätzlich versteuern, wenn das Geschäftsauto 32.000 Euro kostet?

a) 8.340 Euro
b) 3.840 Euro
c) 320 Euro
d) 3.200 Euro

17. Ein Polizeiauto verbraucht auf 100 Kilometer etwa neun Liter Benzin. Wie viel Benzin benötigt dieses Auto für 350 Kilometer?
a) 31,5 Liter Benzin
b) 32 Liter Benzin
c) 32,5 Liter Benzin
d) 33,5 Liter Benzin

18. Für eine kleine Feier zum Einstand plant Lara, für sich und ihre elf Kollegen 60 Euro für Getränke ein. Kurzfristig melden sich vier Personen ab. Für das übrige Geld möchte sie nun noch einen edlen Tropfen kaufen. Wie viel Geld kann sie dafür ausgeben?
a) 15 Euro
b) 20 Euro
c) 25 Euro
d) 30 Euro

19. In fünf Tagen schaffen es zwei Paketdienste 800 Päckchen auszuliefern. Wie viele Päckchen können maximal ausgeliefert werden, wenn drei Paketdienste nur zwei Tage Zeit haben?
a) 480 Päckchen
b) 1.200 Päckchen
c) 240 Päckchen
d) 320 Päckchen

20. Von einem Containerschiff werden in 30 Minuten sieben Container entladen. Wie lange dauert die Entladung von 56 weiteren Containern?
a) vier Stunden
b) fünf Stunden
c) sechs Stunden
d) sieben Stunden

21. Vier Arbeiter benötigen zwölf Arbeitsstunden, um ein Waldstück vollständig zu roden. Welche Zeit benötigen zehn Arbeiter für dieselben Rodungsarbeiten?
a) vier Stunden 48 Minuten
b) vier Stunden acht Minuten
c) vier Stunden 36 Minuten
d) vier Stunden 54 Minuten

22. Ein Student gibt an 14 Tagen im Monat jeweils fünf Euro in der Mensa aus. Für wie viele Tage würde das gleiche Geld reichen, wenn er jeweils nur 3,50 Euro ausgeben würde?
a) 20 Tage
b) 25 Tage
c) 17 Tage
d) 19 Tage

Lösungen: Dreisatz

1. b)	9. b)	17. a)
2. c)	10. b)	18. b)
3. d)	11. b)	19. a)
4. d)	12. c)	20. a)
5. d)	13. d)	21. a)
6. a)	14. c)	22. a)
7. a)	15. d)	
8. b)	16. b)	

Zu 1.: b) Da die Prämie anhand der geleisteten Dienstjahre aufgeteilt wird, muss als Erstes ermittelt werden, wie viel Prozent Karim Schuster von dem Geld erhält. Dazu erfolgt die Rechnung: p = 15 ÷ 60 × 100 % = 25 % (siehe hierzu Kapitel Prozentrechnung). Um nun Karim Schusters Summe zu errechnen, multipliziert man die 1.200 Euro mit 0,25 (1 = 100 %, 0,25 = 25 %) und erhält einen Betrag von 300 Euro. Daher kann er den Urlaub nicht vollständig mit seiner Prämie bezahlen.

Zu 2.: c) Zuerst wird berechnet, wie viele Federn ein Arbeiter pro Tag herstellen kann: 390.000 Federn ÷ 7 Tage = 55.714 Federn/Tag. Auf einen Mitarbeiter kommen somit 55.714 Federn ÷ 12 Arbeiter = 4.643 Federn. Wenn nun 2.340.000 Federn in 16 Tagen produziert werden sollen, müssen 2.340.000 Federn ÷ 16 Tage = 146.250 Federn/Tag hergestellt werden. Durch den ersten Schritt liegt die Erkenntnis vor, dass ein Mitarbeiter 4.643 Federn/Tag schafft. Somit werden 146.250 Federn ÷ 4.643 Federn = 31,5 (Mitarbeiter) benötigt.

Zu 3.: d) Wenn zwei Pumpen 13.000 Liter befördern, trägt jede der beiden mit 6.500 Liter bei. Da sie den Pool in 6,5 Stunden befüllen, werden 1.000 Liter pro Stunde gepumpt (6.500 Liter/6,5h = 1.000 Liter/h). Für einen Pool mit 21.000 Liter Fassvermögen und drei Pumpen wird die gleiche Rechnung angewendet. Jede Pumpe trägt mit 7.000 Liter Gesamtvolumen bei. Bei 1.000 Liter pro Stunde brauchen die drei Pumpen also sieben Stunden, um den Pool zu füllen.

Zu 4.: d) Der klassische Dreisatz lässt sich auch grafisch lösen:
450 g → 13,50 Euro
1.000 g → x
x = 1.000 ÷ 450 × 13,50 Euro = 30 Euro

Zu 5.: d) Wenn zwei Personen zwölf Liter Wasser und neun Konserven in drei Tagen verbrauchen, so verbrauchen sie zu zweit pro Tag 12 Liter ÷ 3 = 4 Liter Wasser und 9 Konserven ÷ 3 = 3 Konserven pro Tag. Um nun den Fünf-Tages-Vorrat für vier Personen zu bestimmen, werden die Pro-Tag-Mengen mal zwei multipliziert und anschließend mal fünf: 4 Liter × 2 (Zwei Menschen werden zu einer „Einheit" zusammengefasst.) × 5 Tage = 40 Liter und 3 Konserven × 2 × 5 = 30 Konserven

Zu 6.: a) Wenn drei Brunnen 24 Familien versorgen, versorgt ein Brunnen allein maximal acht Familien. Somit können von 20 Brunnen acht Familien × 20 = 160 Familien leben.

Zu 7.: a) Fünf Mähdrescher benötigen neun Tage für ein Feld. Wird nun aber die dreifache Menge an Mähdreschern eingesetzt, so brauchen sie nur ein Drittel der Zeit, ergo drei Tage.

Zu 8.: b) Zwei Maurer arbeiten 48 Stunden für eine Mauer, somit beträgt die Arbeitszeit für einen Maurer, um eine Mauer hochzuziehen, 96 Stunden.

Arbeiten nun sechs Maurer gleichzeitig, minimiert sich die Arbeitszeit auf 96 Stunden ÷ 6 Arbeiter = 16 Stunden.

Zu 9.: b) Siehe Lösung Aufgabe 4: x = 100 ÷ 24 × 1,2 l = 5 Liter

Zu 10.: b) Ein Polizist sucht pro Stunde 200 Quadratmeter ab (80.000 ÷ 10 ÷ 40 = 200). Für eine Fläche von 50.000 Quadratmetern benötigen somit fünf Polizisten 50 Stunden Zeit. (50.000 ÷ 200 ÷ 5 = 50 Stunden).

Zu 11.: b) Mit Blaulicht fährt der Fahrer 120 km/h. Ohne Blaulicht bewegt sich der Fahrer nur mit zwei Drittel der Geschwindigkeit fort. Braucht er also mit 80 km/h 24 Minuten, so legt er die Strecke mit höherem Tempo in einer Zeit von ⅔ × 24 Minuten = 16 Minuten zurück (Er spart sich somit ein Drittel der Zeit, da er um ein Drittel schneller fährt mit Blaulicht.).

Zu 12.: c) Insgesamt arbeiten vier Bauarbeiter 560 Stunden, um den Rohbau fertigzustellen: 4 Arbeiter × 7 Stunden = 28 Stunden Gesamtarbeitszeit pro Tag, 28 Stunden × 20 Tage = 560 Stunden. Drei Arbeiter, die jeden Tag acht Stunden arbeiten, weisen eine Gesamtarbeitszeit von 24 Stunden pro Tag auf. Somit folgt: 560 Stunden ÷ 24 Stunden (je Tag) = 23,33 Tage

Zu 13.: d) Zwei Fliesenleger brauchen vier Stunden für 32 Quadratmeter. Ein Fliesenleger bearbeitet somit in vier Stunden 16 Quadratmeter. In einer Stunde daher 16 Quadratmeter ÷ 4 Stunden = 4 Quadratmeter. Arbeiten fünf Fliesenleger gleichzeitig, schaffen sie in einer Stunde 20 Quadratmeter. Da die doppelte Fläche zu fliesen ist, benötigen sie zwei Stunden.

Zu 14.: c) Siehe Lösung Aufgabe 13: In einer Stunde schafft ein Maurer vier Quadratmeter, daher ziehen drei Maurer zwölf Quadratmeter Mauer in einer Stunde hoch.

Da die zu bauende Mauer 144 Quadratmeter Fläche besitzt, benötigen drei Maurer zwölf Stunden: 144 Quadratmeter ÷ 12 Quadratmeter pro Stunde = 12 Stunden

Zu 15.: d) Mit Hilfe der Formel $s = v \times t$, wobei s für die zurückgelegte Strecke, t für die Zeit und v für die Geschwindigkeit steht, ermittelt man zuerst die Gesamtstrecke: s = 80 km/h × 9 h = 720 km. Wird die Zeitspanne verringert, so muss die Geschwindigkeit zunehmen: v = s ÷ t = 720 km ÷ 6 h = 120 km/h

Zu 16.: b) Die monatliche Steuer des Angestellten beträgt 32.000 Euro × 0,01 = 320 Euro. Somit muss er jährlich 320 Euro × 12 = 3.840 Euro Abgaben zahlen.

Zu 17.: a) Für 100 km verbraucht das Auto neun Liter Benzin. Fährt er jetzt 3,5-mal so viel, steigt auch sein Verbrauch um das 3,5-fache: 9 Liter Benzin × 3,5 = 31,5 Liter Benzin.

Zu 18.: b) Die eingeplanten 60 Euro verteilen sich gleichmäßig auf zwölf Gäste: 60 Euro ÷ 12 Gäste = 5 Euro pro Gast. Sagen nun vier Gäste ab, stehen Lara 20 Euro zum Kauf eines edlen Tropfens zur Verfügung: 5 Euro × 4 = 20 Euro

Zu 19.: a) Zwei Paketdienste liefern in fünf Tagen 800 Päckchen aus. Daher liefert ein Paketdienst 400 Päckchen in fünf Tagen und 80 Pakete an einem Tag aus: 800 Päckchen ÷ 2 = 400 Päckchen, 400 Päckchen ÷ 5 Tage = 80 Pakete pro Tag. Stellen drei Lieferanten gleichzeitig 80 Pakete am Tag zu, schaffen sie in Summe 240 pro Tag. Da sie zwei Tage Zeit haben, verdoppelt sich der Wert: 240 Pakete pro Tag × 2= 480 Pakete pro Tag

Zu 20.: a) In 30 Minuten können sieben Container entladen werden. Insgesamt fehlen noch 56 = 7 × 8 Container. Wie zu erkennen ist, ist die Zahl 56 das Achtfache von sieben, daher dauert die Entladung noch 8 × 0,5 Stunden = 4 Stunden.

Zu 21.: a) Die Gesamtarbeitszeit der vier Arbeiter beträgt 4 × 12 Stunden = 48 Stunden. Verteilen sich diese Stunden auf zehn Arbeiter, so benötigen sie 4,8 Stunden bei gleichzeitigem Roden. Zu beachten ist, dass eine Umrechnung in Minuten erfolgen muss: 60 Minuten × 0,8 (da 80 % der Stunde benötigt wird) = 48 Minuten

Zu 22.: a) Der Student verbraucht insgesamt 14 Tage × 5 Euro = 70 Euro in der Mensa. Reduziert er seinen täglichen Verzehr auf 3,50 Euro, so kann er an 70 ÷ 3,50 Euro pro Tag = 20 Tagen davon essen.

Sprachanalogien

Sogenannte Sprachanalogien werden in zahlreichen Aufnahmetests verwendet. Die Aufgabe dabei ist, die Wortgleichung sinnvoll zu ergänzen. Das erste und zweite Wort in der Gleichung stehen in einer Beziehung zueinander. Ziel ist es, zwischen dem dritten und dem Lösungswort eine ähnliche Beziehung herzustellen. Richtig ist immer nur eine Lösung. Zeit: **10 Minuten**

1. Linde / Eiche = Dackel / ?
a) Boxer
b) Hund
c) Vierbeiner
d) Schnauze

2. Bleistift / spitzen = Messer / ?
a) schneiden
b) stechen
c) schleifen
d) scharf

3. Bluse / T-Shirt = kurze Hose / ?
a) Rock
b) Unterhose
c) BH
d) Unterwäsche

4. Herbst / Apfel = Obst / ?
a) Sommer
b) Monat
c) Jahreszeit
d) Gemüse

5. Mensch / Nahrung = Auto / ?
a) Getriebe
b) Benzin
c) Reifen
d) Vordersitz
e) Windschutzscheibe

6. Obst / Banane = Gemüse / ?
a) Gurke
b) Kiwi
c) Apfel
d) Orange
e) Grapefruit

7. Küken / Vögel = Baby / ?
a) Rentner
b) Erwachsener
c) Jugendlicher
d) Homo Sapiens
e) Kleinkind

8. Skateboard / fahren = Pferd / ?
a) dressieren
b) reiten
c) füttern
d) schlachten
e) streicheln

9. hoch / tief = schnell / ?
a) lang
b) unendlich
c) breit
d) weit
e) langsam

10. Papier / Stift = Wand / ?
a) Schere
b) Kleber
c) Perforator
d) Wandfarbe
e) Tapete

11. Tee / Wasser = Kaffee / ?
a) Bohnen
b) Tasse
c) Wasser

d) Kanne
e) Schwarz

12. wenig / viel = null / ?
a) unendlich
b) nichts
c) mehr
d) ein bisschen
e) 1.000

13. Flugzeug / Himmel = Deutschland / ?
a) Universum
b) Berge
c) Land
d) Amerika
e) Europa

14. lachen / Freude = weinen / ?
a) Spaß
b) lustig
c) Trauer
d) Ekel
e) Tränen

15. Sommer / Sonne = Winter / ?
a) Blumen
b) kalt
c) langweilig
d) Schnee
e) Frühling

16. Morgen / Kind = Abend / ?
a) Mensch
b) Erwachsener
c) Frau
d) Junge
e) Affe

17. Herz / Mensch = Adler / ?
a) Krieg
b) Himmel
c) Sand
d) Frieden
e) Hass

18. Tier / Fell = Baum / ?
a) Wurzel
b) Rinde
c) Ast
d) Blätter
e) Stamm

19. Kilogramm / Gewicht = Minute / ?
a) Armbanduhr
b) Stunde
c) Tag
d) Zeit
e) Jahr

20. Meter / Länge = Unze / ?
a) Gold
b) Römer
c) Entfernung
d) Zeit
e) Masse

21. Hamburger / USA = Fish and Chips / ?
a) Deutschland
b) Großbritannien
c) Polen
d) Russland
e) Frankreich

22. vorwärts / rückwärts = rechts / ?
a) oben
b) unten
c) links
d) vorne
e) hinten

Lösungen: Sprachanalogien

1. a)	9. e)	17. b)
2. c)	10. d)	18. b)
3. a)	11. c)	19. d)
4. c)	12. a)	20. e)
5. b)	13. e)	21. b)
6. a)	14. c)	22. c)
7. e)	15. d)	
8. b)	16. b)	

Zu 1.: a) In diesem Fall passt nur Lösung a), da es sich hierbei um eine Hunderasse handelt. Linde und Eiche sind zwei verschiedene Baumarten, Dackel und Boxer zwei Hunderassen.

Zu 2.: c) Einen Bleistift spitzt man, ein Messer schleift man. Beides sind Methoden, um den jeweiligen Gegenstand in den Optimal-Zustand zu versetzen.

Zu 3.: a) Bluse ist die elegante, T-Shirt die legere Variante eines Oberteils. Gleicher Zusammenhang gilt für Rock und kurzer Hose.

Zu 4.: c) Es werden die Oberbegriffe gesucht: Apfel → Obst, Herbst → Jahreszeit.

Zu 5.: b) Ein Mensch benötigt Nahrung zum Überleben, ein Auto funktioniert nur mit ausreichend Benzin.

Zu 6.: a) Die Banane gehört eindeutig in die Kategorie Obst. In den Antwortmöglichkeiten steht nur eine Gemüsesorte, daher muss Gurke die richtige Lösung sein.

Zu 7.: e) Küken entwickeln sich ohne Zwischenschritt zu Vögeln. Da der Mensch mehrere Stadien durchläuft, aber nur nach dem Folgeprozess gefragt wurde, ist Antwort e) Kleinkind richtig.

Zu 8.: b) Der Zusammenhang besteht in der richtigen Fortbewegungsmöglichkeit. Ein Skateboard fährt man, ein Pferd wird geritten.

Zu 9.: e) In dieser Aufgabe werden Gegensätze abgefragt: hoch / tief und schnell / langsam.

Zu 10.: d) Mit einem Stift wird ein Papier beschrieben, analog dazu mit Wandfarbe die Wand gestrichen.

Zu 11.: c) Das Entscheidende ist nicht die Herstellung des Grundprodukts (Teeblätter, Kaffeebohnen), sondern die Zutat, die zur Fertigstellung des Getränks verwendet wird – in beiden Fällen ist dies Wasser.

Zu 12.: a) siehe Lösung Aufgabe 9

Zu 13.: e) Das Flugzeug fliegt im Himmel, Deutschland liegt auf dem Kontinent Europa. Die geografische Lage ist entscheidend.

Zu 14.: c) Freude wird oft empfunden, wenn man lacht. Trauer hingegen, wenn man weint.

Zu 15.: d) Das charakteristische Merkmal für den Sommer ist die Sonne. Für den Winter ist Schnee typisch.

Zu 16.: b) Wird das Leben als Tag betrachtet, ist der Mensch am Morgen ein Kind und am Abend ein Erwachsener.

Zu 17.: b) Das Herz befindet sich im Brustkorb des Menschen, der Adler verbringt die meiste Zeit im Himmel. Der richtige Lebensraum ist gefragt.

Zu 18.: b) Der Körper eines Tieres ist von einem Fell ummantelt, genauso wie ein Baum von Rinde ummantelt ist.

Zu 19.: d) Kilogramm ist eine Maßeinheit für das Gewicht. Die Zeit wird unter anderem in Minuten gemessen.

Zu 20.: e) Meter ist ein Längenmaß, genauso wie eine Unze eine Gewichtseinheit ist.

Zu 21.: b) Ein typisches Gericht in den USA sind Hamburger. Großbritannien ist bekannt für Fish and Chips.

Zu 22.: c) In dieser Aufgabe werden Gegensätze abgefragt: vorwärts / rückwärts und rechts / links.

Textaufgaben

Textaufgaben sind im Einstellungstest eine wirkungsvolle Methode, um unsere Abstraktionsfähigkeit und gleichzeitig die rechnerische Fähigkeit auf die Probe zu stellen.

Zeit: **20 Minuten**

1. Jemand sagt: „In zwei Jahren bin ich doppelt so alt wie ich vor vier Jahren war." Wie alt ist die Person?
a) zehn
b) zwölf
c) acht
d) 13

2. Wer ist am schnellsten? Liam ist langsamer als Anna. Anna ist schneller als Emilia. Liam ist langsamer als Kevin. Kevin ist schneller als Anna.
a) Liam
b) Anna
c) Emilia
d) Kevin

3. Arthur ist leichter als Benjamin, aber schwerer als Johanna. Johanna ist schwerer als Peter. Wer ist der Schwerste?
a) Arthur
b) Benjamin
c) Johanna
d) Peter

4. Zwei Länder haben insgesamt zehn Einwohner. Niemand, der mehr als 85 Kilogramm wiegt, kann Präsident eines Landes werden. Die Einwohner der Länder sind jeweils 88 kg, 86 kg, 84 kg, 75 kg, 95 kg, 105 kg, 78 kg, 85 kg, 86 kg und 87 kg schwer. Wie viele Präsidenten gibt es?
a) fünf
b) sechs
c) drei
d) zwei

5. Du meldest dich zu einem Wettlauf an. Beim Endspurt überholst du den fünften Läufer, wirst dann aber von zwei anderen Läufern überholt. Mit welcher Platzierung läufst du ins Ziel ein?
a) vierter
b) fünfter
c) sechster
d) siebter

6. Wenn sechs Äpfel ein Kilogramm wiegen, wie viele Äpfel wiegen dann 2,5 Kilogramm?
a) zwölf
b) 16
c) 15
d) 13

7. Wer ist am stärksten? Andreas ist schwächer als Linus. Henry ist stärker als Patrick. Patrick ist stärker als Linus.
a) Andreas
b) Henry
c) Patrick
d) Linus

8. Wer ist am sorgfältigsten? Michael ist sorgfältiger als Ben. Annika ist sorgfältiger als Sarah. Annika ist lässiger als Ben. Sarah ist lässiger als Ben.
a) Michael
b) Ben
c) Sarah
d) Annika

9. Morgen ist Montag. Welcher Tag war einen Tag vor gestern?
a) Samstag
b) Freitag
c) Donnerstag
d) Sonntag

10. Jeder Cousin hat gleich viele Cousinen wie Cousins. Jede Cousine hat doppelt so viele Cousins wie Cousinen. Wie viele Cousinen gibt es in der Familie?
a) vier
b) drei
c) acht
d) eine

11. Eine Biene hat sechs Beine, eine Spinne sogar acht. Zusammen haben zwei Bienen und drei Spinnen genauso viele Beine wie zwölf Enten und ...
a) zwei Hunde.
b) drei Hunde.
c) sieben Hunde.
d) zwölf Hunde.

12. Wie oft kann man maximal 1,50 Euro ausgeben, wenn man 17,99 Euro hat?
a) 10,5-mal
b) 11-mal
c) 12-mal
d) 13-mal

13. Hans geht in den Supermarkt und möchte 20 Tafeln Schokolade kaufen. Eine Tafel kostet 0,89 Euro. Es gibt aber noch zwei Angebote: Angebot A – fünf Tafeln für 4,20 Euro oder das Angebot B – zehn Tafeln für 8,50 Euro. Sollte Hans ein Angebot nutzen und wenn ja, welches?
a) Hans sollte die Tafeln einzeln kaufen.
b) Hans sollte das Angebot A nutzen.
c) Hans sollte das Angebot B nutzen.
d) Die Angebote A und B sind gleichwertig.

14. Zwei Hasen benötigen acht Tage, um das Gras eines Rasens komplett aufzufuttern. Wie viele Tage benötigen zehn Hasen?
a) 1,8 Tage
b) zwei Tage
c) 1,4 Tage
d) 1,6 Tage

15. Die Klasse hat 32 Schüler. Heute sind vier Schüler abwesend. Wie viel Prozent der Schüler sind heute anwesend?
a) 96 %
b) 80 %
c) 12,5 %
d) 87,5 %

Lösungen: Textaufgaben

1. a)	6. c)	11. b)
2. d)	7. b)	12. b)
3. b)	8. a)	13. b)
4. d)	9. b)	14. d)
5. d)	10. b)	15. d)

Zu 1.: a) Stellt man eine Gleichung auf, lässt sich das Alter leicht berechnen. Dazu wird das Alter als Variable x definiert: $x + 2 = (x - 4) \times 2$
Löst man diese Gleichung nach x auf, erhält man: $2 = x - 8 \mid +8$; $x = 10$. Daher ist das aktuelle Alter x = zehn Jahre.

Zu 2.: d) Da Kevin schneller ist als Anna und Liam, aber Emilia langsamer ist als Anna, kann nur Kevin der Schnellste sein.

Zu 3.: b) Chronologisch ist Benjamin der Schwerste, gefolgt von Arthur, dann Johanna und Paul ist der Leichteste.

Zu 4.: d) Insgesamt gibt es vier Kandidaten, da jedes Land aber nur einen Präsidenten wählt, ist Antwort d) richtig.

Zu 5.: d) Wenn ich den Fünften überhole, nehme ich den Platz als Fünftplatzierter ein. Werde ich nun zweimal überholt, rutsche ich auf den siebten Platz zurück.

Zu 6.: c) Sechs Äpfel wiegen ein Kilo, das 2,5-fache, also 2,5 kg, ergeben sich durch die 2,5-fache Anzahl an Äpfel: $6 \times 2{,}5 = 15$ Äpfel

Zu 7.: b) Henry ist der Stärkste, gefolgt von Patrick, danach Linus und Andreas ist der Schwächste.

Zu 8.: a) Da Ben sorgfältiger ist als Sarah und Annika, aber lässiger ist als Michael, ist Michael der Sorgfältigste von allen vier.

Zu 9.: b) Wenn morgen Montag ist, haben wir heute Sonntag. Gestern war Samstag und der Tag davor war Freitag.

Zu 10.: b) Zur Lösung der Aufgabe stellen wir ein Gleichungssystem mit x = Anzahl Cousins und y = Anzahl Cousinen auf:
(I) $(|x| - 1) = |y|$
(II) $(|y| - 1) = 2\ |x|$
Gleichung (I) ist aus Sicht eines Cousins, daher steht auf der linken Seite (x – 1), analog dazu Gleichung (II) aus Sicht einer Cousine. Die Variablen x und y sind in Betragsstrichen, da uns die reine Anzahl und nicht das Vorzeichen interessiert.
Auflösen von (I) nach x ergibt:
(I)× $|x| = |y| + 1$
Einsetzen von (I)× in (II):
(II)× $(|y| - 1) = 2 \times (|y| + 1)$
$|y| - 1 = 2|y| + 2$
$|y| = -3$
$y = |-3| = 3$
Insgesamt sind drei Cousinen in der Familie.

Zu 11.: b) Zusammen haben zwei Bienen und drei Spinnen 36 Beine: 6 Beine × 2 Bienen + 8 Beine × 3 Spinnen = 36 Beine. Zwölf Enten besitzen insgesamt 24 Beine, da 12 Enten × 2 Beine = 24 Beine sind. Somit fehlen noch insgesamt zwölf Hundebeine. Ein Hund hat vier Beine, damit ist Antwort b) richtig.

Zu 12.: b) Elfmal ist die richtige Antwort, da 17,99 Euro ÷ 1,50 Euro = 11,99 ergibt. In diesem Fall muss abgerundet werden.

Zu 13.: b) Vergleicht man die Angebote, zahlt man für den Einzelkauf 20 Tafeln × 0,89 Euro = 17,80 Euro. Nutzt man Angebot A, ergibt sich eine Summe von 16,80 Euro (4 × 4,20 Euro). Angebot B liegt im Mittelfeld mit 20 Tafeln für 17,00 Euro. Antwort b) ist somit korrekt.

Zu 14.: d) Zwei Hasen brauchen acht Tage, damit braucht ein Hase doppelt so lange (16 Tage), um den Rasen aufzufuttern. Teilen sich zehn Hasen die Arbeit, brauchen sie nur ein Zehntel der Zeit: 16 Tage ÷ 10 Hasen = 1,6 Tage.

Zu 15.: d) 28 Schüler sind noch anwesend, dadurch ergibt sich: $p = 28 \div 32 \times 100\ \% = 87{,}5\ \%$ (siehe Kapitel Prozentrechnung)

Wörter ermitteln

In dieser Aufgabe sind Buchstaben durcheinander gewürfelt. In die richtige Reihenfolge gebracht, ergeben sie ein sinnvolles Wort. Setze aus den Buchstaben das Wort zusammen. Es handelt sich dabei um Substantive in der Einzahl.

Zeit: **1 Minute**

1. **A W E G A**
2. **D E U D N**
3. **P F A L E**
4. **Y A N H D**
5. **A E S N H**
6. **B D A N E**
7. **R F H Ä E**
8. **E B L K A**
9. **A L R E G**
10. **H N F A E**
11. **S D O A L**
12. **C E S E H**
13. **T M R A K**
14. **D A L N E**
15. **F P A M D**
16. **T P K A E**
17. **R T A E V**

Lösungen: Wörter ermitteln

1. WAAGE	7. FÄHRE	13. MARKT
2. DUDEN	8. KABEL	14. NADEL/LADEN
3. APFEL	9. LAGER/REGAL	15. DAMPF
4. HANDY	10. FAHNE/HAFEN	16. PAKET
5. SAHNE	11. SALDO	17. VATER
6. ABEND	12. ECHSE	

Oberbegriffe finden

Wähle aus jeweils sechs Begriffen die zwei aus, zu denen es einen gemeinsamen Oberbegriff gibt. Markiere die Buchstaben mit der korrekten Lösung. Welche beiden Wörter passen zu einem gemeinsamen Oberbegriff? Zeit: **3 Minuten**

1. a) Diabetes
b) Osteomalazie
c) Skorbut
d) Influenza
e) Röteln
f) Akne

2. a) Schiff
b) Meer
c) Fisch
d) Qualle
e) Delfin
f) Wal

3. a) Silo
b) Flugzeug
c) Bank
d) Tresor
e) Stall
f) Weizen

4. a) Golf
b) Turnen
c) Volleyball
d) Schwimmen
e) Kraftsport
f) Radfahren

5. a) Wald
b) Tanne
c) Laub
d) Knolle
e) Eiche
f) Sonnenblume

6. a) Tür
b) Keller
c) Sofa
d) Schrank
e) Haus
f) Dachziegel

7. a) Laufstrecke
b) Kilometer
c) Ende
d) Anfang
e) Läufer
f) Zeit

8. a) DVD-Player
b) Fernseher
c) Videospiel
d) CD
e) Magazin
f) Buchhandlung

9. a) Helm
b) Motorrad
c) Pilot
d) Tragflächen
e) Flugzeug
f) Flughafen

10. a) Wrack
b) Torso
c) Fortbewegungsmittel
d) Salz
e) Holz
f) Pinsel

Lösungen: Oberbegriffe finden

1. b) und c)	5. b) und e)	9. b) und e)
2. e) und f)	6. c) und d)	10. a) und b)
3. a) und d)	7. c) und d)	
4. a) und c)	8. a) und b)	

Zu 1.: Vitamin-Mangel (Vit. D bzw. Vit. C)

Zu 2.: Säugetiere

Zu 3.: Speicher

Zu 4.: Ballsportarten

Zu 5.: Baumart

Zu 6.: Möbel

Zu 8.: Abspielgeräte

Zu 9.: Fortbewegungsmittel

Tatsache oder Meinung

Bei dieser Aufgabe musst du prüfen, ob es sich bei den Aussagen um eine Tatsache oder eine Meinung handelt.

Zeit: **5 Minuten**

1. Fliegen ist gefährlich.

2. Der Weltraum ist mysteriös.

3. Manche Menschen behaupten, die Erde sei eine Scheibe.

4. Manche Politiker lügen.

5. Politiker lügen oft.

6. Rauchen ist ungesund.

7. Rosen riechen gut.

8. Lesen bildet.

9. Reichtum macht das Leben leichter.

10. Menschen sind soziale Lebewesen.

11. Es ist nicht alles Gold was glänzt.

12. Wohnungskatzen zu halten ist Tierquälerei.

13. Rotwein passt am besten zu rotem Fleisch.

14. Filme werden immer aufwendiger produziert.

15. Von Alkohol bekommen einige Menschen Kopfschmerzen.

16. Das Universum ist unendlich.

17. Väter sind reich an Erfahrung.

18. Junge Menschen sind aktiver als alte.

19. Kochen ist eine Kunst.

20. Pflanzen haben ein Bewusstsein, behaupten manche Personen.

Lösungen: Tatsache oder Meinung

1. Meinung	8. Meinung	15. Tatsache
2. Meinung	9. Meinung	16. Meinung
3. Tatsache	10. Tatsache	17. Meinung
4. Tatsache	11. Tatsache	18. Meinung
5. Meinung	12. Meinung	19. Meinung
6. Tatsache	13. Meinung	20. Tatsache
7. Meinung	14. Meinung	

Schlussfolgerungen / Syllogismen I

Im Einstellungstest werden häufig bestimmte Aussagen getroffen oder Regeln und Einzelfälle genannt, die zu bestimmten Ergebnissen führen. Die Testperson muss dann entscheiden, ob die Aussage stimmt oder zu welchem Ergebnis die Regeln und Einzelfälle führen.

Beispiel
Welcher Weg ist der Kürzeste?
Weg A ist länger als Weg B.
Weg B ist kürzer als Weg C.
Weg C ist gleich kurz wie Weg D.
Weg D ist kürzer als Weg A.
Lösung: Weg B ist der Kürzeste.
Erklärung:
A > B
C > B
C = D daraus folgt (C = D) > B und A > B -> Weg B ist der Kürzeste
A > D daraus folgt A > C&D > B -> Weg B ist der Kürzeste

Welche der angebotenen Schlussfolgerungen ist richtig?

Zeit: **10 Minuten**

1. Alle Europäer sind Rechtshänder. Alle Rechtshänder sind Mechaniker.
a) Einige Mechaniker sind Europäer.
b) Alle Mechaniker sind Europäer.
c) Alle Rechtshänder sind Europäer.
d) Nicht alle Europäer sind Mechaniker.

2. Kein Schüler ist Lehrer. Einige Lehrer sind Beamte. Jemand ist entweder Schüler oder Lehrer. Ein Beamter kann, muss aber nicht, Lehrer sein.
a) Alle Schüler sind Beamte.
b) Alle Beamte sind Schüler.
c) Kein Schüler ist Beamter.
d) Einige Beamte könnten Schüler sein.

3. Einige Tiere sind Säugetiere. Alle Säugetiere sind grün.
a) Alle Tiere sind grün.
b) Einige Tiere sind grün.
c) Keines der Tiere ist grün.
d) Einige Tiere sind braun.

4. Alle Smartphones haben eine Kamera. Einige Kameras sind hochauflösend.
a) Alle Smartphones haben eine hochauflösende Kamera.
b) Einige Smartphones haben eine hochauflösende Kamera.
c) Keins der Smartphones hat eine hochauflösende Kamera.
d) Alle Kameras sind hochauflösend.

5. Alle Rennbahnen sind Straßen. Alle Straßen sind Verkehrsflächen.
a) Alle Rennbahnen sind Verkehrsflächen.
b) Keine Rennbahn ist eine Verkehrsfläche.
c) Keine Straße ist eine Verkehrsfläche.
d) Alle Straßen sind Rennbahnen.

6. Alle Scheren sind Pflanzen. Einige Scheren sind groß.
a) Alle Pflanzen sind groß.
b) Einige Pflanzen sind groß.
c) Keine der Pflanzen ist groß.
d) Alle Pflanzen sind klein.

7. Alle Komiker sind Unterhalter. Einige Unterhalter sind Musiker.
a) Alle Musiker sind nicht Komiker.
b) Alle Musiker sind Komiker.
c) Einige Musiker sind Komiker.
d) Kein Musiker ist ein Komiker.

8. Alle Italiener essen Pizza. Alle Italiener sind Europäer.
a) Einige Europäer essen Pizza.
b) Alle Europäer essen Pizza.
c) Alle Europäer sind Italiener.
d) Kein Europäer ist ein Italiener.

9. Alle Piloten sind Abenteurer. Keine Abenteurer sind Bergsteiger.
a) Einige Piloten sind keine Bergsteiger.
b) Alle Piloten sind keine Bergsteiger.
c) Einige Bergsteiger sind Piloten.
d) Alle Bergsteiger sind Piloten.

10. Einige Fluglinien verwenden alte Flugzeuge. Alte Flugzeuge sind sicher.
a) Alle Fluglinien sind sicher.
b) Einige Fluglinien verwenden sichere Flugzeuge.
c) Alle sicheren Flugzeuge sind alt.
d) Keines der sicheren Flugzeuge ist alt.

11. Einige Zahlen sind Primzahlen. Primzahlen sind immer schwarz.
a) Alle schwarzen Zahlen sind Primzahlen.
b) Einige schwarze Zahlen sind Primzahlen.
c) Alle Zahlen sind schwarz.
d) Zahlen sind entweder schwarz oder weiß.

12. Alle Polizisten sind schnell. Einige Menschen sind schnell. Schnelle Polizisten sind Menschen.
a) Alle Polizisten sind Menschen.
b) Alle Menschen sind Polizisten.
c) Alle schnellen Menschen sind Polizisten.
d) Kein Mensch ist ein Polizist.
e) Schnelle Polizisten sind keine Menschen.

13. Ein Pandabär ist ein Säugetier. Einige Säugetiere sind Affen. Ein Säugetier ist entweder ein Affe oder ein Pandabär.
a) Einige Pandabären sind Affen.
b) Alle Pandabären sind Affen.
c) Ein Affe kann ein Säugetier sein.
d) Alle Affen sind Säugetiere.
e) Ein Pandabär kann ein Affe sein.

14. Alle Universitäten haben Gebäude. Einige Gebäude sind einsturzgefährdet.
a) Alle Universitäten sind einsturzgefährdet.
b) Alle einsturzgefährdeten Gebäude sind Universitäten.
c) Einige Universitäten haben einsturzgefährdete Gebäude.
d) Ein einsturzgefährdetes Gebäude kann eine Universität sein.

15. Alle Gebäude sind Objekte. Alle Häuser sind Gebäude.
a) Alle Häuser sind Objekte.
b) Einige Häuser sind keine Objekte.
c) Ein Objekt kann kein Haus sein.
d) Alle Gebäude sind Häuser.

Lösungen: Schlussfolgerungen I

1. a)	6. b)	11. b)
2. d)	7. c)	12. a)
3. b)	8. a)	13. c)
4. b)	9. b)	14. c) und d)
5. a)	10. b)	15. a)

Zu 1.: a) Europäer -> Rechtshänder -> Mechaniker; die Reihe funktioniert nur in eine Richtung, somit ist Schlussfolgerung b) und c) falsch. Da alle Europäer Rechtshänder und alle Rechtshänder Mechaniker sind, stimmt d) ebenfalls nicht. Somit ist a) korrekt.

Zu 2.: d) Da nicht ausgeschlossen wird, dass Schüler auch Beamte sein könnten, ist in diesem Fall Antwort d) richtig.

Zu 3.: b) einige Tiere -> Säugetiere; Säugetiere -> grün. Wenn in der ersten Aussage das letzte und in der zweiten Aussage das erste Wort inhaltlich übereinstimmen, kann der Zwischenschritt weggelassen werden.

Zu 4.: b) Smartphones -> Kamera; einige Kameras -> hochauflösend. Wenn alle Smartphones eine Kamera besitzen, aber nicht alle Kameras hochauflösend sind, gibt es Kameras mit und ohne hochauflösender Grafik. Antwort b) ist korrekt.

Zu 5.: a) Rennbahnen -> Straßen; Straßen -> Verkehrsflächen. Wie in Aufgabe 3 kann der Zwischenschritt entfernt werden, wenn er identisch ist.

Zu 6.: b) Scheren -> Pflanzen; einige Scheren -> groß. Da es mehr Pflanzen gibt als nur Scheren, fällt Antwort a) weg. Antwort c) und d) schließen sich ebenfalls aus, da nicht alle Pflanzen groß sind, aber auch nicht alle klein (siehe Teilschritt 2).

Zu 7.: c) Komiker -> Unterhalter; einige Unterhalter -> Musiker. Nur Antwort c) ist korrekt, da die Reihe auch umgedreht werden kann: einige Musiker, Unterhalter, Komiker.

Zu 8.: a) Italiener -> Pizza; Italiener -> Europäer. Da die Italiener nur ein Teil von Europa sind, essen einige Europäer Pizza. Gleiche Erklärung für Ausschluss b), c) und d).

Zu 9.: b) Piloten -> Abenteurer; Abenteurer -> kein Bergsteiger. Um den Zwischenschritt zu entfernen, wird die Aussage „gedreht".

Zu 10.: b) einige Fluglinien -> alte Flugzeuge; alte Flugzeuge sicher. Der Zwischenschritt kann übersprungen werden.

Zu 11.: b) einige Zahlen -> Primzahlen; Primzahlen -> schwarz. Es ist anzunehmen, dass mehrere Farben und mehr schwarze Zahlenarten existieren, nicht nur die Primzahlen, daher stimmen die Aussagen a), c) und d) nicht.

Zu 12.: a) Da alle Polizisten schnell sind und schnelle Polizisten Menschen sind, sind somit alle Polizisten Menschen.

Zu 13.: c) Es wird nicht ausgeschlossen, dass Affen etwas anderes sein können als Säugetiere, deshalb ist c) richtig.

Zu 14.: d) Einige Gebäude sind einsturzgefährdet. Aufgrund der Tatsache, dass nicht alle Gebäude einsturzgefährdet sind, sind es auch nicht alle Universitäten. Antwort a) ist falsch. Nicht nur in der Universität existieren einsturzgefährdete Gebäude, somit fällt Antwort b) weg.

Da nicht klar definiert ist, ob die Gebäude, die einsturzgefährdet sind, zu einer Universität gehören, ist c) ebenfalls falsch. Nur Antwort d) berücksichtigt alle Aspekte und nennt eine wahre Schlussfolgerung.

Zu 15.: a) Gebäude ist eine Untermenge von Objekt. Haus ist eine Untermenge von Gebäude. Somit sind alle Häuser auch Objekte.

Schlussfolgerungen / Syllogismen II

Bei dieser Aufgabe musst du Schlussfolgerungen überprüfen, die aufgrund bestimmter Behauptungen aufgestellt wurden. Die Aufgabe wird durch absurde Aussagen erschwert, was für Verwirrung sorgen soll. Den realen Bezug zu den einzelnen Aussagen kannst du dabei außer Acht lassen. Konzentriere dich lieber auf die Kernaussagen. Markiere die Antworten jeweils mit „richtig“ oder „falsch“.

Beispiel: Alle Hunde essen Bananen. Bananen können fliegen. Also könne alle Hunde fliegen.

Lösung: Falsch. Nur weil Hunde Bananen essen und Bananen fliegen können, heißt das nicht, dass Hunde auch fliegen können.

Zeit: **10 Minuten**

1. Niemand mit blauer Nase kann Bundeskanzler sein. Alle Menschen haben blaue Nasen. Also kann kein Mensch Bundeskanzler sein.
a) richtig b) falsch

2. Alle Pflanzen haben Fenster. Alle Fenster haben Briefe. Deshalb haben alle Pflanzen Briefe.
a) richtig b) falsch

3. Alle Giraffen sind Kunstsammler. Manche Kunstsammler sitzen in Käfigen. Also sitzen manche Giraffen in Käfigen.
a) richtig b) falsch

4. Alle Radios können lesen. Kühlschränke können schreiben. Also können Radios Kühlschränke schreiben.
a) richtig b) falsch

5. Kühlschränke können schreiben, aber nicht lesen. Radios können lesen, aber nicht schreiben. Töpfe können lesen und schreiben. Also sind Töpfe intelligenter als Radios und Kühlschränke.
a) richtig b) falsch

6. Mützen können alles beißen. Alle Autos sind Mützen und alle Mäuse sind eckig, weil sie Mützen essen. Also können alle Autos beißen.
a) richtig b) falsch

7. Wenn alle Bauern verheiratet und alle Verheirateten Rentner sind, sind also alle Verheirateten Bauern.
a) richtig b) falsch

8. Wenn alle rosa Elefanten zur Schule gehen und lesen können und rote Kugelschreiber nur rosa Elefanten sind, wenn sie singen und zur Arbeit gehen, dann sind also rosa Elefanten rote Kugelschreiber.
a) richtig b) falsch

9. Elefanten tauchen gerne unter. Bäume auch. Also sind Elefanten Bäume.
a) richtig b) falsch

10. Einige Kohlköpfe sind Lokomotiven. Einige Lokomotiven spielen Klavier. Also spielen einige Kohlköpfe Klavier.
a) richtig b) falsch

11. Alle Raupen sind Busfahrer. Alle Busfahrer können fliegen, weil sie Krokodile sind. Krokodile haben zwei Beine. Alle Raupen haben deshalb zwei Beine.
a) richtig b) falsch

12. Einige Raupen sind Häuser und alle Häuser lieben Käse. Also lieben alle Raupen Käse.
a) richtig b) falsch

13. Kühe können fliegen, weil sie Flügel haben. Vögel haben keine Flügel. Also können Vögel nicht fliegen.
a) richtig b) falsch

14. Alle Bleistifte sind Würmer. Würmer können fliegen. Also können alle Bleistifte fliegen.
a) richtig b) falsch

15. Einige Hunde sind alt. Die meisten alten Hunde haben keine Zähne. Daraus folgt alte Hunde sind Hunde mit und ohne Zähne.
a) richtig b) falsch

Lösungen: Schlussfolgerungen / Syllogismen II

Zu 1.: a) Richtig. Wenn alle Menschen blaue Nasen haben, kann auch keiner Bundeskanzler werden.

Zu 2.: a) Richtig. Wenn alle Pflanzen Fenster und alle Fenster Briefe haben, muss jede Pflanze auch Briefe haben.

Zu 3.: b) Falsch. Auch wenn einige Giraffen Kunstsammler sind, heißt das nicht gleichzeitig, dass Kunstsammler auch Giraffen sind. Also sitzen nur manche Kunstsammler in Käfigen.

Zu 4.: b) Falsch. Es gibt keinen Zusammenhang. Es wird weder gesagt, dass Radios schreiben können noch, dass sie Kühlschränke schreiben können.

Zu 5.: b) Falsch. Nur weil Töpfe lesen und schreiben können sagt das nichts über ihre Intelligenz aus.

Zu 6.: a) Richtig. Weil alle Autos Mützen sind, haben Autos die gleichen Eigenschaften wie Mützen. Also können Autos alles beißen.

Zu 7.: b) Falsch. Nur weil es heißt, dass alle Bauern verheiratet sind, heißt das noch lange nicht, dass alle Verheirateten Bauern sind.

Zu 8.: b) Falsch. Rosa Elefanten gehen zur Schule und rote Kugelschreiber sind nur rosa Elefanten, wenn sie singen und zur Arbeit gehen. Somit sind nicht alle Elefanten rote Kugelschreiber.

Zu 9.: b) Falsch. Nur weil Elefanten gerne tauchen, sind sie keine Bäume.

Zu 10.: b) Falsch. Auch wenn einige Kohlköpfe Lokomotiven sind, heißt das nicht gleichzeitig, dass Lokomotiven auch Kohlköpfe sind. Also spielen nur einige Lokomotiven Klavier.

Zu 11.: a) Richtig. Weil alle Raupen Busfahrer sind und Busfahrer fliegen können, weil sie Krokodile sind, müssen alle Raupen zwei Beine haben.

Zu 12.: b) Falsch. Es sind nicht alle Raupen Häuser, also lieben auch nicht alle Raupen Käse.

Zu 13.: a) Richtig. Die Kühe können fliegen, weil sie Flügel haben. Da Vögel keine Flügel haben, können sie nicht fliegen.

Zu 14.: a) Richtig. Wenn alle Bleistifte Würmer sind und Würmer fliegen können, dann können auch alle Bleistifte fliegen.

Zu 15.: a) Richtig. Die meisten Hunde haben keine Zähne, das heißt aber nicht, dass alle alten Hunde keine Zähen haben.

Flussdiagramme

Mit dieser Aufgabe wird geprüft, wie du verschiedene Prozesse mit Hilfe eines Flussdiagramms nachvollziehen kannst. Mit einem Flussdiagramm, auch Programmablaufplan genannt, lässt sich der Verlauf eines Prozesses inklusive möglicher Variationen logisch darstellen. Es eignet sich insbesondere, um Handlungs- oder Ablaufprozesse zu planen oder zu erklären. So können Problemlösungen organisiert und Abläufe visualisiert werden. Der funktionale Zusammenhang beziehungsweise der zeitliche Ablauf von Prozessen wird dargestellt.

Beispiel:
Durch welche Antwort wird die Zahl 1 in nebenstehendem Flussdiagramm ersetzt?
a) Freizeichen ertönt
b) Teilnehmer geht ran
c) Besetztzeichen ertönt
d) in den Hörer sprechen

Lösung: b) Teilnehmer geht ran

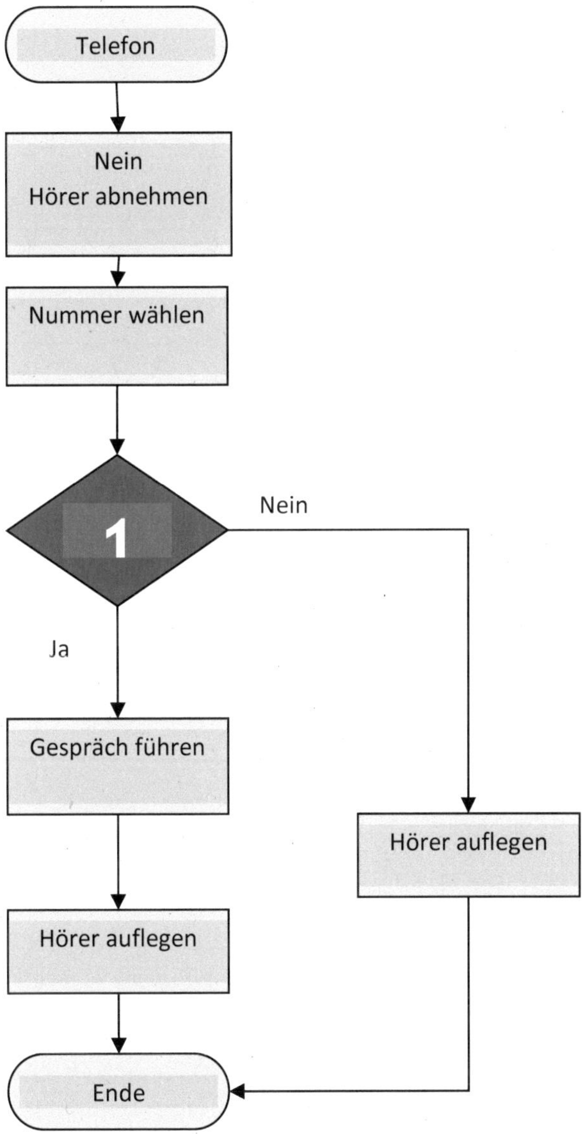
Telefon
Nein
Hörer abnehmen
Nummer wählen
1
Nein
Ja
Gespräch führen
Hörer auflegen
Hörer auflegen
Ende

Hinweis:
Ein Flussdiagramm besteht aus den folgenden Symbolen, die mit Pfeilen verbunden sind:

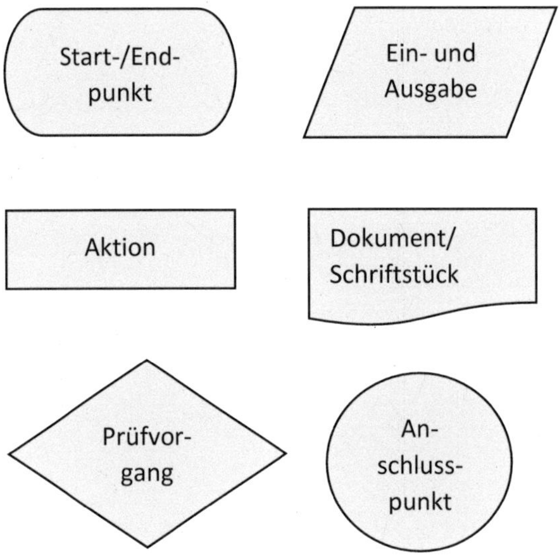

1. Bei dem Flussdiagramm auf der folgenden Seite handelt es sich um die schematische Darstellung eines Druckers. Ordne die Schritte des Flussdiagramms den entsprechenden Buchstaben zu.
   - einen Kollegen rufen
   - Techniker kann Problem beheben
   - Kollege kann Problem beheben

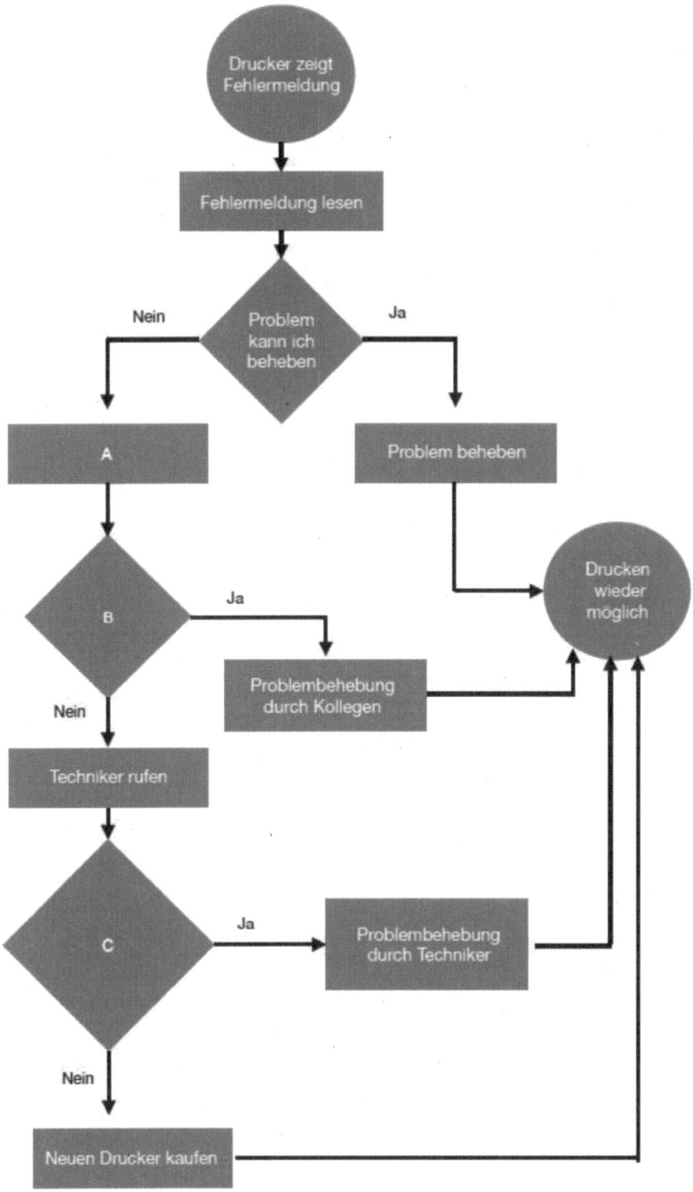

Drucker zeigt Fehlermeldung
Fehlermeldung lesen
Problem kann ich beheben
Nein
Ja
A
Problem beheben
B
Ja
Drucken wieder möglich
Problembehebung durch Kollegen
Nein
Techniker rufen
C
Ja
Problembehebung durch Techniker
Nein
Neuen Drucker kaufen

2. Beim folgenden Flussdiagramm handelt es sich um die schematische Darstellung einer Materialbestellung in einer Firma. Ordne die Schritte des Flussdiagramms den entsprechenden Buchstaben zu.

- Anfrage beim Lieferanten
- Letzte Lieferanten kontaktieren
- an Produktion melden
- Bestellung aufgeben

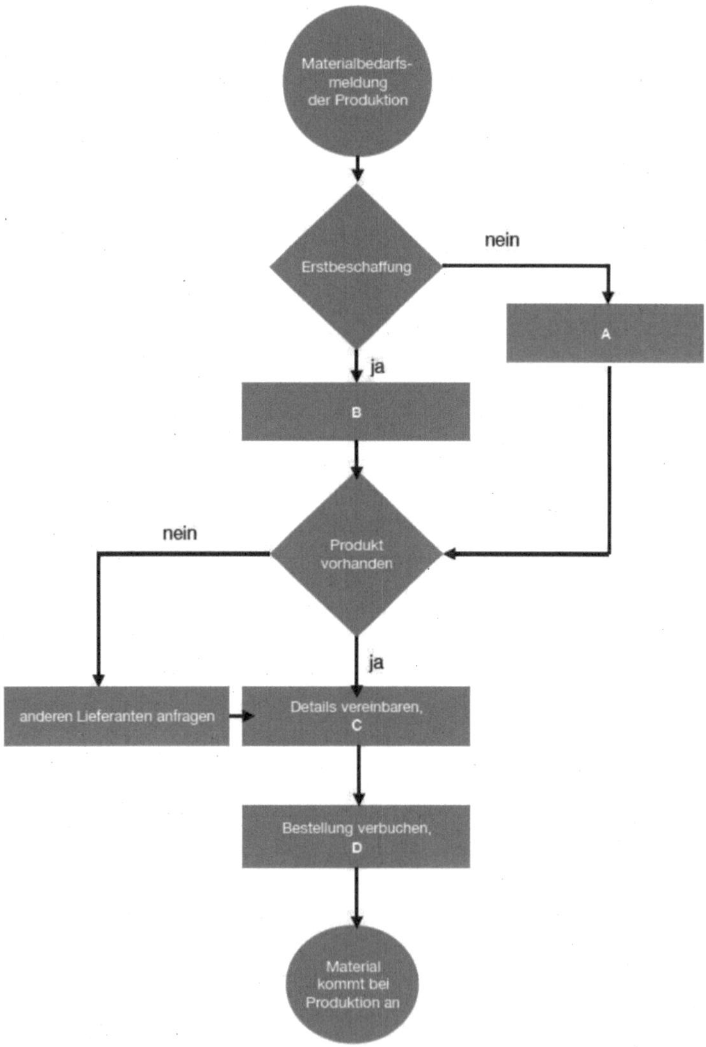

3. Beim folgenden Flussdiagramm handelt es sich um die schematische Darstellung eines Internetproblems. Ordne die Schritte des Flussdiagramms den entsprechenden Buchstaben zu.

- nein
- ja
- Problem kann ich selbst beheben
- Internet funktioniert nicht
- Experte behebt das Problem
- Problem verstanden

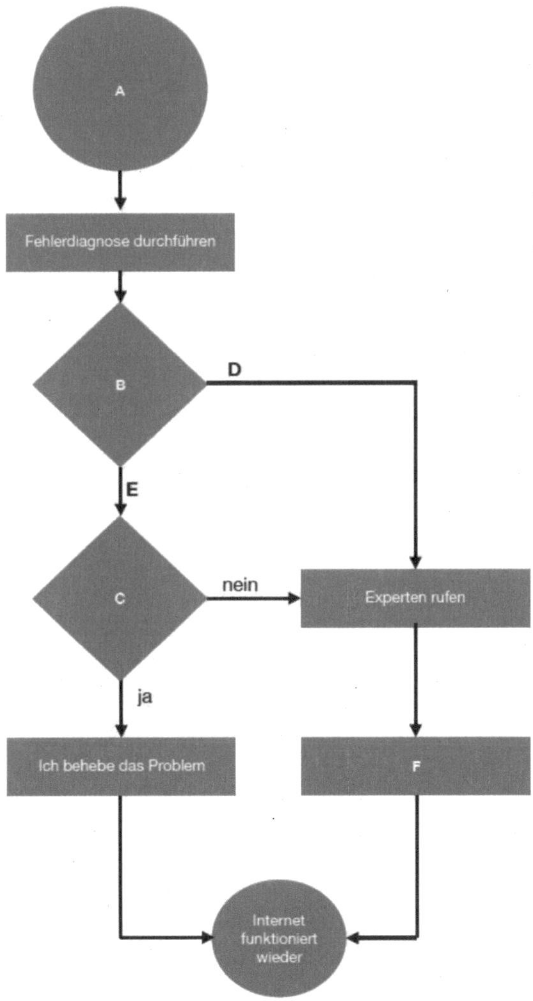

Lösungen: Flussdiagramme

Am einfachsten ist es, wenn du versuchst, dich in die Situationen hineinzuversetzen. Gehe die Wege Schritt für Schritt im Kopf durch.

Zu 1.: Stell dir vor, du möchtest etwas ausdrucken, doch der Drucker zeigt eine Fehlermeldung an. Du liest dir diese durch. Kannst du das *Problem selbst beheben*?
→ **Ja**: Du *behebst das Problem*. Dadurch ist das Drucken *wieder möglich*.
→ **Nein**: Du kannst das Problem nicht selbst lösen. Du *rufst einen Kollegen*. Kann der Kollege das Problem belegen?

> → **Ja**: Der Kollege *behebt das Problem*. Dadurch ist das *Drucken wieder möglich*.
> → **Nein**: Der Kollege kann das Problem nicht lösen. Ihr *ruft einen Techniker*.
>
> > → **Ja**: Der Techniker *behebt das Problem*. Dadurch ist das *Drucken wieder möglich*.
> > → **Nein**: Der Techniker kann das Problem nicht lösen. Es muss ein *neuer Drucker gekauft werden*.

Es ergibt sich demnach folgende Zuweisung:
A: einen Kollegen rufen
B: Kollege kann Problem beheben
C: Techniker kann Problem beheben

Zu 2.: Stell Dir vor, du arbeitest in einer Firma im Einkaufs- und Planungsbereich und erhältst eine Meldung bezüglich eines fehlenden Materials, das zur Produktion benötigt wird.
1. Handelt es sich bei dem benötigten Material um eine *Erstbeschaffung* oder ist es bereits vorhanden?
→ **Nein**: Das Material wurde schon einmal bestellt. Du *kontaktierst* also *den letzten Lieferanten*, von dem die Firma das Material erhalten hat.
→ **Ja**: Das Material wurde bisher noch nicht bestellt. Demnach *fragst du das Produkt bei einem neuen Lieferanten an*.
2. Die Lieferanten prüfen, ob das *gewünschte Produkt vorhanden* ist.
→ **Nein**: Du *kontaktierst einen anderen Lieferanten*.
→ **Ja**: Du *vereinbarst die Details* zu dem Produkt und *gibst deine Bestellung auf*.
3. Die *Bestellung wird verbucht*. Du gibst diese *Information an die Produktion*, weiter, damit sie Bescheid weiß und sich auf die Ankunft des bestellten Materials vorbereiten kann.
4. Das Material *kommt bei der Produktion an*.

Es ergibt sich demnach folgende Zuweisung:
A: letzte Lieferanten kontaktieren
B: Anfrage beim Lieferanten
C: Bestellung aufgeben
D: an Produktion melden

Zu 3.: Stell Dir vor, dein *Internet hat Probleme*.
1. Du führst eine *Fehlerdiagnose* durch.
2. Wird das *Problem erkannt*?
→ **Nein**: Du *rufst einen Experten*. Dieser *behebt das Problem* und das *Internet funktioniert wieder*.
→ **Ja**: Kannst Du das Problem *selbst beheben*?
    → **Nein**: Du *rufst einen Experten*. Dieser *behebt das Problem* und das *Internet funktioniert wieder*.
    → **Ja**: Du *behebst das Problem* und das *Internet funktioniert wieder*.

Es ergibt sich demnach folgende Zuweisung:
A: Internet funktioniert nicht
B: Problem verstanden
C: Problem kann ich selbst beheben
D: nein
E: ja
F: Experte behebt das Problem

Zahnrad-Aufgaben

Zeit: **5 Minuten**

1. Welche Drehrichtung ist bei diesen Zahnrädern richtig eingezeichnet?

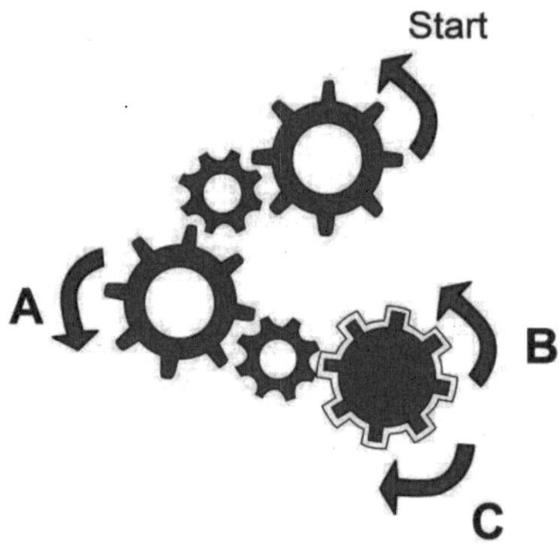

a) A und B

b) nur B

c) nur C

d) nur A

2. Welche Drehrichtung ist bei diesen Zahnrädern richtig eingezeichnet?

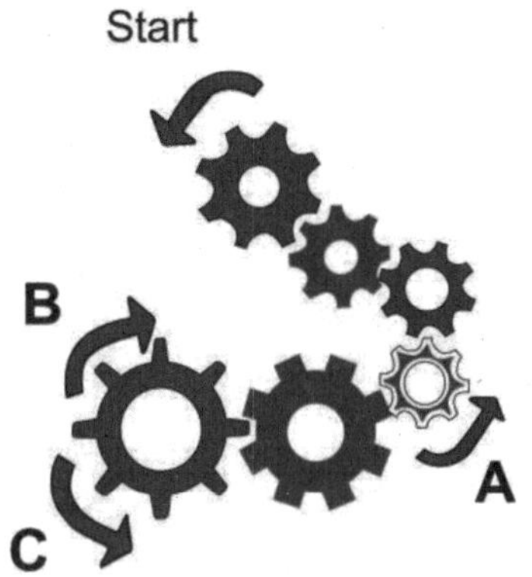

a) A und B
b) nur A
c) nur B
d) nur C

3. Welche Drehrichtung ist bei diesen Zahnrädern richtig eingezeichnet?

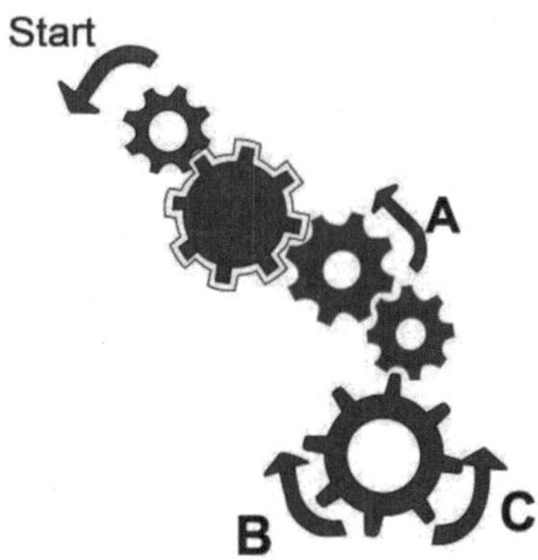

a) A und B
b) A und C
c) nur A
d) nur B

4. Welche Drehrichtung ist bei diesen Zahnrädern richtig eingezeichnet?

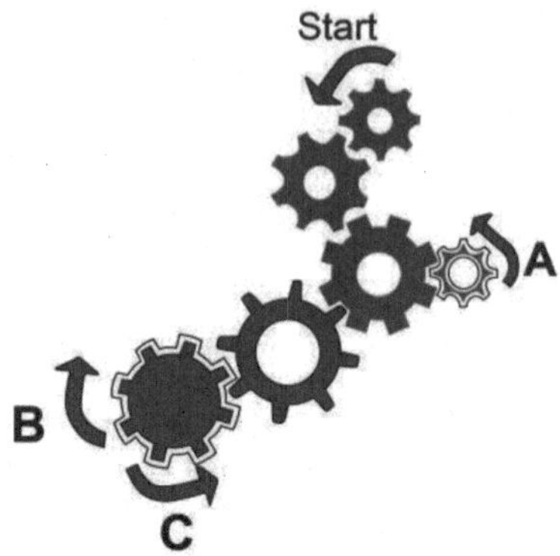

a) A und B
b) A und C
c) nur B
d) nur C

5. Welche Drehrichtung ist bei diesen Zahnrädern richtig eingezeichnet?

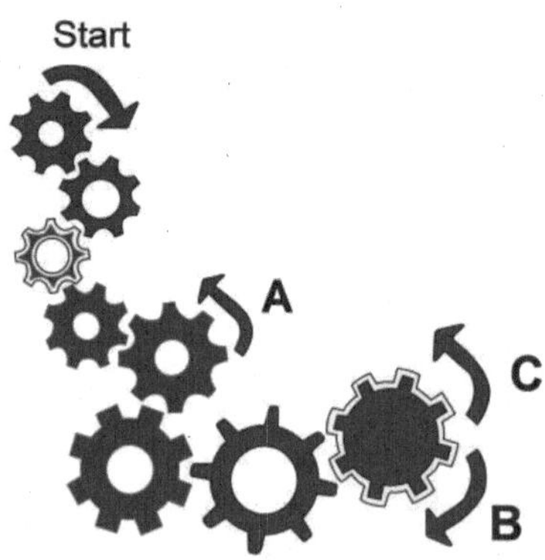

a) A und B
b) A und C
c) nur B
d) nur C

6. Welche Drehrichtung ist bei diesen Zahnrädern richtig eingezeichnet?

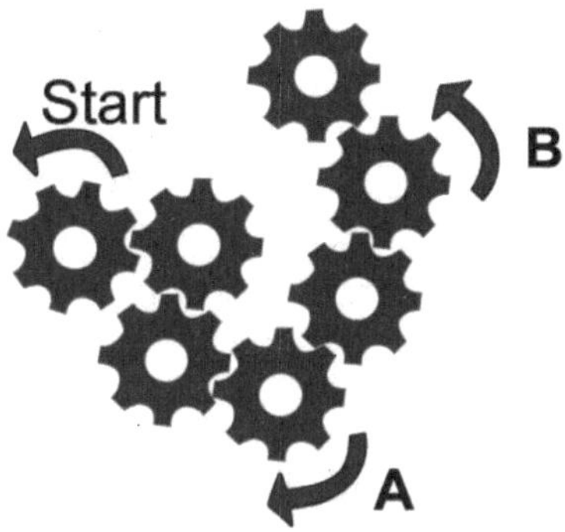

a) A und B
b) nur A
c) nur B
d) nicht A und nicht B

7. Welche Drehrichtung ist bei diesen Zahnrädern richtig eingezeichnet?

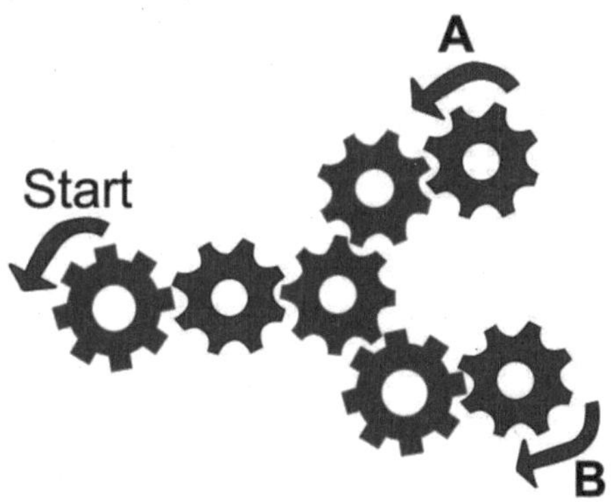

a) A und B
b) nur A
c) nur B
d) nicht A und nicht B

8. Welche Drehrichtung ist bei diesen Zahnrädern richtig eingezeichnet?

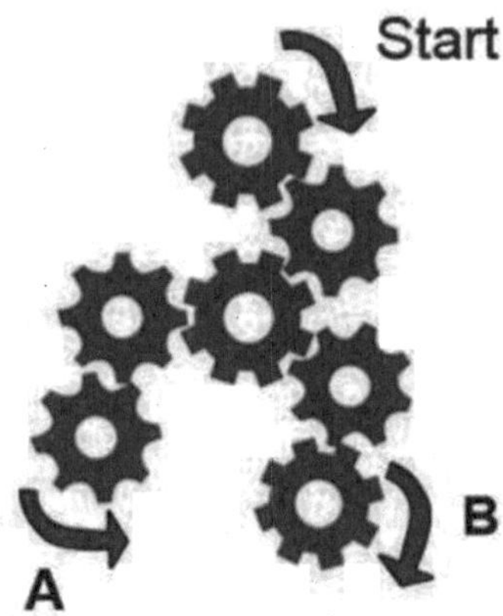

a) A und B
b) nur A
c) nur B
d) nicht A und nicht B

9. Welche Drehrichtung ist bei diesen Zahnrädern richtig eingezeichnet?

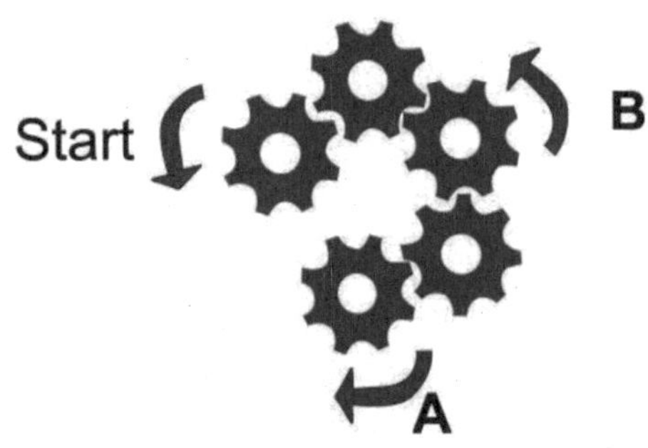

a) A und B
b) nur A
c) nur B
d) nicht A und nicht B

10. Welche Drehrichtung ist bei diesen Zahnrädern richtig eingezeichnet?

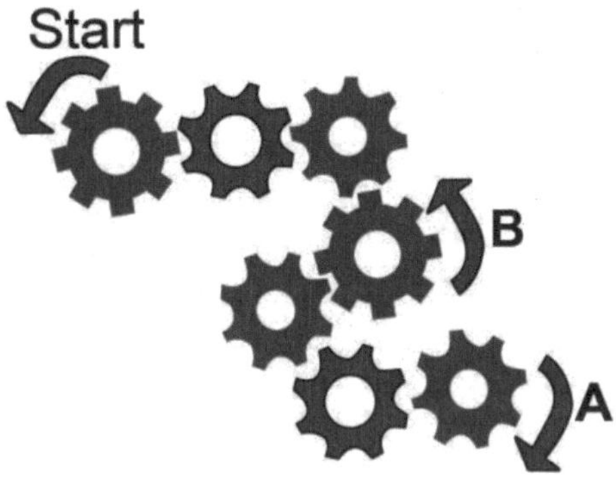

a) A und B
b) nur A
c) nur B
d) nicht A und nicht B

Lösungen: Zahnrad-Aufgaben

1. a)	5. d)	9. c)
2. c)	6. b)	10. d)
3. b)	7. b)	
4. d)	8. c)	

Dominosteine

Die folgenden Aufgaben kommen häufig in Einstellungstests vor. Wenn du das System einmal durchschaut hast, sind sie jedoch leicht zu lösen.

Die Augenzahl der Dominosteine ist in einem bestimmten Schema angeordnet. Es bleibt jeweils ein Feld in den drei Reihen leer. Deine Aufgabe ist es, die versteckte Regel einer Dominoreihe zu finden und den einzig logisch ergänzenden Stein aus dem Lösungsblock zu bestimmen. Betrachte dabei die erste und die zweite Reihe der Augenzahl auf einem Dominostein separat.

Es sind folgende Schemata möglich: aufsteigende Reihe, absteigende Reihe, Addition, Subtraktion, wiederkehrende Folgen.

Zeit: **5 Minuten**

1.

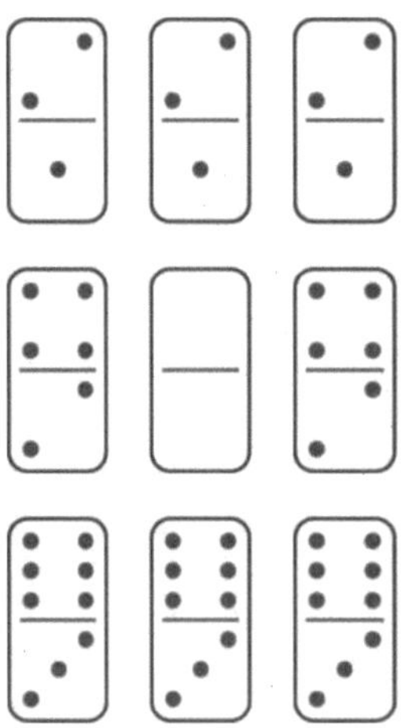

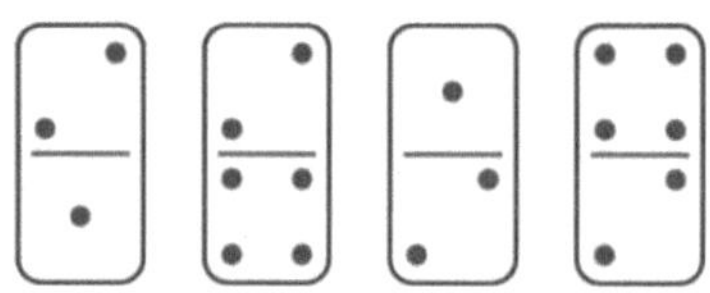

a) b) c) d)

2.

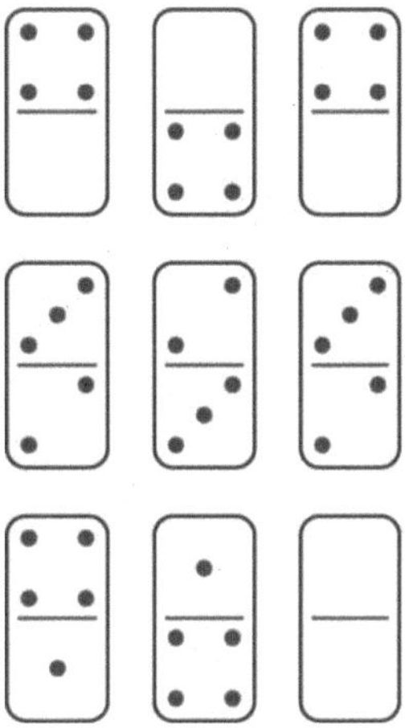

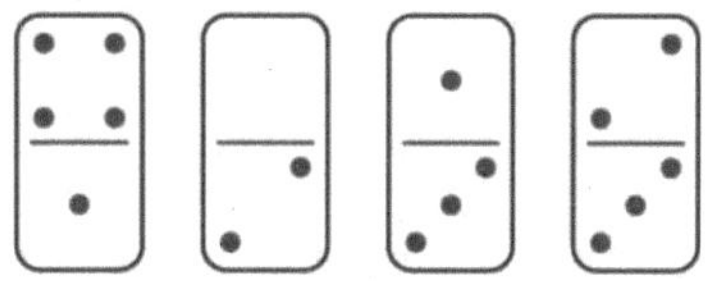

a) b) c) d)

3.

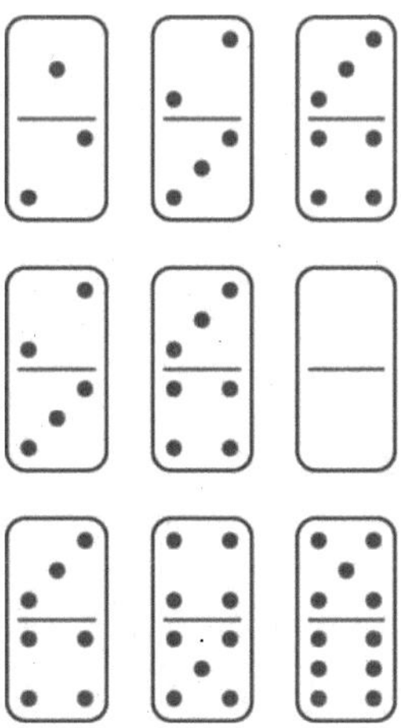

a) b) c) d)

4.

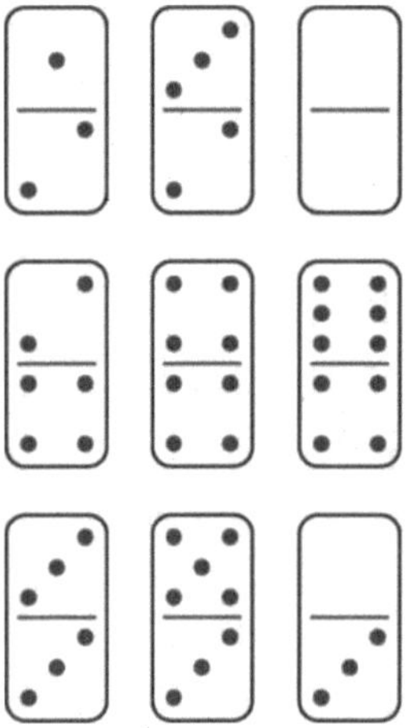

a) b) c) d)

5.

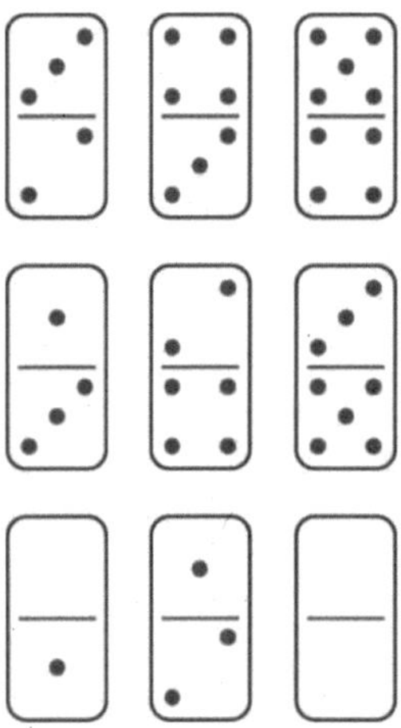

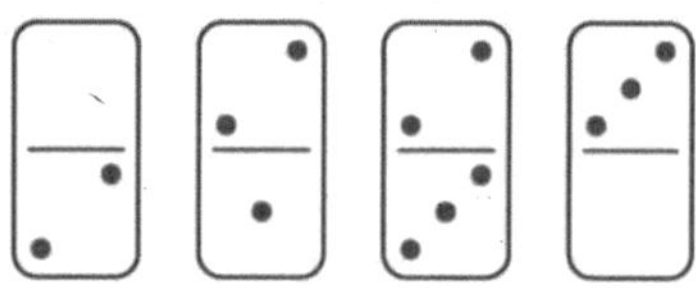

a) b) c) d)

6.

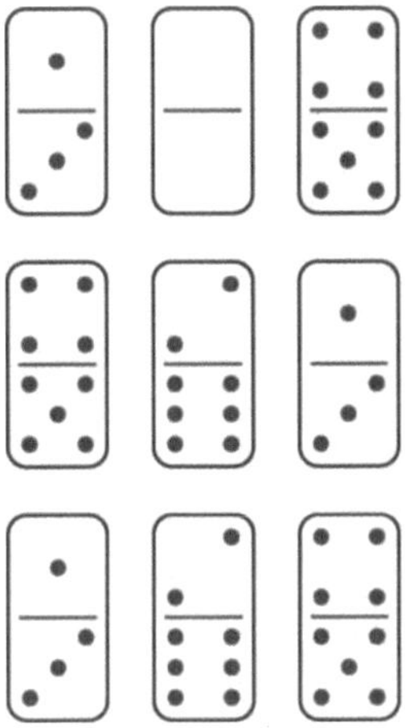

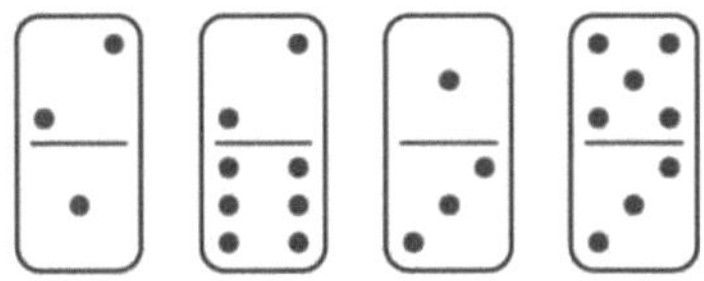

a) b) c) d)

7.

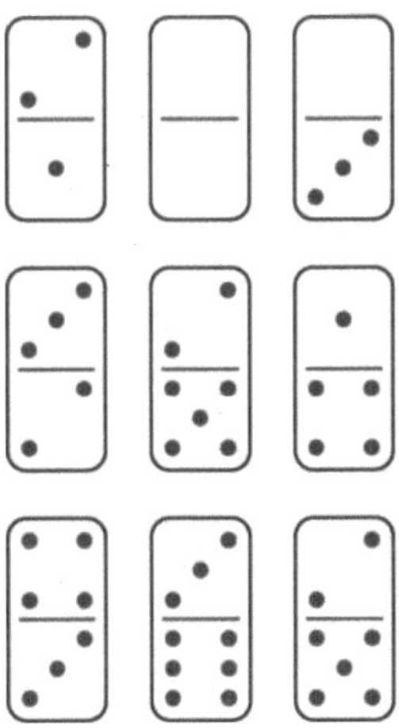

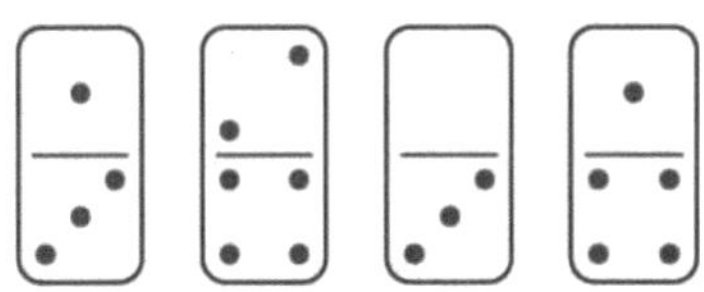

a) b) c) d)

8.

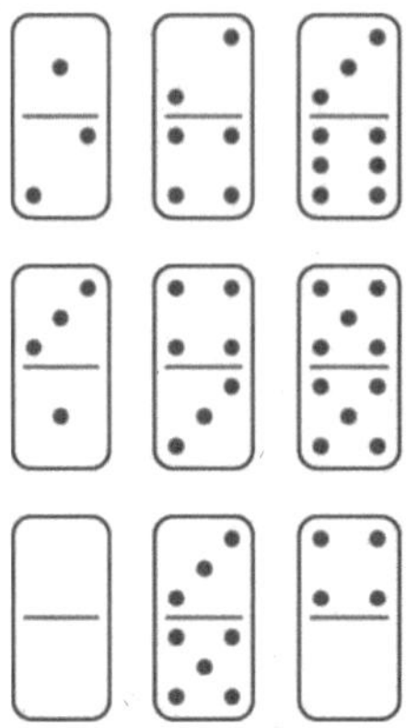

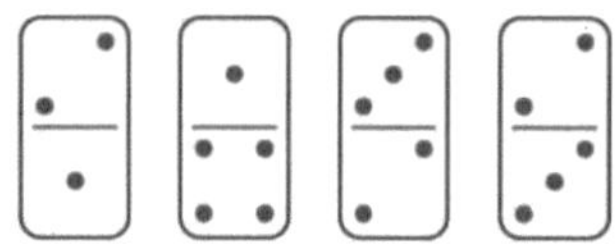

a) b) c) d)

9.

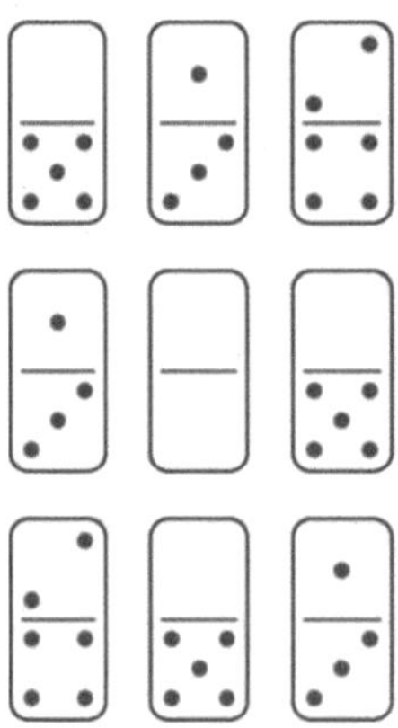

a) b) c) d)

Lösungen: Dominosteine

1. d)	4. b)	7. d)
2. a)	5. c)	8. d)
3. c)	6. b)	9. c)

Würfeldrehen

Bei dieser Aufgabe erhältst du jeweils einen Würfel. Wähle aus fünf Vorlagen den Würfel, der zu der abgebildeten Ausgangsformation passt. Markiere den Buchstaben mit der korrekten Lösung.

Welcher Würfel passt zur Ausgangsformation?

Zeit: **5 Minuten**

1.

a)

b)

c)

d)

e)

2.

a)

b)

c)

d)

e)

3.

a) b) c) d) e)

4.

a) b) c) d) e)

5.

a) b) c) d) e)

6.

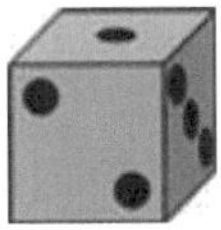

a) b) c) d) e)

Lösungen: Würfeldrehen

1. d)	3. b)	5. a)
2. e)	4. c)	6. c)

Zu 1.: d) Den Würfel links kippen und 90° im Uhrzeigersinn drehen.

Zu 2.: e) Den Würfel nach vorne kippen.

Zu 3.: b) Den Würfel 90° gegen den Uhrzeigersinn drehen und nach hinten kippen.

Zu 4.: c) Den Würfel nach vorne kippen und 90° im Uhrzeigersinn drehen.

Zu 5.: a) Den Würfel zweimal nach rechts kippen.

Zu 6. c) Den Würfel 90° gegen den Uhrzeigersinn drehen und nach hinten kippen.

Spiegelungen

Aufgaben mit Spiegelbildern kommen in Einstellungstests häufig vor, um dein räumliches Vorstellungsvermögen zu testen. Du findest fünf Figuren vor, von denen du immer vier durch Drehen zur Deckung bringen bzw. genau übereinanderlegen kannst. Bei einer Figur ist dies nicht möglich – sie wurde gespiegelt und ist also nicht deckungsgleich mit den anderen. Finde die gespiegelte Figur aus der jeweiligen Reihe heraus.

Zeit: **15 Minuten**

	a)	b)	c)	d)	e)
1.					
2.					
3.					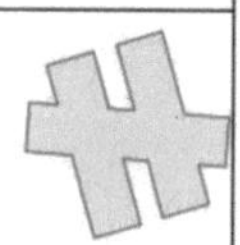
4.					
5.					

	a)	b)	c)	d)	e)
6.					
7.	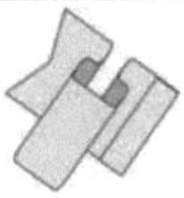				
8.					
9.		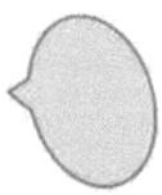	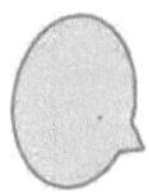		
10.					
11.			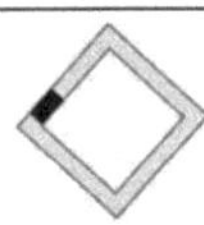		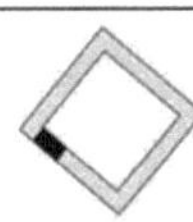
12.					

	a)	b)	c)	d)	e)
13.	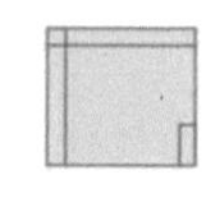	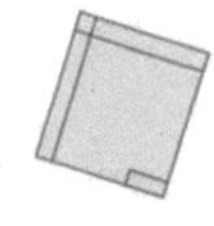			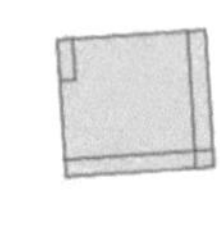
14.	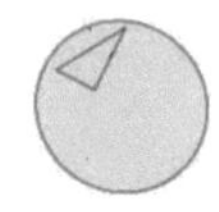	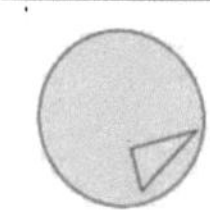	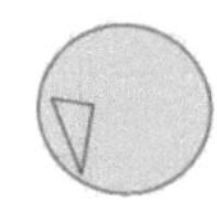	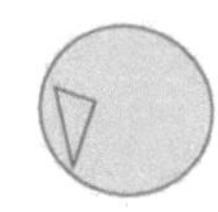	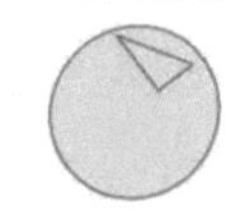
15.					
16.					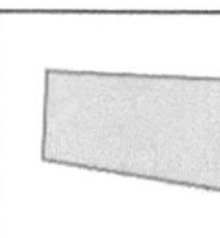
17.					
18.					
19.					

	a)	b)	c)	d)	e)
20.		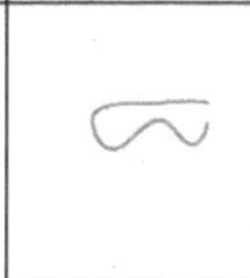		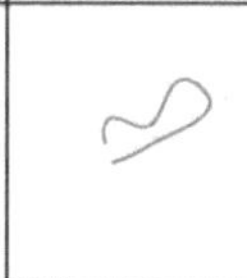	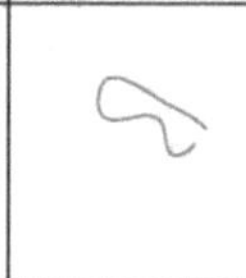
21.	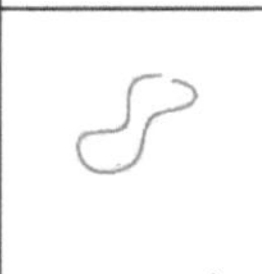		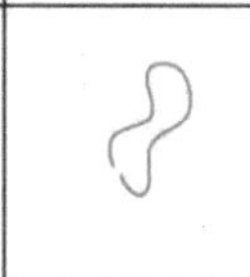	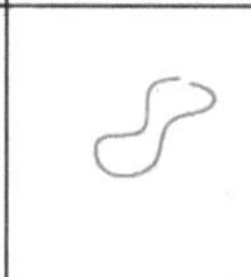	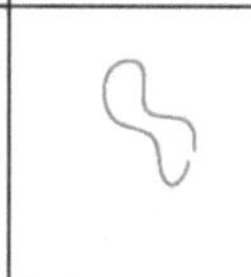
22.			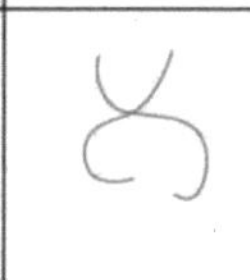		
23.				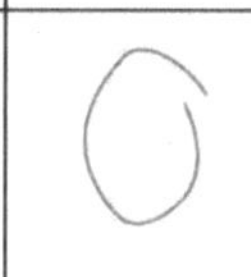	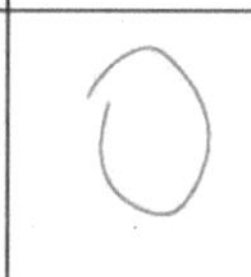
24.	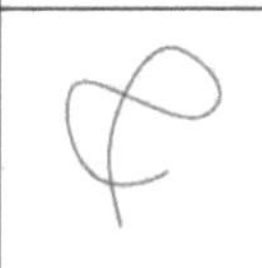				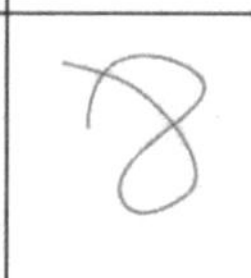
25.			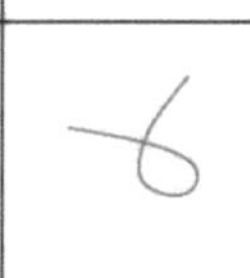	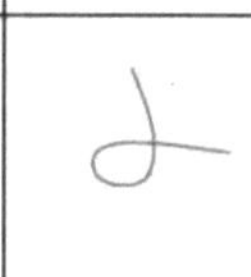	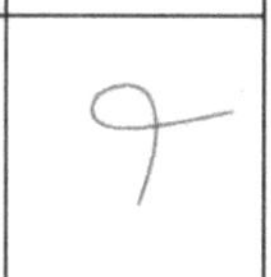
26.		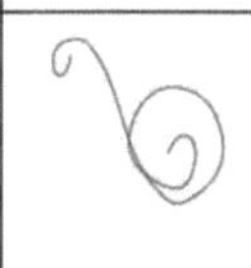	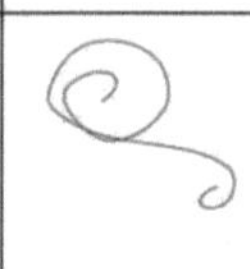		

	a)	b)	c)	d)	e)
27.					
28.					

Lösungen: Spiegelungen

1. c)	11. e)	21. c)
2. d)	12. d)	22. b)
3. b)	13. b)	23. e)
4. a)	14. a)	24. b)
5. e)	15. b)	25. d)
6. c)	16. e)	26. b)
7. d)	17. a)	27. e)
8. a)	18. d)	28. c)
9. a)	19. e)	
10. a)	20. a)	

Flächen zählen

Bei dieser Aufgabe musst du sämtliche Flächen eines Körpers zählen. Denke daran, auch die nicht sichtbaren Flächen immer mitzuzählen.

Zeit: **5 Minuten**

1.

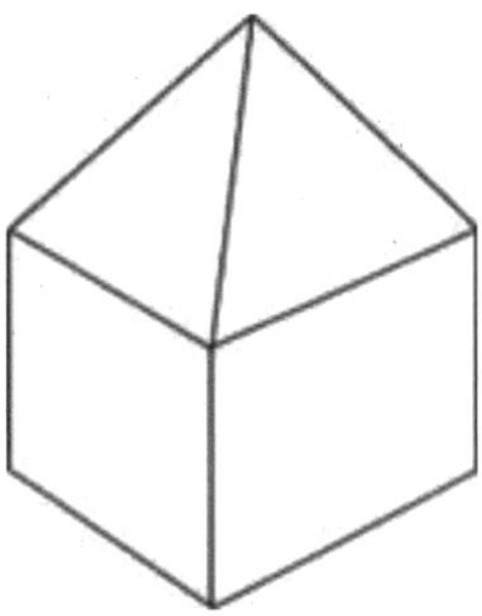

Anzahl der Flächen:

2.

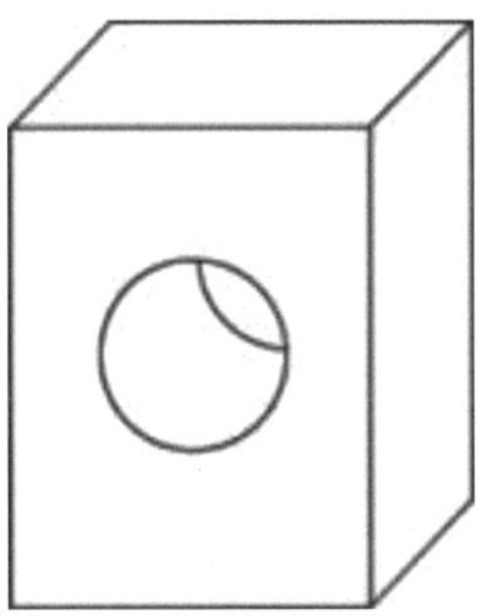

Anzahl der Flächen:

3.

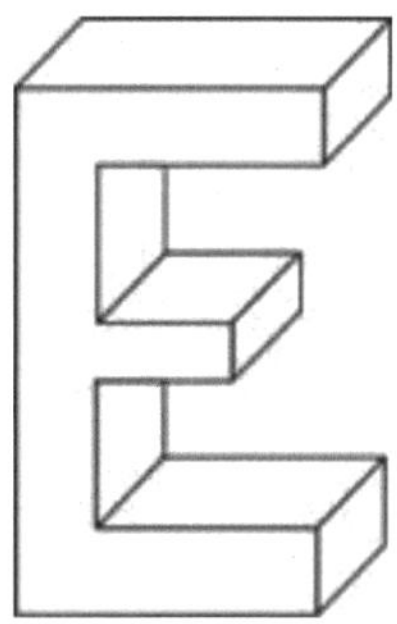

Anzahl der Flächen:

4.

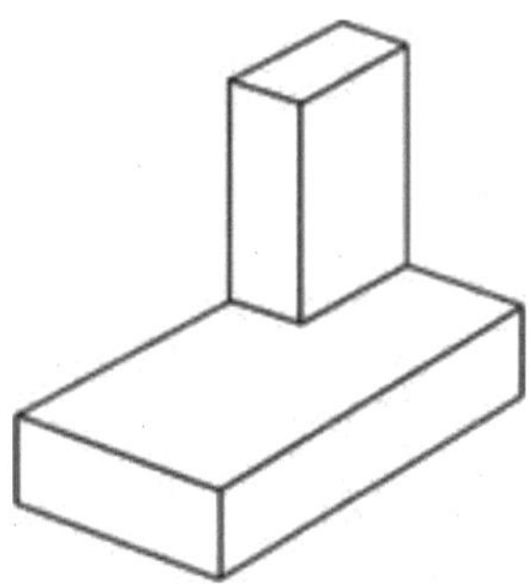

Anzahl der Flächen:

5.

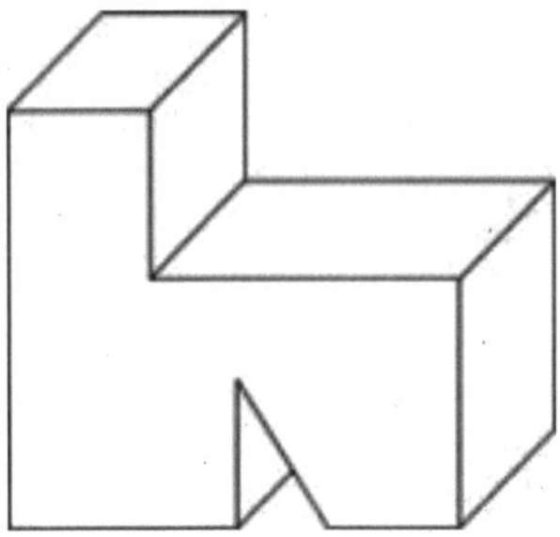

Anzahl der Flächen:

6.

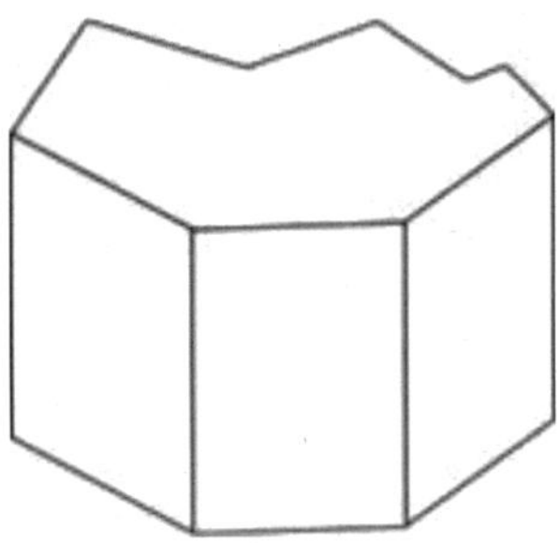

Anzahl der Flächen:

7.

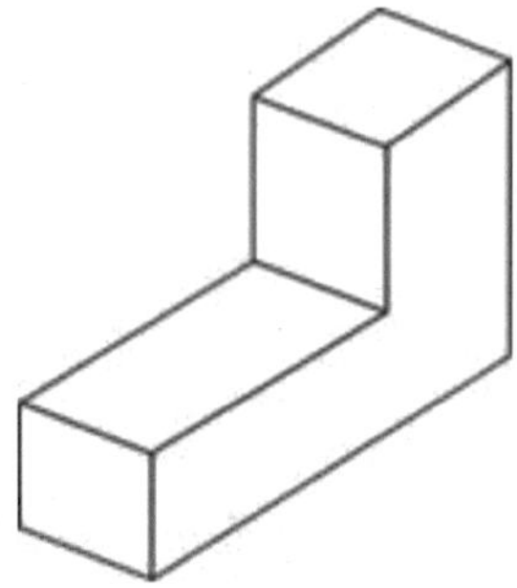

Anzahl der Flächen:

8.

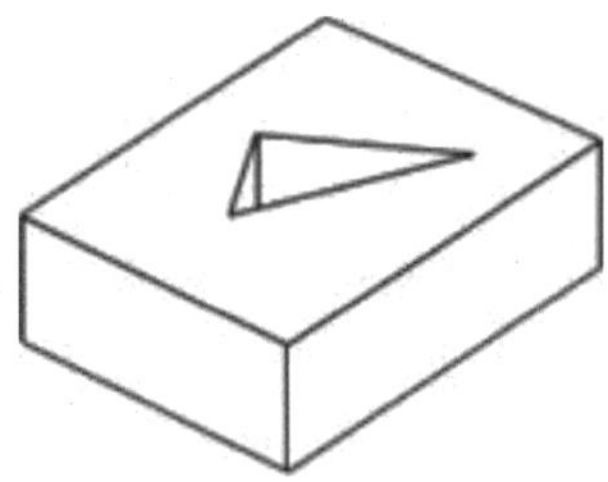

Anzahl der Flächen:

Lösungen:

Zu 1.: 9
Zu 2.: 7
Zu 3.: 14
Zu 4.: 9
Zu 5.: 11
Zu 6.: 11
Zu 7.: 8
Zu 8.: 9

Konzentration

Durch Aufgaben zur Konzentrationsfähigkeit versuchen Arbeitgeber, Vorhersagen zu treffen, wie gründlich, schnell und zuverlässig jemand arbeitet. Trotzdem sollte man sich als Bewerber nicht aus der Ruhe bringen lassen und versuchen, in der gegebenen Zeit so viele Aufgaben wie möglich zu lösen.

bqpd-Test

Aus der folgenden Buchstabenreihe muss jeder Buchstabe d, der durch zwei Striche gekennzeichnet ist, markiert werden. Folgende Kombinationen gelten dabei als richtig:

I		II
d	d	d
I	II	

Zeit: **3 Minuten**

1. Wie viele Markierungen (Treffer) hat die folgende Zeile:

I	II		I	II		I	II		I			I	II	I			I		II		I			I
b	d	b	d	b	d	b	d	b	d	b	b	b	d	d	d	d	b	d	d	q	d	b	q	d
				I	II		I	II		I	II		I			I	II	I			I		II	

Anzahl:

2. Wie viele Markierungen (Treffer) hat die folgende Zeile:

I			I	I	II		I	II		I	II		I			I	II	I			I		II	
d	b	d	b	b	d	b	q	b	b	d	b	d	q	d	b	d	b	d	d	d	d	d	b	d
II		I	II		I	II		I			I	II	I			I		II		I			I	

Anzahl:

3. Wie viele Markierungen (Treffer) hat die folgende Zeile:

II		I	II		I			I	II	I			I		II		I			I				
b	d	d	d	q	q	d	d	d	d	d	b	d	d	d	d	d	q	d	d	d	b	b	d	d
	I	II		I	II		I	II		I			I	II	I			I		II		I		

Anzahl:

4. Wie viele Markierungen (Treffer) hat die folgende Zeile:

Anzahl:

5. Wie viele Markierungen (Treffer) hat die folgende Zeile:

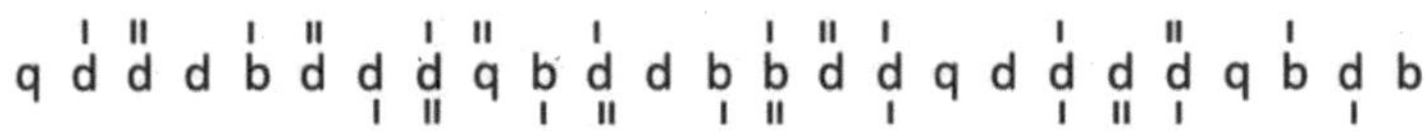

Anzahl:

6. Wie viele Markierungen (Treffer) hat die folgende Zeile:

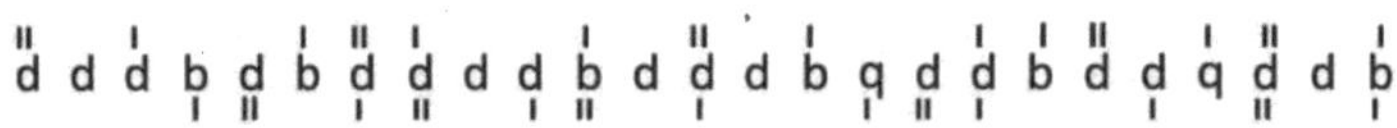

Anzahl:

7. Wie viele Markierungen (Treffer) hat die folgende Zeile:

Anzahl:

8. Wie viele Markierungen (Treffer) hat die folgende Zeile:

Anzahl:

9. Wie viele Markierungen (Treffer) hat die folgende Zeile:

Anzahl:

10. Wie viele Markierungen (Treffer) hat die folgende Zeile:

II	I			I	I	II		I	II		I	II		I			I	II	I			I		II
d	b	d	b	b	d	b	q	b	b	d	b	d	q	d	b	d	b	d	d	d	d	d	b	d
	I	II	I	II			II	II	I			I	I		II		I	II		I	II		I	

Anzahl:

Lösungen: bqpd-Test

1. 4 Treffer	5. 6 Treffer	9. 6 Treffer
2. 2 Treffer	6. 5 Treffer	10. 4 Treffer
3. 5 Treffer	7. 7 Treffer	
4. 2 Treffer	8. 10 Treffer	

Weg/Pfad finden

Jeder Pfad führt von einem Buchstaben zu einer bestimmten Zahl. Versuche, den Pfad nachzuvollziehen und ordne den Buchstaben die passende Zahl zu.

Zeit: **3 Minuten**

1. Aufgabe

A B C D E

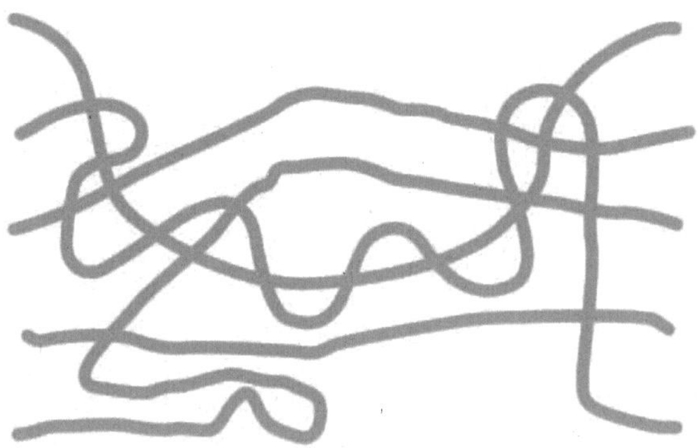

1 2 3 4 5

Trage die zugehörigen Zahlen ein:

A - B - C - D - E -

2. Aufgabe

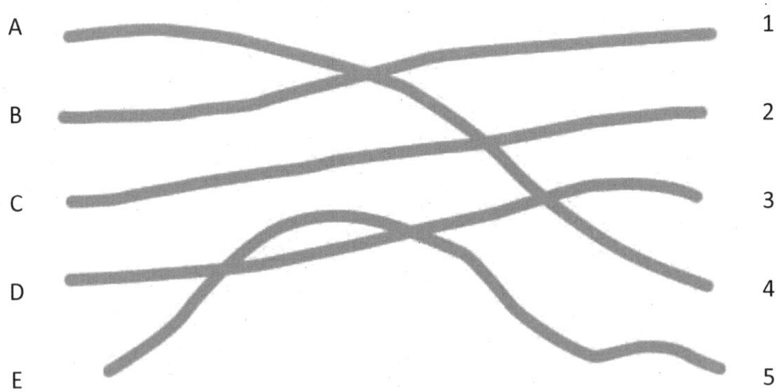

Trage die zugehörigen Zahlen ein:

A - B - C - D - E -

3. Aufgabe

Trage die zugehörigen Zahlen ein:

A - B - C - D - E -

4. Aufgabe

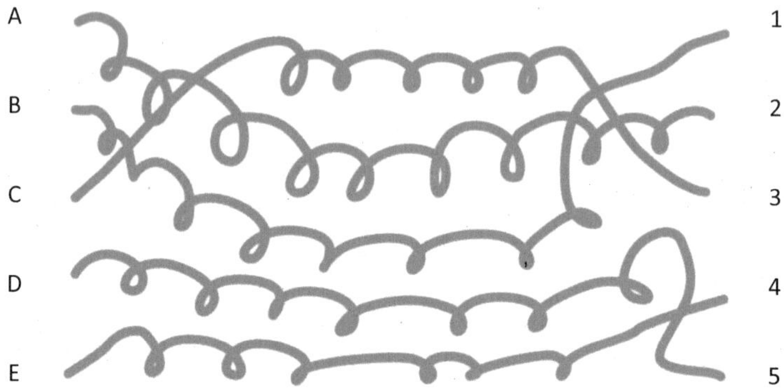

Trage die zugehörigen Zahlen ein:

A - B - C - D - E -

5. Aufgabe

Trage die zugehörigen Zahlen ein:

A - B - C - D - E -

6. Aufgabe

A 1

B 2

C 3

D 4

E 5

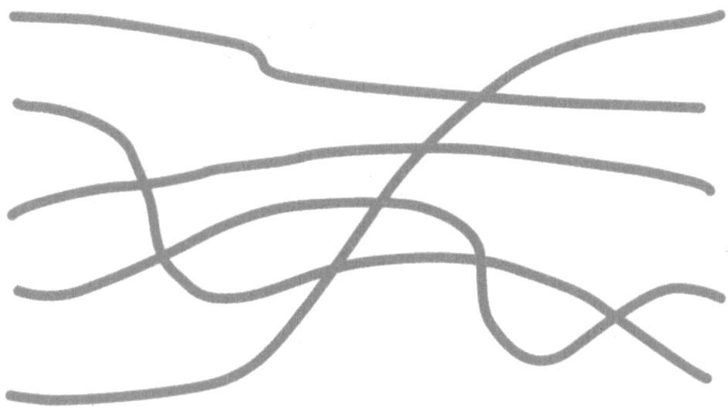

Trage die zugehörigen Zahlen ein:

A - B - C - D - E -

7. Aufgabe

A 1

B 2

C 3

D 4

E 5

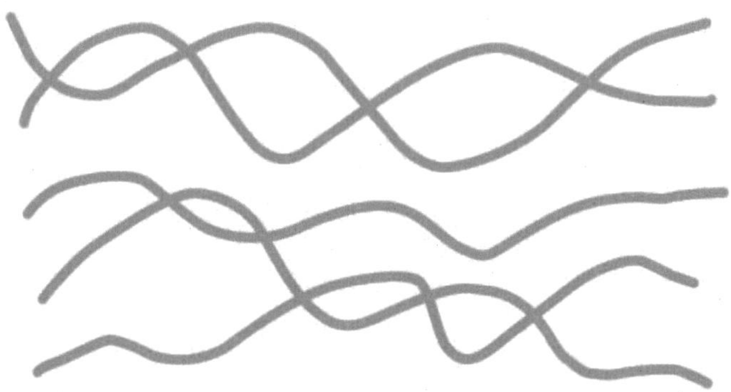

Trage die zugehörigen Zahlen ein:

A - B - C - D - E -

8. Aufgabe

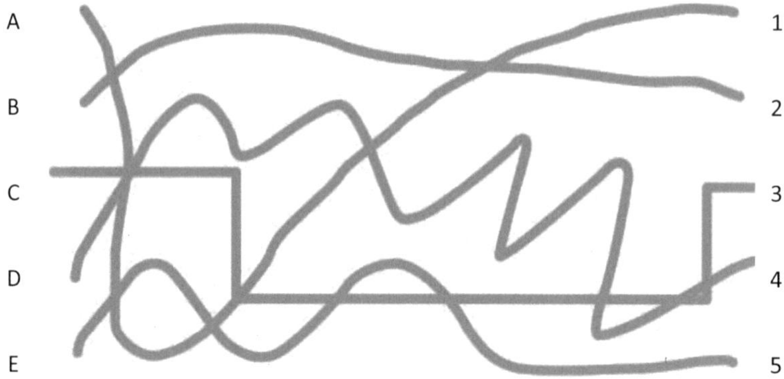

Trage die zugehörigen Zahlen ein:

A - B - C - D - E -

9. Aufgabe

Trage die zugehörigen Zahlen ein:

A - B - C - D - E -

10. Aufgabe

Trage die zugehörigen Zahlen ein:

A - B - C - D - E -

Lösungen: Weg/Pfad finden

1. A 1, B 5, C 2, D 4, E 3
2. A 4, B 1, C 2, D 3, E 5
3. A 5, B 1, C 2, D 3, E 4
4. A 2, B 1, C 3, D 5, E 4
5. A 5, B 2, C 3, D 1, E 4
6. A 2, B 5, C 3, D 4, E 1
7. A 1, B 2, C 3, D 5, E 4
8. A 1, B 2, C 3, D 4, E 5
9. A 1, B 2, C 5, D 3, E 4
10. A 3, B 2, C 4, D 5, E 1

Zahlen merken

Bei diesem Gedächtnistest musst du dir 30 Zahlen in **2 Minuten** merken. Nachdem du dir die Zahlen eingeprägt hast, markierst du aus 100 Zahlen diejenigen, die du dir zuvor gemerkt hast.

5	12	35	42	22
24	30	28	9	43
45	15	18	38	49
52	61	2	56	27
73	58	85	77	66
64	92	74	82	96

Markiere alle Zahlen, die du dir vorher eingeprägt hast. Du hast dafür **2 Minuten** Zeit. Bedenke, um so weniger Fehler du machst, um so mehr Punkte erhältst du.

1	2	3	4	5	6	7	8	9	10
11	12	13	14	15	16	17	18	19	20
21	22	23	24	25	26	27	28	29	30
31	32	33	34	35	36	37	38	39	40
41	42	43	44	45	46	47	48	49	50
51	52	53	54	55	56	57	58	59	60
61	62	63	64	65	66	67	68	69	70
71	72	73	74	75	76	77	78	79	80
81	82	83	84	85	86	87	88	89	90
91	92	93	94	95	96	97	98	99	100

Lösungen

1	**2**	3	4	**5**	6	7	8	**9**	10
11	**12**	13	14	**15**	16	17	**18**	19	20
21	**22**	23	**24**	25	26	**27**	**28**	29	**30**
31	32	33	34	**35**	36	37	**38**	39	40
41	**42**	**43**	44	**45**	46	47	48	**49**	50
51	**52**	53	54	55	**56**	57	**58**	59	60
61	62	63	**64**	65	**66**	67	68	69	70
71	72	**73**	**74**	75	76	**77**	78	79	80
81	**82**	83	84	**85**	86	87	88	89	90
91	**92**	93	94	95	**96**	97	98	99	100

Autokennzeichen merken

Bei dieser Aufgabe musst du dir amtliche Autokennzeichen merken und diese im Anschluss unter mehreren gespiegelten Kennzeichen wiedererkennen.

Zeit: **2 Minuten**

Welche Kennzeichen wurden zuvor gezeigt?

Lösungen:

Spalte 1, Reihe 6

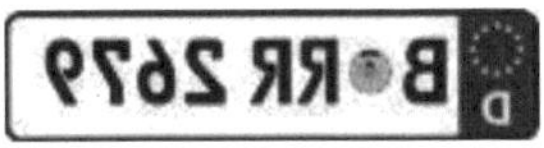

Spalte 2, Reihe 4

Spalte 2, Reihe 12

Spalte 2, Reihe 7

Spalte 1, Reihe 11

Wörter merken

Hier musst du dir aus fünf Bereichen mehrere Wörter merken und diese nachher wieder anhand der Anfangsbuchstaben den korrekten Bereichen zuordnen.

Merke dir innerhalb von **3 Minuten** die folgenden Kategorien mit den dazugehörigen Begriffen.

Für das Beantworten der Fragen hast du **10 Minuten** Zeit.

Berufe: Bienenzüchter – Imker – Quantenphysiker – Tierarzt – Unternehmer

Städte: Chemnitz – Düsseldorf – Jena – München – Stuttgart

Namen: Emil – Xavier – Lena – Otto – Ricarda

Länder: Zypern – Albanien – Kolumbien – Norwegen – Weißrussland

Sportarten: Polo – Fechten – Handball – Volleyball – Golf

1. In welche Gruppe gehört der Begriff mit dem Anfangsbuchstaben A?
a) Städte
b) Berufe
c) Namen
d) Länder
e) Sportarten

2. In welche Gruppe gehört der Begriff mit dem Anfangsbuchstaben B?
a) Länder
b) Namen
c) Städte
d) Sportarten
e) Berufe

3. In welche Gruppe gehört der Begriff mit dem Anfangsbuchstaben C?
a) Länder
b) Städte
c) Namen
d) Berufe
e) Sportarten

4. In welche Gruppe gehört der Begriff mit dem Anfangsbuchstaben D?
a) Namen
b) Länder
c) Berufe
d) Städte
e) Sportarten

5. In welche Gruppe gehört der Begriff mit dem Anfangsbuchstaben E?
a) Berufe
b) Städte
c) Namen
d) Länder
e) Sportarten

6. In welche Gruppe gehört der Begriff mit dem Anfangsbuchstaben F?
a) Berufe
b) Städte
c) Namen
d) Länder
e) Sportarten

7. In welche Gruppe gehört der Begriff mit dem Anfangsbuchstaben G?
a) Namen
b) Berufe
c) Städte
d) Länder
e) Sportarten

8. In welche Gruppe gehört der Begriff mit dem Anfangsbuchstaben H?
a) Städte
b) Länder
c) Namen
d) Berufe
e) Sportarten

9. In welche Gruppe gehört der Begriff mit dem Anfangsbuchstaben I?
a) Berufe
b) Städte
c) Sportarten
d) Länder
e) Namen

10. In welche Gruppe gehört der Begriff mit dem Anfangsbuchstaben J?
a) Berufe
b) Länder
c) Städte
d) Namen
e) Sportarten

11. In welche Gruppe gehört der Begriff mit dem Anfangsbuchstaben K?
a) Städte
b) Sportarten
c) Berufe
d) Länder
e) Namen

12. In welche Gruppe gehört der Begriff mit dem Anfangsbuchstaben L?
a) Städte
b) Namen
c) Berufe
d) Sportarten
e) Länder

13. In welche Gruppe gehört der Begriff mit dem Anfangsbuchstaben M?
a) Berufe
b) Städte
c) Namen
d) Sportarten
e) Länder

14. In welche Gruppe gehört der Begriff mit dem Anfangsbuchstaben N?
a) Berufe
b) Sportarten
c) Länder
d) Städte
e) Namen

15. In welche Gruppe gehört der Begriff mit dem Anfangsbuchstaben O?
a) Berufe
b) Länder
c) Städte
d) Namen
e) Sportarten

16. In welche Gruppe gehört der Begriff mit dem Anfangsbuchstaben P?
a) Namen
b) Städte
c) Berufe
d) Länder
e) Sportarten

17. In welche Gruppe gehört der Begriff mit dem Anfangsbuchstaben Q?
a) Berufe
b) Länder
c) Namen
d) Städte
e) Sportarten

18. In welche Gruppe gehört der Begriff mit dem Anfangsbuchstaben R?
a) Städte
b) Namen
c) Länder
d) Sportarten
e) Berufe

19. In welche Gruppe gehört der Begriff mit dem Anfangsbuchstaben S?
a) Städte
b) Berufe
c) Namen
d) Länder
e) Sportarten

20. In welche Gruppe gehört der Begriff mit dem Anfangsbuchstaben T?
a) Städte
b) Berufe
c) Länder
d) Namen
e) Sportarten

21. In welche Gruppe gehört der Begriff mit dem Anfangsbuchstaben U?
a) Berufe
b) Städte
c) Namen
d) Länder
e) Sportarten

22. In welche Gruppe gehört der Begriff mit dem Anfangsbuchstaben V?
a) Namen
b) Berufe
c) Städte
d) Sportarten
e) Länder

23. In welche Gruppe gehört der Begriff mit dem Anfangsbuchstaben W?
a) Städte
b) Länder
c) Namen
d) Berufe
e) Sportarten

24. In welche Gruppe gehört der Begriff mit dem Anfangsbuchstaben X?
a) Namen
b) Berufe
c) Städte
d) Sportarten
e) Länder

25. In welche Gruppe gehört der Begriff mit dem Anfangsbuchstaben Z?
a) Namen
b) Länder
c) Berufe
d) Sportarten
e) Städte

Lösungen: Wörter merken

1. d)	10. c)	19. a)
2. e)	11. d)	20. b)
3. b)	12. b)	21. a)
4. d)	13. b)	22. d)
5. c)	14. c)	23. b)
6. e)	15. d)	24. a)
7. e)	16. e)	25. b)
8. e)	17. a)	
9. a)	18. b)	

Lebenslauf einprägen

Bei dieser Aufgabe musst du dir aus den beiden Lebensläufen die wichtigsten Informationen merken und später dazu einige Fragen beantworten. Markiere den Buchstaben mit der korrekten Lösung.

Zeit: **5 Minuten**

Lebenslauf 1

Name: Lange

Vorname: André Joseph

Geburtstag: 25.07.1985

Geburtsort: Berlin

Beruf: Netzwerktechniker

André Lange wurde am 25.07.1985 in Berlin als Einzelkind eines Installateurmeisters und einer Bürokauffrau geboren. Nachdem er von 1991 bis 1996 die Grundschule in Berlin-Lichtenberg besucht hatte, zog er mit seiner Familie ins nahe liegende Umland nach Brandenburg. Dort ging er auf die Herbert Tschäpe Oberschule in Erkner und belegte dort auch 2001 sein Realschulabschluss. Anschließend absolvierte André Lange von 2001 bis 2005 eine dreieinhalbjährige Berufsausbildung zum IT-Systemelektroniker am Flughafen Berlin Schönefeld. Nach seiner abgeschlossenen Ausbildung musste er seinen Zivildienst antreten, den er in einer Diakonie in Teltow neun Monate ableistete. 2006 absolvierte er eine Fort- und Weiterbildung zum Thema Netzwerk. Als Netzwerktechniker bekam er dann eine Anstellung bei der Deutschen Bahn, wo er bis heute noch angestellt und bereits zum Abteilungsleiter aufgestiegen ist. Heute lebt er mit seiner Freundin Mandy kinderlos in der Geburtsstadt seiner Mutter, Leipzig.

Lebenslauf 2
Name: Berndsen
Vorname: Monika
Geburtstag: 04.05.1975
Geburtsort: Hannover
Beruf: Mediengestalterin

Monika Berndsen, geboren am 04.05.1975, wuchs als eines von drei Kindern in der Nähe von Hannover auf. Ihr Vater ist ein Oberleutnant bei der Bundeswehr und die Mutter eine Floristin mit eigenem Blumenladen. Schon früh half sie im Laden ihrer Mutter mit aus, um sich so das Taschengeld ein bisschen aufzufrischen. Auch heute noch gehören neben Malen und Zeichnen die Floristik zu ihren Hobbys. 1987 machte sie am Fontane Gymnasium in Hannover ihr Abitur. Bevor sie 1989 ein Studium als Mediengestalterin an der Universität in Wiesbaden begann, absolvierte sie ein Soziales Jahr bei einer Hilfsorganisation in Spanien. Neben der Arbeit konnte sie auch noch Land und Leute kennen lernen und spricht bis heute noch ein wenig Spanisch. Nach ihrem abgeschlossenen Studium bekam sie einen Job bei einer Lokalzeitung als Layouterin in München. Heute leitet sie mit rund 50 Mitarbeitern ihre eigene PR- und Marketingfirma in Hamburg. Monika Berndsen ist zudem seit sieben Jahre mit Steffan Berndsen verheiratet. Das Paar lebt mit seinen zwei Kindern Lukas und Maria in einem Einfamilienhaus in Hamburg.

1. Welchen Beruf übt André Lange aus?
a) Mediengestalter
b) Netzwerktechniker
c) Elektroniker
d) Systemelektroniker

2. Auf welche Schule ging André Lange?
a) Herbert Tschäpe Oberschule
b) Fontane Gymnasium
c) Oberschule Erkner
d) Diakonische Oberschule Teltow

3. In welcher Firma arbeitet André Lange?
a) Deutsche Post
b) Deutsche Bank
c) Deutsche Telekom
d) Deutsche Bahn

4. Wie heißt die Freundin von André Lange?
a) Mandy
b) Sabine
c) Monika
d) Maria

5. Wo wurde Monika Berndsen geboren?
a) Leipzig
b) Hamburg
c) Hannover
d) München

6. Welchen Beruf übte Monika Berndsen Mutter aus?
a) Floristin
b) Malerin
c) Lehrerin
d) Architektin

7. An welcher Universität studierte Monika Berndsen?
a) Mainz
b) Berlin
c) Wiesbaden
d) Frankfurt

8. Wie heißt der Sohn von Monika Berndsen?
a) Martin
b) Steffan
c) Leon
d) Lukas

Lösungen: Lebenslauf einprägen

1. b)	4. a)	7. c)
2. a)	5. c)	8. d)
3. d)	6. a)	

Textinhalte einprägen

Bei dieser Aufgabe musst du dir einen Pressebericht und einen Tatortsbericht einprägen. Lies dir die Berichte aufmerksam durch und merke dir die wichtigsten Details. Danach musst du einige Fragen zu den Berichten beantworten.

Für das Einprägen des Presseberichts hast du **3 Minuten** Zeit.

Düsseldorf, 08.05.2014

POL-D: Sonsbeck - A 57 in Richtung Nimwegen - Verkehrsunfall mit drei Beteiligten - Ein Leichtverletzter - Sperrung einer Richtungsfahrbahn

Mittwoch, 7. Mai 2014, 21:50 Uhr Sonsbeck

Glück im Unglück hatten gestern Abend sechs von sieben Menschen, die bei Sonsbeck auf der A 57 in einen Unfall verwickelt waren. Ein 45-jähriger Mann erlitt leichte Verletzungen. Die Fahrtrichtung Nimwegen blieb für eine Stunde gesperrt. Polizei sucht Zeugen. Nach den bisherigen Ermittlungen der Autobahnpolizei war eine 26-jährige Frau aus Mönchengladbach mit ihrem grauen Mercedes auf dem rechten Fahrstreifen der A 57 in Richtung Nimwegen unterwegs. Etwa 500 Meter vor der Anschlussstelle Uedem kollidierte der Mercedes aus bislang unklaren Gründen mit dem roten Mazda eines 32-jährigen Niederländers (mit im Fahrzeug waren vier weitere Insassen) und dem VW eines 45-jährigen Mannes aus Uedem. Bei dem Unfallgeschehen wurde der VW-Fahrer leicht verletzt. Den entstandenen Sachschaden schätzen die eingesetzten Beamten auf etwa 35.000 Euro. Während der Unfallaufnahme blieb die Fahrbahn in Richtung Nimwegen für eine Stunde gesperrt. Das größte Stauausmaß betrug circa 2.000 Meter.

Quelle: Pressebericht vom 08.05.2014, Polizei Düsseldorf

Für das Beantworten der Fragen hast du **2 Minuten** Zeit.

1. Der Unfall ereignete sich auf der A 57 in Richtung Nimwegen.
a) richtig b) falsch

2. Alle Personen, die in den Unfall verwickelt waren, blieben unverletzt.
a) richtig b) falsch

3. Ein 26-jähriger Mann war in Richtung Nimwegen unterwegs.
a) richtig b) falsch

4. Ein silberner Mercedes kollidierte mit einem roten Mazda und einem VW.
a) richtig b) falsch

5. Im roten Mazda befanden sich vier weitere Insassen.
a) richtig b) falsch

6. Ein 43-jähriger Mann erlitt leichte Verletzungen.
a) richtig b) falsch

7. Der Unfall ereignete sich am Mittwoch, den 07.05.2014.
a) richtig b) falsch

8. Der Sachschaden wird auf etwa 32.000 Euro geschätzt.
a) richtig b) falsch

Lösungen Pressebericht einprägen

Zu 1.: a) Richtig. Der Unfall ereignete sich auf der A 57 in Richtung Nimwegen.

Zu 2.: b) Falsch. Sechs von sieben Menschen blieben unverletzt, ein 45-jähriger Mann erlitt leichte Verletzungen.

Zu 3.: b) Falsch. Es handelt sich um eine 26-jährige Frau, die in Richtung Nimwegen unterwegs war.

Zu 4.: b) Falsch. Ein grauer Mercedes kollidierte mit einem roten Mazda und einem VW.

Zu 5.: a) Richtig. Im roten Mazda des Niederländers befanden sich vier weitere Insassen.

Zu 6.: b) Falsch. Der Mann, der leichte Verletzungen erlitt, war 45 Jahre alt.

Zu 7.: a) Richtig. Der Unfall ereignete sich am Mittwoch, den 07.05.2014 um 21:50 Uhr.

Zu 8.: b) Falsch. Der geschätzte Sachschaden belief sich auf etwa 35.000 Euro.

Für das Einprägen des Tatortberichts hast du **5 Minuten** Zeit.

Am Donnerstag, den 08.05.2014, ging um 15:45 Uhr ein Anruf von Herrn Kruse in der Einsatzzentrale von Zossen ein, der ein Einbruchdiebstahl in seinem Einfamilienhaus in der Berliner Straße in Mittenwalde meldete. Die eingesetzten Polizeibeamten Bartels und Leitow bekamen den Auftrag. nach 15749 Mittenwalde zu fahren, um dort den Einbruch mit Diebstahl in einem Einfamilienhaus, aufzunehmen. Bei Eintreffen am Tatort befand sich Herr Kruse vor Ort und machte folgende Angaben. Am 08.05.2014 gegen 07:00 Uhr verließ Herr Kruse das ordnungsgemäß verschlossene Einfamilienhaus. Als Herr Kruse gegen 15:30 von der Arbeit kam, seine Hauseingangstür öffnete und den Eingangsbereich betrat, fiel ihm zunächst nichts Außergewöhnliches auf. Erst als Herr Kruse die Küche betrat, bemerkte er, dass das Küchenfenster weit offenstand und offensichtlich aufgebrochen wurde. Nach einem weiteren Rundgang durch das Haus bestätigte sich der Verdacht von Herr Kruse, dass bei ihm eingebrochen wurde. Herr Kruse und seine Ehefrau vermissen Bargeld und Schmuck, das aus einem Safe im Arbeitszimmer entwendet wurde. Des Weiteren wurden der Fernseher und eine chinesische Vase aus dem Wohnzimmer gestohlen. Aus dem Kinderzimmer des Sohnes Robert wurde ein Tablet-PC entwendet. Die Tochter Luise vermisst zudem eine Perlenkette und ein PC-Monitor. Nach der ersten Tatortbegehung der Polizeibeamten fanden sie im ganzen Haus offene Schubladen und durchwühlte Schränke vor, zudem waren in der Küche deutliche Schuhabdrücke zu finden. Am Küchenfenster, durch das der/die Einbrecher das Haus betreten haben, waren massive Hebelspuren zu erkennen. Anhand der geschilderten Angaben stellt sich der Tathergang vorläufig wie folgt dar:

Die oder der Täter verschafften sich durch das Küchenfenster gewaltsam Zugang ins Hausinnere. Dabei durchwühlten sie sämtliche Wohnräume und suchten gezielt nach Bargeld, Schmuck und Wertgegenständen. Mit dem entwendeten Diebesgut verließen die/der Täter wieder das Haus durch das aufgebrochene Küchenfenster.

Nähere Angaben zu den Tätern konnte nicht gemacht werden, die polizeilichen Ermittlung laufen weiter. Nach weiteren Zeugen wird gesucht.

Der Tatortbericht ist frei erfunden.

Für das schriftliche Beantworten der Fragen hast du **10 Minuten** Zeit. Schreibe die Antworten auf ein extra Blatt Papier.

1. Wann wurde der Einbruch der Polizei gemeldet?

2. Was wurde aus dem Wohnzimmer gestohlen?

3. Wie sind die/der Täter in das Haus eingedrungen?

4. Wann ist Herr Kruse zu Hause eingetroffen?

5. Wie heißt die Tochter von Herrn Kruse?

6. Was wurde aus dem Kinderzimmer des Sohnes gestohlen?

7. Welche Spuren konnten von den Polizeibeamten festgestellt werden?

8. Wie heißen die beiden Polizeibeamten, die am Tatort ermitteln?

Musterantworten: Tatortbericht

Zu 1.: Der Einbruch wurde am Donnerstag, den 08.05.2014 um 15:45 Uhr von Herrn Kruse gemeldet.

Zu 2.: Aus dem Wohnzimmer wurden der Fernseher und eine chinesische Vase gestohlen.

Zu 3.: Die oder der Täter sind allem Anschein nach durch das aufgehebelte Küchenfenster eingedrungen.

Zu 4.: Herr Kruse betrat gegen 15:30 Uhr sein Haus, als er von der Arbeit gekommen war.

Zu 5.: Die Tochter von Herr Kruse heißt mit Vornamen Luise.

Zu 6.: Aus dem Kinderzimmer des Sohnes Robert wurde ein Tablet-PC entwendet.

Zu 7.: Die Polizeibeamten stellten am Küchenfenster massive Hebelspuren fest, zudem gab es eindeutige Schuhabdrücke in der Küche.

Zu 8.: Die beiden Polizeibeamten Bartels und Leitow bekamen den Auftrag, nach 15749 Mittenwalde zu fahren.

Details prüfen

Schaue dir die folgenden Gesichter genau an. Die vier Bilder pro Aufgabe scheinen alle gleich zu sein, tatsächlich sind aber nur drei von vier Gesichtern identisch. Ein Bild unterscheidet sich im Detail von den anderen Bildern. Markiere den Buchstaben mit dem fehlerhaften Gesicht. Zeit: **3 Minuten**

1.

a)	b)	c)	d)

2.

a)	b)	c)	d)

3.

a)	b)	c)	d)

4.

a)	b)	c)	d)

5.

a)	b)	c)	d)

6.

a)	b)	c)	d)

Lösungen: Details prüfen

Zu 1.: c)

a)	b)	c)	d)

Zu 2.: a)

a)	b)	c)	d)

Zu 3.: b)

a)	b)	c)	d)

Zu 4.: c)

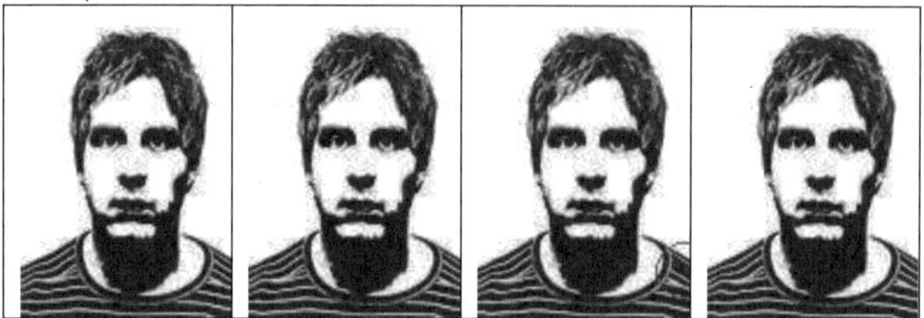

a)	b)	c)	d)

Zu 5.: d)

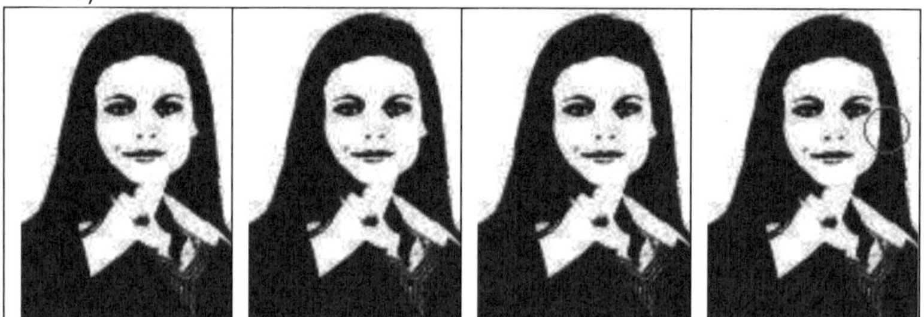

a)	b)	c)	d)

Zu 6.: c)

a)	b)	c)	d)

Tabelle auswerten

In dieser Aufgabe musst du eine Tabelle auswerten, in der die Benotungen von Schülern in verschiedenen Schulfächern aufgelistet sind. Beantworte bitte nachstehende Fragen anhand dieser Tabelle. Markiere den Buchstaben mit der korrekten Lösung.

Zeit: **3 Minuten**

Noten	**1**	**2**	**3**	**4**	**5**	**6**
Deutsch	Max	Franz	Julia	Erika	Bernd	Claudia
Mathe	Julia	Max	Franz	Claudia	Bernd	Erika
Englisch	Franz	Julia	Erika	Max	Claudia	Bernd
Kunst	Erika	Claudia	Bernd	Julia	Max	Franz
Sport	Julia	Max	Claudia	Bernd	Franz	Erika

1. Max und Julia gehören zu den besten Schülern. Doch wer hat den besseren Notendurchschnitt?
a) Max
b) Julia

2. Welchen Notendurchschnitt hat Claudia?
a) 3,8
b) 4
c) 4,1
d) 4,5

3. Deutsch und Mathe gehören zu den wichtigsten Fächern. Welche beiden Schüler haben zusammen den besten Notendurchschnitt?
a) Franz und Max
b) Max und Julia
c) Julia und Franz

4. Mädchen oder Jungen? Wer von beiden hat die besseren Noten mit nach Hause gebracht?
a) Mädchen
b) Jungen

Lösungen: Tabelle auswerten

Zu 1. b) Julia
Julia hat einen Notendurchschnitt von 2,2 und ist somit besser als Max, der nur einen Schnitt von 2,8 hat.

Zu 2. b) 4
Claudia hat ein Notendurchschnitt von genau 4.
$6 + 4 + 5 + 2 + 3 = 20 \div 5 = 4$

Zu 3. b) Max und Julia
Den besten Notendurchschnitt mit 1,75 in Mathe und Deutsch haben Max und Julia zusammen.

Zu 4. a) Mädchen
Die Mädchen schlagen die Jungs knapp mit einen Gesamtdurchschnitt von 3,4. Die Jungs kommen auf ein Notenschnitt von 3,6.

Wörter bilden

Bei dieser Aufgabe musst du Wörter bilden, bei denen schon die Anfangs- und Endbuchstaben vorgegeben sind. Bilde jeweils immer fünf Wörter pro Aufgabe. Alle Wortklassen, Eigen- oder Städtenamen sind erlaubt. Nicht erlaubt sind Fremdsprachen, Wortneubildungen und Dialekte.

Zeit: **8 Minuten**

1. Anfang **B** | Ende **E**

____

____

____

____

____

2. Anfang **M** | Ende **N**

____

____

____

____

____

3. Anfang **A** | Ende **N**

____

____

____

____

____

4. Anfang **S** | Ende **T**

____

____

____

____

____

5. Anfang **E** | Ende **L**

____

____

____

____

____

6. Anfang **K** | Ende **R**

____

____

____

____

____

Musterantworten: Wörter bilden

Zu 1.: Anfang **B** | Ende **E**
Bandbreite
Bürste
Briefe
Batterie
Brille

Zu 2.: Anfang **M** | Ende **N**
Millionen
Mädchen
Minuten
Mann
müssen

Zu 3.: Anfang **A** | Ende **N**
Anforderungen
angemessen
Antworten
aufwärmen
angeln

Zu 4.: Anfang **S** | Ende **T**
Stadt
Sport
Sonnenlicht
Start
Supermarkt

Zu 5.: Anfang **E** | Ende **L**
Edelstahl
Einzelhandel
E-Mail
Enkel
Esel

Zu 6.: Anfang **K** | Ende **R**
Kater
Kratzer
Käufer
Kammer
Kinder

Wörter ergänzen

Bei dieser Aufgabe musst du Wörter bilden, bei denen der Wortanfang schon vorgegeben ist. Bilde jeweils immer fünf Wörter pro Aufgabe. Alle Wortklassen, Eigen- oder Städtenamen sind erlaubt. Nicht erlaubt sind Fremdsprachen, Wortneubildungen und Dialekte.

Zeit: **8 Minuten**

1. **Sport ...**

____
____
____
____
____

2. **Polizei ...**

____
____
____
____
____

3. **Zimmer ...**

____
____
____
____
____

4. **Unter ...**

____
____
____
____
____

5. **Regen ...**

____
____
____
____
____

6. **Roh ...**

____
____
____
____
____

Musterantworten: Wörter ergänzen

Zu 1.: **Sport ...**
Sportfest
Sporthose
Sportverein
Sportstar
Sportler

Zu 2.: **Polizei ...**
Polizeiauto
Polizeifunk
Polizeiwache
Polizeimarke
Polizeibeamter

Zu 3.: **Zimmer ...**
Zimmertemperatur
Zimmermann
Zimmerlampe
Zimmerdecke
Zimmerschlüssel

Zu 4.: **Unter ...**
Unterarm
Unterlassung
Unterschrift
Untergang
Untersuchung

Zu 5.: **Regen ...**
Regenschirm
Regenwald
Regentropfen
Regenjacke
Regenrinne

Zu 6.: **Roh ...**
Rohstoff
Rohbau
Rohrpost
Rohrbruch
Rohzustand

Personendaten abgleichen

Bei dieser Aufgabe geht es darum, die Personendaten links und rechts inhaltlich abzugleichen. Die Daten müssen nicht identisch formatiert sein, sollten aber die gleiche Information beinhalten. Beispiel: Umlaute ü,ö,ä können in der Form ue, ae, oe geschrieben sein. Telefonnummern, die ein unterschiedliches Format haben (0151, 0049151, +49 (0)151) gelten trotzdem als richtig. Bei der Vorwahl wird stets die deutsche Vorwahl verwendet, sodass +49 und 0 gleichzusetzen sind. Trage zum Schluss alle Datensatznummern ein, die einen inhaltlichen Fehler aufweisen.

Zeit: **3 Minuten**

1. Michael Fischer Geb.: 15. Juli 2001 Tel.: 0049 151 39 28 19 81	Michaela Fischer Geb.: 15. Juli 2001 Tel.: 0049 151 / 39281981
2. Mattis Böhm Geb.: 08.06.1997 Tel.: 0178 / 25 78 91 14	Mattis Boehm Geb.: 8. Juni 1997 Tel.: 0178 / 25 78 91 14
3. Veronika Vogt Geb.: 27. Februar 1999 Tel.: 0291 / 76 99 73 14	Veronika Vogt Geb.: 27. Februar 1999 Tel.: 0291 / 76987314
4. Esther Dietrich Geb.: 18 Sep. 2003 Tel.: 0049 17839281979	Esther Ditrich Geb.: 15 Juli 2001 Tel.: 0049 151 39 28 19

5. Thilo Kühn Geb.: 9. Mai 1997 Tel.: 0049 981376841378	Thilo Kühn Geb.: 9.05.1997 Tel.: 0981 / 37 68 41 378
6. Lian Seidel Geb.: 19. November 1971 Tel.: 089 64 72 38 91	Lian Seidel Geb.: 19.11.1971 Tel.: 089 647 238 91
7. Juliane Arnold Geb.: 9. Oktober 2002 Tel.: 0049 9847 31 24 87	Juliane Arnold Geb.: 9.10.2002 Tel.: 09847 31 24 78
8. Mehmet Erdem Geb.: 5. Januar 1978 Tel.: 0593 813 768 41	Mehmet Erdem Geb.: 05.01.1978 Tel.: 059381376841
9. Michail Chokovski Geb.: 13. August 1989 Tel.: 0049 178 638 947 64	Michail Chokovski Geb.: 13.08.1989 Tel.: 0049 17863894764
10. Isabel Pfeiffer Geb.: 16. März 2003 Tel.: 0160 / 73 41 59 98	Isabel Pfeiffer Geb.: 16.03.2002 Tel.: +49 (0)16073415998

Nummern der falschen Datensätze: ____________________

Lösungen: Personendaten abgleichen

Falsche Datensätze: 1, 3, 4, 7, 10

Postkorbübung

Bei der Postkorbübung musst du innerhalb kürzester Zeit, meist innerhalb von 20 bis 50 Minuten, bestimmte Dokumente nach Wichtigkeit und Dringlichkeit sortieren und im Anschluss bestimmte Maßnahmen ableiten. Hierbei achten die Prüfer besonders auf deine Stressresistenz, dein Arbeitstempo, eine fehlerfreie Arbeitsweise und die Entschlussfähigkeit.

Und so kann deine Postkorbübung aussehen:

Heute ist der 5. August 2019 und es ist genau 9:30 Uhr. Du bist Vertretungskraft für Herrn Joachim Faber, dem Projektmanager in einem IT-Unternehmen, welches Buchführungssoftware anbietet. Dein Kollege befindet sich bereits seit zwei Wochen im Urlaub und fällt weiterhin für eine ungewisse Zeit krankheitsbedingt aus. Du hast dir vorgenommen, sein E-Mail-Postfach aufzuräumen, in welchem sich bereits 30 ungelesene Nachrichten befinden. Für die Bearbeitung hast du dir folgende Gedanken gemacht:

Alle Fehlermeldungen, PC-Probleme und Softwarefehler leitest du direkt an den Entwickler Herr Söhrensen weiter

Ist eine Fehlermeldung, ein gemeldetes PC-Problem oder die Meldung über einen Softwarefehler älter als fünf Tage oder aber das Problem ist besonders dringend, rufst du den Absender stattdessen direkt an und bittest um einen Aufschub.

Handelt es sich um eine neue Anforderung an die Software, nimmst du den Vorschlag auf und antwortest dem Absender per E-Mail. Genauso verfährst du bei sonstigen Kundennachrichten.

Alle privaten E-Mails werden von dir ignoriert, genauso wie Spam-Mails oder E-Mails von Frau Katrin Lehmann.

Bei allen finanziellen Angelegenheiten (Mahnungen, Rechnungen, Rabatte, Angebote, Kostenvoranschläge) oder bei Kritik an der Organisation, leitest du die E-Mail an Frau Schmidt aus der Buchhaltung und Organisation weiter.

Bitte gebe nach jeder E-Mail an, wie du vorgehen würdest.

Deine Vorgehensweise:

a) Weiterleitung an Herr Söhrensen
b) Anruf
c) auf E-Mail antworten
d) ignorieren
e) Weiterleitung an Frau Schmidt

Für die folgende Aufgabe hast du **20 Minuten** Zeit.

E-Mail Nr. 1:
Datum: 29. Juli 2019, 9:00:24
Von: Monika Albrecht
Text:
Sehr geehrte Damen und Herren,

heute Morgen startete ich den PC und ich konnte die gestern gespeicherten Rechnungen nicht mehr aufrufen. Weder vom Desktop-PC aus, noch von meinem Smartphone. Was soll ich nun machen?

Freundliche Grüße
Monika Albrecht

E-Mail Nr. 2:
Datum: 31. Juli 2019, 17:12:43
Von: Marlene Huber
Text:
Sehr geehrte Damen und Herren,

Ich glaube, bei Ihnen läuft etwas gewaltig schief. Ich kann weder telefonisch noch per E-Mail irgendjemanden erreichen. Ich versuche es schon seit über einer Woche und unsere Buchhaltung kann nicht weiterarbeiten. Das wird finanzielle Konsequenzen für Sie haben.
Mit freundlichen Grüßen
Marlene Huber

E-Mail Nr. 3:
Datum: 24. Juli 2019, 9:19:01
Von: Katrin Lehmann
Text:
Sehr geehrter Herr Faber,

wie schon die letzten Tage habe ich auch heute wieder das Problem, dass der Bildschirm während der Arbeit immer wieder ausgeht. Es wird auf einmal alles schwarz und ich kann nicht weiterarbeiten. Dann ziehe ich den Stecker, warte eine Minute und mache danach alles wieder an. Nach einer halben Stunde wieder das gleiche Problem. Bitte helfen Sie mir.

Mit freundlichen Grüßen

E-Mail Nr. 4:
Datum: 16. Juni 2019, 14:32:29
Von: Maja Scholz
Text:
Sehr geehrte Damen und Herren,

Ich habe letzte Woche Ihre Software gekauft, merke aber nun, dass mir das Kundenstammdaten-Modul fehlt. Wie kann ich es aktivieren? Muss ich dafür das Debitorenprogramm zusätzlich ordern oder lässt sich das mit wenigen Klicks beheben?

Mit freundlichen Grüßen
Maja Scholz

E-Mail Nr. 5:
Datum: 06. Juli 2019, 23:06:24
Von: Wladimir Sukin
Text:
Sehr geehrte Damen und Herren,

Ich weiß, Rechnungen können vergessen werden. Deshalb möchte ich Sie wiederholt an die Zahlung unserer Rechnung vom 23.05.2019 erinnern.

Mit freundlichen Grüßen
Wladimir Sukin

E-Mail Nr. 6:
Datum: 4. August 2019, 16:15:45
Von: Lotterie Nord-West
Text:
Sehr geehrte Damen und Herren,

Wir gratulieren Ihnen zu Ihrem Gewinn. Sie nahmen erfolgreich an unserer Glückslotterie teil und gewinnen 500.000 Euro. Damit wir Ihnen die Summe überweisen können, klicken Sie bitte hier: *LINK* und geben Sie Ihre Bankverbindung sowie Ihre TAN-Nummer ein. Schon wenige Augenblicke später führen wir den Transfer aus.

Mit freundlichen Grüßen
Ihre Lotterie Nord-West

E-Mail Nr. 7:
Datum: 28. Juli 2019, 11:10:18
Von: Katrin Lehmann
Text:
Sehr geehrter Herr Faber,

da ich noch immer keine Antwort auf meine E-Mail vom 24. Juli von Ihnen erhalten habe, sehe ich mich gezwungen, das Programm zu kündigen. Ich bitte Sie, mir die überwiesenen 28,90 Euro für die letzten drei Monate zurückzuerstatten.

Mit freundlichen Grüßen
i.V. Katrin Lehmann

E-Mail Nr. 8:
Datum: 30. Juli 2019, 19:45:42
Von: Hans Beck
Text:
Hallo Herr Faber,

Ich weiß nicht, ob ich bei Ihnen richtig bin, aber ich fange einfach mal an: Ich habe einen kleinen Handwerksbetrieb und möchte mich in naher Zukunft zur Ruhe setzen, deshalb wird der Betrieb aufgelöst. Mein Sohn möchte nun alle Kundenstammdaten, Lieferanten und Projekte in sein Unternehmen mit einer anderen Software überführen. Dazu müssen die Daten in einer „XML-Datei" vorliegen, so seine Aussage. Kann man das mit Ihrer Soft-ware so lösen?

Besten Dank im Voraus.

Mit freundlichen Grüßen
Hans Beck

E-Mail Nr. 9:
Datum: 15. Juli 2019, 14:35:58
Von: Firma Seibert
Text:
Sehr geehrte Damen und Herren,

Wir hatten bei Ihnen das gesamte FiBi-Paket gebucht, doch leider kann unsere IT die Software noch immer nicht installieren. Es kommt während des Installationsvorgangs zu einem unerwarteten Fehler, sodass dieser nicht abgeschlossen werden kann. Wir bitten um einen schnellen Rat von einem Fachmann.

Mit freundlichen Grüßen
i.A. Amelie Neumann
Firma Seibert

E-Mail Nr. 10:
Datum: 2. Aug. 2019, 12:13:41
Von: Mattis Krieger
Text:
Sehr geehrte Damen und Herren,

sehe ich das richtig, dass ich für den Rechnungsdruck das Dokument erst speichern muss, danach wieder schließen und erst dann öffnen und in ein PDF-Dokument umwandeln muss? Versuche ich die Rechnung aktuell direkt in das PDF-Format umzuwandeln, erhalte ich nur ein leeres Blatt. Es kann doch nicht so kompliziert sein, oder?

Mit freundlichen Grüßen
Mattis Krieger

E-Mail Nr. 11:
Datum: 03. August 2019, 17:24:15
Von: Jochen Kaiser
Text:
Sehr geehrte Damen und Herren,

nach anfänglicher Skepsis habe ich mich nun doch für Ihr Produkt entschieden und war die ersten Tage auch zufrieden. Nun überwiegt aber wieder die Skepsis, da ich beim Erstellen von Angebot 2 die Meldung erhalte: „Unknown Error". Ich weiß nicht, wie ich das Angebot abschließen soll, und mein Kunde wartet darauf. Im Anhang sende ich Ihnen einen Screenshot.

Mit freundlichen Grüßen
Kaiser

E-Mail Nr. 12:
Datum: 02. August 2019, 6:15:48
Von: Melanie Lange
Text:
Sehr geehrte Damen und Herren,

Ich sitze vor einem kleinen Problem und komme nicht weiter. Meine Kostenvoranschläge werden immer auf zwei Seiten gedruckt, obwohl ich nur eine Position habe. Bei den Rechnungen klappt es mit dem Druck auf eine Seite. Mache ich was falsch?

Mit freundlichen Grüßen
Melanie Lange

E-Mail Nr. 13:
Datum: 9. Juli 2019, 16:00:19
Von:
Text:
Hallo Joachim,

Ich bin's, die Mama von Josephie. Ich wollte fragen, ob Emelie nächste Woche Dienstag uns mal besuchen kommen mag. Josephie würde sich sehr darüber freuen. Gerne kann ich die beiden nach dem Kindergarten zusammen abholen.

Liebe Grüße
Monika

E-Mail Nr. 14:
Datum: 31. Juli 2019, 5:15:45
Von: Annabell Sauer
Text:
Sehr geehrter Herr Faber,

das mit dem Neustart hatte nicht funktioniert. Obwohl ich schon alles Mögliche ausprobiert habe, wird mir das PDF für die Rechnung nicht ausgegeben. Stattdessen erhalte ich ein Dokument mit lauter Sonderzeichen. Bitte helfen Sie mir. Ich bin schon echt verzweifelt.

Grüße
Annabell Sauer

E-Mail Nr. 15:
Datum: 1. August 2019 18:08:47
Von: Patrick Seilbach
Text:
Hi Joachim,

Ich hoffe, dir, deiner Frau und den Kindern geht es gut. Leider kann ich nächste Woche nicht mit zum geplanten Segeltörn, da in meiner Familie alle krankheitsbedingt ziemlich angeschlagen sind. Aber an der Kostenpauschale in Höhe von 300 Euro bleibe ich selbstverständlich weiter beteiligt.

Viele Grüße
Patrick

E-Mail Nr. 16:
Datum: 4. August 2019 13:11:18
Von: Shirin Arlan
Text:
Sehr geehrte Damen und Herren,

Wir haben die Software gekauft und uns fehlen noch folgende Funktionen:
Wir müssen unsere Rechnungen direkt mit dem Paypal-Konto verbinden, sodass eine Zuordnung zu den Zahlungen möglich ist.
Wir müssen alle Kontenbewegungen als CSV-Datei an die Steuerkanzlei weiterleiten. Wie können wir das bewerkstelligen?

Bitte melden Sie sich schnell.

Mit freundlichen Grüßen
Shirin Arlan

E-Mail Nr. 17:
Datum: 2. August 2019, 16:28:37
Von: Katrin Lehmann
Text:
Sehr geehrter Herr Faber,

Ich bin's mal wieder! :-) Das Problem mit meinem Bildschirm hat sich anscheinend von selbst gelöst. Mein Neffe kam letztens zu mir und meinte, dass ich wohl beim Putzen das Netzkabel des Monitors erwischt habe und dieses wohl etwas lose war. Das Kabel steckt nun wie es soll und alles funktioniert prima. Ich bleibe Ihnen somit auch weiterhin treu.

Mit freundlichen Grüßen
Katrin Lehmann

E-Mail Nr. 18:
Datum: 29. Juli 2019, 14:47:46
Von:
Text:
Sehr geehrte Damen und Herren,

wie besprochen sende Ich Ihnen unser Angebot für die beiden .NET-Entwickler zur Behebung der Fehler Nr. 2–5.

Mit freundlichen Grüßen

E-Mail Nr. 19:
Datum: 28. Juli 2019, 7:28:51
Von: Apotheker um die Ecke
Text:
Sehr geehrte Damen und Herren,

plagen auch Sie andauernd Potenzprobleme? Damit ist jetzt Schluss! Mit unseren neuen Produkten zur Bekämpfung von Erektionsstörungen haben Sie ein Problem weniger. Für schlappe 29,99 Euro erhalten Sie eine Packungseinheit zum Kennenlernpreis.

Mit freundlichen Grüßen
Ihr Apotheker

E-Mail Nr. 20:
Datum: 31. Juli 2019, 19:03:47
Von: Lennard Fuchs
Text:
Hallo Joachim,

der Kunde „Kanalbau Nord" hat unsere Rechnung mit der Nr. 938271 noch immer nicht beglichen, obwohl wir bereits zweimal angemahnt haben. Kannst du direkt mal nachhaken, woran das liegt?

Grüße
Lennard

Lösungen: Postkorbübung

Hinweis: Bei einigen E-Mails sind mehrere Lösungen möglich. Wichtig ist nur, dass du den eigenen Lösungsansatz stichhaltig begründen kannst.

1. a)
2. e)
3. d)
4. c)
5. e)
6. d)
7. d)
8. c)
9. b)
10. a)
11. b)
12. a)
13. d)
14. b)
15. d)
16. c)
17. d)
18. e)
19. d)
20. e)

Sprache

Beinahe jeder Einstellungstest beinhaltet Aufgaben zum Wort- und Sprachverständnis. Ein guter Wortschatz, Sprachgefühl und Sprachfantasie sind hier gefragt. Wortbedeutungen müssen sinngemäß erfasst werden.

Deutsche Grammatik

1. Wie viele Silben hat das folgende Wort: Rinderwahnsinn?
a) 3
b) 4
c) 5
d) 6

2. Wie wird das folgende Wort richtig getrennt: Interessantes?
a) In|ter|es|sa|ntes
b) Inte|ress|an|tes
c) In|ter|es|san|tes
d) In|te|res|san|tes

3. Wie wird das folgende Wort richtig getrennt: Zeiterfassung?
a) Zeit|er|fas|sung
b) Zeit|er|fass|ung
c) Zei|ter|fas|sung
d) Zei|ter|fass|ung

4. Welche Schreibweise ist richtig?
a) Strafverfolgung
b) Strafverfolgnug
c) Straafverfolgung
d) Strafverfolguung

5. Wie wird das Wort richtig geschrieben?
a) Schiffahrt
b) Schiffffahrt
c) Schifffahrtt
d) Schifffahrt

6. Wie wird das Wort richtig geschrieben?
a) Bundesgrenzsschutz
b) Bundesgrenzschutz
c) Bundegrenzschutz
d) Bundesgrenzschuts

7. Indikativ Präsens: kennen; ich ...
a) kennen
b) kannte
c) kann
d) kenne

8. Wie wird das folgende Wort richtig getrennt: Auseinandersetzung?
a) Aus|ei|nan|der|set|zung
b) Aus|ein|an|de|rset|zung
c) Au|sei|nan|der|set|zung
d) Aus|ei|nan|der|setz|ung

9. Bei welchem Wort handelt es sich um ein Adjektiv?
a) herzlich
b) Baum
c) ich
d) wie

10. Bei welchem Wort handelt es sich um ein Adjektiv?
a) Dorf
b) schön
c) welche
d) schwimmen

11. Bei welchem Wort handelt es sich um ein Adjektiv?
a) Sommer
b) niemals
c) steuern
d) cool

12. Bei welchem Wort handelt es sich um ein Verb?
a) herzlich
b) Baum
c) wie
d) laufen

13. Bei welchem Wort handelt es sich um ein Adverb?
a) gestern
b) Montag
c) wie
d) bemerkenswert

14. Bei welchem Wort handelt es sich um ein Objekt in folgendem Satz: „Johanna und Susi spielen mit ihrem Hund."
a) Johanna
b) Susi
c) spielen
d) Hund
e) ihrem

15. Bei welchem Wort handelt es sich um ein Prädikat in dem folgenden Satz: „Johanna geht gerne in den Stadtpark."
a) Johanna
b) geht
c) gerne
d) in den
e) Stadtpark

16. Bei welchem Wort handelt es sich um ein Subjekt in folgendem Satz: „Robert schwimmt oft im See."
a) Robert
b) schwimmt
c) oft
d) im
e) See

17. Bei welchem Wort handelt es sich um eine Präposition?
a) wir
b) du
c) es
d) in
e) sein

18. Bei welchem Wort handelt es sich um eine Konjunktion?
a) herzlich
b) und
c) ich
d) sein
e) so

19. Bei welchem Wort handelt es sich um ein Verb?
a) hundert
b) Stiftung
c) süß
d) sehen

20. Bei welchem Wort handelt es sich um ein Verb?
a) rollen
b) Rolle
c) rollig
d) Rollator

21. Welches Wort ist ein Pronomen?
a) uns
b) in
c) weil
d) für

22. Welches Wort ist ein bestimmter Artikel?
a) ein
b) er
c) den
d) für

23. Welches Wort steht im Akkusativ?
a) der Ball
b) gelaufen
c) der Fußballer
d) einen Lastwagen

Lösungen: Deutsche Grammatik

1. b)	9. a)	17. d)
2. d)	10.b)	18. b)
3. a)	11. d)	19. d)
4. a)	12. d)	20. a)
5. d)	13. a)	21. a)
6. b)	14. d)	22. c)
7. d)	15. b)	23. d)
8. a)	16. a)	

Getrennt- und Zusammenschreibung

Wörter können, auf für uns relevante Weise zumindest, als **Wortgruppen** oder als **Zusammensetzungen** miteinander verbunden werden. Bei Wortgruppen ist die eigenständige Bedeutung der Wörter im Vordergrund, während sie bei Zusammensetzungen in den Hintergrund rückt.

Wortgruppen werden getrennt geschrieben und Zusammensetzungen schreibt man zusammen. Doch es ist nicht immer leicht zu erkennen, ob es sich um eine Wortgruppe oder um eine Zusammensetzung handelt. Manchmal sind allerdings auch beide Schreibweisen korrekt. Beispiele: zuhause/zu Hause, aufgrund/auf Grund

Hier sind **fünf Faustregeln**, die eine erste Einschätzung erlauben. Es wird zusammengeschrieben, wenn

- durch das Zusammensetzen eine neue Gesamtbedeutung entsteht (Beispiel: sicherstellen, krankschreiben, schwertun),
- die Bestandteile so verändert sind, dass Wortart, Wortform oder Bedeutung nicht mehr erkennbar sind (Beispiel: nachtsüber, beizeiten, bestenfalls, derart),
- einer der Bestandteile nicht selbstständig vorkommt (Beispiel: großmütig, blauäugig, vieldeutig),
- der erste Bestandteil bedeutungsverstärkend oder bedeutungsabschwächend ist (Beispiel: brandgefährlich, bitterböse, minderwertig, superschnell, extraklein) und
- es sich um gleichrangige Adjektive handelt (Beispiel: nasskalt, feuchtwarm, blaugrün, taubstumm).

Besondere Regeln zu Verben

Verbindungen zwischen gleichrangigen Verben werden getrennt geschrieben:

- laufen gehen
- lesen lernen

Verbindungen aus Verb und Partizip (geschenkt, gefangen, gelernt etc.) werden ebenfalls getrennt geschrieben:

- Der Kommissar konnte den Verdächtigen gefangen nehmen.
- Der Schüler konnte nicht versetzt werden.
- Es wird getrennt geschrieben.

Entsteht eine neue Gesamtbedeutung durch das Zusammensetzen, wird zusammengeschrieben:

- zusammenziehen (man zieht zusammen in eine Wohnung/ein Haus ein) im Gegensatz zu: zusammen ziehen (buchstäblich gemeinsam an etwas ziehen).
- zusammenrechnen (addieren) im Gegensatz zu: zusammen rechnen (gemeinsam dem Akt des Rechnens nachgehen)
- wiederbekommen (zurückerhalten) – wieder bekommen (erneut erhalten), wiederkehren

Verbindungen aus Substantiv und Verb werden getrennt geschrieben:

- Ich wollte Auto fahren. Sie konnte Rad fahren. Er mag Fußball spielen. Du sollst keine Angst haben.
- Aber: das Radfahren, das Fußballspielen. (Das) Radfahren birgt viele Gefahren. Trotz des Fußballspielens ist er unsportlich.
- Aber: Wenn die Bedeutung des Substantivs verblasst, schreibt man es zusammen: etwas preisgeben. Er schlafwandelt. Wir mussten notlanden. An etwas teilnehmen.

Besondere Regeln zu Adjektiven/Partizipien

Verbindungen gleichrangiger Adjektive werden zusammengeschrieben. (Im Gegensatz zu der Regel bei Verben, wo gleichrangige Verben getrennt geschrieben werden!):

- grünblau
- feuchtwarm
- nasskalt

Ist ein Fugenelement vorhanden (z.B. ein „s“), wird zusammengeschrieben:

- altersschwach
- lebensmüde
- verhaltensauffällig

Verbindungen aus Adjektiv und Partizip, bei denen der erste Bestandteil das adjektivische Partizip ist, werden getrennt geschrieben:

- strahlend weiß
- kochend heiß
- überraschend stark

Verbindungen aus Adjektiv und Verb können getrennt oder zusammengeschrieben werden:

- kleinschneiden / klein schneiden
- warmmachen / warm machen
- kaputtmachen / kaputt machen

Verbindungen aus Adjektiv und Verb werden jedoch getrennt geschrieben, wenn das Adjektiv gesteigert oder durch „sehr" oder „ganz" erweitert ist:

- kleinschneiden / klein schneiden, aber nur: kleiner schneiden
- gerngesehen / gern gesehen, aber nur: sehr gern gesehen

Besondere Regeln zu Substantiven

Verbindungen mehrerer Substantive werden zusammengeschrieben:

- Internetmodem
- Bierflasche
- Bücherwurm

Verbindungen mit „bleiben" und „lernen" können getrennt oder zusammengeschrieben werden:

- sitzenbleiben / sitzen bleiben
- kennenlernen / kennen lernen
- bestehenbleiben / bestehen bleiben

Verbindungen aus Partizip und Partizip können getrennt oder zusammengeschrieben werden:

- gefangengenommen / gefangen genommen
- getrenntlebend / getrennt lebend
- gefangengehalten / gefangen gehalten

Häufig lässt die Betonung Aufschluss darüber zu, ob getrennt oder zusammengeschrieben wird. Beispiele:

- aneinanderfügen, aber: aneinander vorbeigehen
- ineinanderfließen
- zusammenziehen

Zahlen unter einer Million werden zusammengeschrieben:

- sechsunddreißigtausendvierhundert
- zweiundzwanzig

Auch:

- einmal, zweimal, dreimal, viermal

Zeit: **3 Minuten**

1. Mein Name wird ...
a) getrennt geschrieben.
b) getrenntgeschrieben.

2. Wenn wir an diesem Seil ..., schaffen wir es.
a) zusammenziehen
b) zusammen ziehen

3. Anna und Alex werden bald
a) zusammenziehen.
b) zusammen ziehen.

4. Ich habe es dir schon ... gesagt.
a) zwanzigmal
b) zwanzig Mal

5. Der Beamte konnte den Tatverdächtigen ,..
a) gefangennehmen.
b) gefangen nehmen.

6. Man kann mehrere Wörter ...
a) aneinanderfügen.
b) aneinander fügen.

7. „Irgendjemand" wird ...
a) zusammen geschrieben.
b) zusammengeschrieben.

8. Der Typ muss ja ... sein!
a) lebensmüde
b) Lebens müde

9. Das Flugzeug musste ...
a) notlanden.
b) Not landen.

10. Das ... ist gefährlich.
a) Rad fahren
b) Radfahren

11. 36.400 schreibt man ...
a) sechsunddreißigtausendvierhundert.
b) sechs und dreißig Tausend-Vierhundert.

12. Die ... Geisel konnte befreit werden.
a) gefangengehaltene
b) gefangen gehaltene

13. Wie lautet die korrekte Schreibweise?
a) ineinanderfließen
b) in einander fließen

Lösungen: Getrennt- und Zusammenschreibung

1. a)	6. a)	11. a)
2. b)	7. b)	12. a)
3. a)	8. a)	13. a)
4. a)	9. a)	
5. b)	10. b)	

Groß- und Kleinschreibung I

Substantivierungen

Substantivierungen sind Verben (im Infinitiv) oder Adjektive, die als Substantive gebraucht werden. Substantivierungen werden großgeschrieben. Oft steht ein Artikel davor, der auch mit einer Präposition verschmolzen sein kann (zum, beim etc..). Beispiele sind:

- Beim Laufen unterhalten sie sich.
- Das Rumpeln ist gut zu hören.
- Der Neue stellt sich vor.
- Altes und Neues sollte man begrüßen.
- In der Zeitung steht viel Interessantes.
- Der Schlauste bist du nicht gerade.

Nominale Aneinanderreihungen

Als nominale Aneinanderreihung bezeichnet man ein aus mehreren Wörtern bestehendes Wort, bei dem alle Bestandteile durch Bindestriche miteinander verbunden sind. Das erste Wort wird dabei immer großgeschrieben, da die gesamte Fügung nun ein Substantiv ist. Außerdem werden alle Substantive in der Aneinanderreihung großgeschrieben. Abkürzungen, Ziffern und Einzelbuchstaben behalten ihre ursprüngliche Schreibweise. Beispiele sind:

- UV-Strahlung
- Pro-Kopf-Verbrauch
- Das ist ja zum Aus-der-Haut-Fahren
- Preis-Leistungs-Verhältnis
- das i-Tüpfelchen

Weitere Regeln:

- Substantive und Namen werden großgeschrieben.
- Tageszeiten nach Adverbien werden als Substantive gesehen und daher großgeschrieben (Bsp.: gestern Nacht, morgen Abend, vorgestern Mittag). Ausnahme: Die Tageszeitangabe „früh“ kann man klein- oder großschreiben (Bsp.: heute früh, heute Früh).
- Unbestimmte Pronomen und Zahlwörter werden kleingeschrieben (Bsp.: ein bisschen, ein paar (nicht: ein Paar Schuhe, also zwei Stück)).
- Präpositionen werden kleingeschrieben (Bsp.: dank, kraft, laut, statt, trotz, seitens, angesichts, namens, um ... willen).
- Das erste Wort eines Straßennamens wird großgeschrieben, ebenso alle zum Namen gehörenden Adjektive und Zahlwörter (Bsp.: Lange Gasse, Neuer Markt, Auf dem Sande).

- Von geografischen Namen abgeleitete Wörter auf -er schreibt man immer groß (Bsp.: Berliner Bürger, Münchener Firma).
- Die von geografischen Namen abgeleiteten Adjektive auf -isch schreibt man klein, außer wenn sie Teil eines Namens sind (Bsp.: chinesische Gewürze, böhmische Dörfer).
- Das erste Wort eines in Anführungszeichen gesetzten Satzes wird großgeschrieben (Bsp.: Mit seinem ständigen „Ich mag nicht!" ging er uns allen auf die Nerven.).
- Nach einem Doppelpunkt wird ein selbstständiger Satz in der Regel großgeschrieben (Bsp.: Beachten Sie folgenden Hinweis: Alle Wohnungen verfügen über Einbauküchen.).
- Man schreibt nach einem Doppelpunkt klein, wenn der folgende Text nicht als selbstständiger Satz aufgefasst wird. Das ist in der Regel bei Aufzählungen, bei speziellen Angaben in Formularen etc. der Fall. (Bsp.: Er hatte alles verloren: sein Haus, seinen Hund und seine Frau.)

Zeit: **5 Minuten**

1. Mathe ist das ...
a) schönste
b) Schönste

2. Beim ... habe ich mich verletzt.
a) Laufen
b) laufen

3. Es gibt montags immer wenig ...
a) Neues
b) neues

4. An ein ... war nicht zu denken.
a) Weglaufen
b) weglaufen

5. Ein ... Auto habe ich mir gewünscht.
a) grünes
b) Grünes

6. Ein ... habe ich mir gewünscht.
a) grünes
b) Grünes

7. Die Ausbildung hatte viel ...
a) schönes
b) Schönes

8. ... sollte man begrüßen.
a) Altes und Neues
b) Altes und neues

9. Wir treffen uns ...
a) morgen mittag
b) Morgen mittag
c) Morgen Mittag
d) morgen Mittag

10. Meistens bin ich ... sehr müde.
a) Abends
b) abends

11. Um Gottes ...
a) Willen
b) willen

12. ... gehen wir jetzt nach Hause.
a) Am besten
b) Am Besten

13. Du bist ... daran!
a) schuld
b) Schuld

14. Es waren mal wieder die ... Verdächtigen.
a) Üblichen
b) üblichen

15. Er genießt das ...
a) Auf-der-faulen-Haut-Liegen
b) auf-der-faulen-Haut-liegen

16. Es sind mal wieder die ... .
a) üblichen
b) Üblichen.

Lösungen: Groß- und Kleinschreibung I

1. b)	7. b)	13. a)
2. a)	8. a)	14. b)
3. a)	9. d)	15. a)
4. a)	10. b)	16. b)
5. a)	11. b)	
6. b)	12. a)	

Groß- und Kleinschreibung II

Markiere den Satz mit der korrekten Schreibweise.

Zeit: **15 Minuten**

1. a) Ich stimme dir im Allgemeinen zu.
   b) Ich stimme Dir im allgemeinen zu.
   c) Ich Stimme dir im Allgemeinen zu.
   d) Ich stimme Dir im Allgemeinen zu.

2. a) Am Dienstag nachmittag können wir uns treffen.
   b) Am Dienstagnachmittag können wir uns treffen.
   c) Am Dienstag Nachmittag können wir uns Treffen.
   d) Am dienstag Nachmittag können wir uns treffen.

3. a) Jeweils am ersten des Monats findet die veranstaltung statt.
   b) Jeweils am Ersten des Monats findet die Veranstaltung statt.
   c) Jeweils am ersten des Monats findet die Veranstaltung statt.
   d) Jeweils am ersten des monats findet die Veranstaltung statt.

4. a) Im folgenden abschnitt wird das Ganze nochmals erklärt.
   b) Im Folgenden Abschnitt wird das ganze nochmals erklärt.
   c) Im folgenden Abschnitt wird das ganze nochmals Erklärt.
   d) Im folgenden Abschnitt wird das Ganze nochmals erklärt.

5. a) Von den unzähligen, die vor der Mauer standen, brach Jeder zweite in Tränen aus.
   b) Von den unzähligen, die vor der Mauer standen, brach jeder zweite in Tränen aus.
   c) Von den Unzähligen, die vor der Mauer standen, brach jeder Zweite in Tränen aus.
   d) Von den unzähligen, die vor der Mauer standen, brach jeder Zweite in Tränen aus.

6. a) Sie trug am liebsten Kleider in Weiß.
   b) Sie Trug am liebsten Kleider in weiß.
   c) Sie trug am Liebsten Kleider in Weiß.
   d) Sie trug am Liebsten Kleider in weiß.

7. a) Vom bayerischen Wald bis zu den ostfriesischen Inseln ...
   b) Vom Bayerischen Wald bis zu den Ostfriesischen Inseln ...
   c) Vom Bayerischen wald bis zu den Ostfriesischen inseln ...
   d) Vom bayerischen wald bis zu den ostfriesischen inseln ...

8. a) Die Ermittler tappten bei der Suche im Dunkeln.
   b) Die Ermittler Tappten bei der Suche im dunkeln.
   c) Die Ermittler tappten bei der suche im Dunkeln.
   d) Die Ermittler tappten bei der Suche im dunkeln.

9. a) Ihr wurde Angst und Bange bei dem gedanken an den Keller.
   b) Ihr wurde Angst und Bange bei dem Gedanken an den Keller.
   c) Ihr wurde Angst und bange bei dem Gedanken an den Keller.
   d) Ihr wurde angst und bange bei dem Gedanken an den Keller.

10. a) Sie haben dem Unternehmen großes leid zugefügt.
    b) Sie haben dem Unternehmen großes Leid zugefügt.
    c) Sie haben den unternehmen großes Leid zugefügt.
    d) Sie haben dem Unternehmen Großes Leid zugefügt.

11. a) Ist es dir recht, wenn wir morgen gemeinsam Essen?
    b) Ist es Dir recht, wenn wir Morgen gemeinsam essen?
    c) Ist es dir Recht, wenn wir Morgen gemeinsam Essen?
    d) Ist es dir recht, wenn wir morgen gemeinsam essen?

12. a) Es ist ein schöner Tag, die Sonne scheint und die Vögel zwitschern.
    b) Es ist ein schöner Tag, die Sonne scheint und die vögel zwitschern.
    c) Es ist ein schöner tag, die Sonne scheint und die Vögel zwitschern.
    d) Es ist ein schöner Tag, die Sonne scheint und die Vögel Zwitschern.

13. a) Er reiste zum ersten Mal nach China, aber viel Erfahrung hatte er nicht.
    b) Er Reiste zum ersten Mal nach China, aber viel Erfahrung hatte er nicht.
    c) Er reiste zum Ersten mal nach China, aber viel erfahrung hatte er nicht.
    d) Er reiste zum Ersten Mal nach China, aber viel erfahrung hatte er nicht.

14. a) Alles weitere kann mit mir besprochen werden.
    b) Alles Weitere kann mit Mir besprochen werden.
    c) Alles weitere kann mit mir Besprochen werden.
    d) Alles Weitere kann mit mir besprochen werden.

15. a) Meiner meinung nach ist es nicht gut, wenn ein Buch viele Rechtschreibfehler hat.
    b) Meiner Meinung nach ist es nicht gut, wenn ein Buch viele rechtschreibfehler hat.
    c) Meiner Meinung nach ist es nicht gut, wenn ein Buch viele Rechtschreibfehler hat.
    d) Meiner Meinung nach ist es nicht Gut, wenn ein Buch viele Rechtschreibfehler hat.

16. a) Der Eine oder Andere wird noch kommen.
    b) Der eine oder andere wird noch kommen.
    c) Der Eine oder andere wird noch kommen.
    d) Der eine oder Andere wird noch kommen.

Lösungen: Groß- und Kleinschreibung II

1. a)	7. b)	13. a)
2. b)	8. a)	14. d)
3. b)	9. d)	15. c)
4. d)	10. b)	16. b)
5. c)	11. d)	
6. a)	12. a)	

Schreibweise von Straßennamen

Für die Schreibweise der Namen von öffentlichen Straßen, Plätzen und Brücken gelten im Allgemeinen dieselben Regeln wie für sonstige Namen. Abweichende Einzelfestlegungen durch die jeweils zuständigen Behörden kommen jedoch vor.

Das erste Wort eines Straßennamens wird großgeschrieben, ebenso alle zum Namen gehörenden Adjektive und Zahlwörter:

- Im Trutz
- Am Alten Lindenbaum
- Kleine Bockenheimer Straße
- An den Drei Tannen

Zusammengesetzte Straßennamen schreibt man zusammen:

- Bahnhofstraße, Rathausgasse, Bismarckring, Beethovenplatz, Schlossallee
- Neumarkt, Langgasse, Hochstraße

Bei einem gebeugten Adjektiv wird getrennt geschrieben:

- Neuer Markt, Lange Gasse, Hohe Straße

Getrennt schreibt man, wenn eine Ableitung auf „-er" von einem Orts- oder Ländernamen vorliegt:

- Leipziger Straße, Am Saarbrücker Tor, Thüringer Platz, Kalk-Deutzer Straße, Bad Homburger Weg oder Bad-Homburger Weg

Straßennamen, die mit mehrteiligen Namen zusammengesetzt sind, schreibt man mit Bindestrichen:

- Georg-Büchner-Straße, Kaiser-Friedrich-Ring, Van-Dyck-Weg, E.-T.-A.-Hoffmann-Straße, Carl-Maria-von-Weber-Allee, Berliner-Tor-Platz, Am St.-Georgs-Kirchhof, Bad-Kissingen-Straße, Sankt-Blasien-Weg, Von-Repkow-Platz, Bürgermeister-Dr.-Meier-Allee

Korrekte Schreibweise:

- Straße, Allee, Chaussee, Pfad, Weg, Platz, Gasse, Hof, Markt, Damm

Beantworte bitte die folgenden Aufgaben, indem du den Buchstaben mit der richtigen Schreibweise markierst.

Zeit: **5 Minuten**

1.
a) Bismarkstraße
b) Bismarck Strasse
c) Bismarckstraße
d) Bismark-Straße

2.
a) Kaiser-Wilhelm-Allee
b) Kaiser Willhelm Allee
c) Kaiserwilhelm Allee
d) Kaiser-Willhelm Alee

3.
a) Leipziger Strasse
b) Leipzigerstraße
c) Leipziger-Straße
d) Leipziger Straße

4.
a) Charlottenburger-Chausee
b) Charlotten-Burger-Chaussee
c) Charlottenburger Chaussee
d) Charlottenburger Choussee

5.
a) Nietsche Straße
b) Nietzschestraße
c) Nietzsche-Straße
d) Nietschestrasse

6.
a) Altona-Neustädter Chaussee
b) Altona-Neustädter-Chaussee
c) Altona Neustädter Choussee
d) Altona Neustädter Chaussee

7.
a) Beethovenplatz
b) Beethoven Platz
c) Beethofenplatz
d) Beethoven-Platz

8.
a) Bären Weg
b) Berenweg
c) Bären-Weg
d) Bärenweg

9.
a) Frankfurter Alle
b) Frankfurter-Allee
c) Frankfurter Allee
d) Frankfurterallee

10.
a) Willy-Brandt-Platz
b) Willi Brandt Platz
c) Willy-Brant Platz
d) Willi Brand-Platz

Lösungen: Schreibweise von Straßennamen

Zu 1. c) Bismarckstraße
Ist nur der Nachname einer Person Teil des Straßennamens, wird er zusammengeschrieben. Der Politiker Bismarck schreibt sich mit „ck“.

Zu 2. a) Kaiser-Wilhelm-Allee
Wenn der Straßenname den Vor- und Nachnamen einer Person beinhaltet, werden alle Glieder mit Bindestrich verbunden.

Zu 3. d). Leipziger Straße
Ist die Straße nach einem Ort benannt, steht der Ortsname getrennt von der Straßenbezeichnung. Straße schreibt sich mit „ß“.

Zu 4. c) Charlottenburger Chaussee
Ist die Straße nach einem Ort benannt, steht der Ortsname getrennt von der Straßenbezeichnung. „Chaussee“ schreibt sich mit „ss“ und „ee“.

Zu 5. b) Nietzschestraße. Ist nur der Nachname einer Person Teil des Straßennamens, wird er zusammengeschrieben. Der Philosoph Friedrich Nietzsche schreibt sich mit „tz“.

Zu 6. a) Altona-Neustädter Chaussee
Ist die Straße nach einem Ort benannt, steht der Ortsname getrennt von der Straßenbezeichnung. Altona-Neustadt ist eine Ortsbezeichnung.

Zu 7. a) Beethovenplatz
Ist nur der Nachname einer Person Teil des Straßennamens, wird er zusammengeschrieben.

Zu 8. d) Bärenweg
Ist ein Substantiv namensgebend, wird es mit der Straßenbezeichnung zusammengeschrieben.

Zu 9. c) Frankfurter Allee
Ist die Straße nach einem Ort benannt, steht der Ortsname getrennt von der Straßenbezeichnung.

Zu 10. a) Willy-Brandt-Platz
Wenn der Straßenname den Vor- und Nachnamen einer Person beinhaltet, werden alle Glieder mit Bindestrich verbunden. Der Politiker Willy Brandt schreibt sich mit „y“ und „dt“.

Diktate

Im Folgenden findest du zwei Diktate. Lass dir diese Diktate am besten von einem Freund oder einer Freundin vorlesen und versuche, möglichst wenige Rechtschreib- und Grammatikfehler zu machen.

Diktat 1 – Eskalation vermeiden (226 Wörter)

Das Recht auf freie Meinungsäußerung gehört ebenso zu den Grundrechten wie die Versammlungsfreiheit. Ursprünglich friedliche Großdemonstrationen, die sich plötzlich zu gewalttätigen Krawallen entwickeln, provozieren jedoch oftmals den Ruf nach einer genauen Definition, wo die Rechte der Demonstrierenden enden und die Pflichten beginnen. Die Gesetzeshüterinnen und Gesetzeshüter sehen sich hier häufig nur schwer voraussehbaren Situationen ausgesetzt, in denen es darauf ankommt, schnell und spontan zu reagieren, um Schlimmeres zu verhindern. Sowohl die Geschichte als auch die Psychologie lehrt, dass das Aufeinandertreffen großer Menschenmassen, die von verschiedenen Ideologien geleitet werden, gefährliche Mechanismen freisetzen kann. Die Gründe liegen klar auf der Hand. In der Gruppe fällt es leichter, seine Meinung zu vertreten, da man von Gleichgesinnten umgeben ist. Besonders riskant ist in diesem Zusammenhang jedoch auch das Phänomen, in der Masse verschwinden zu können. Das Moment der Eigenverantwortung nimmt ab, Hemmschwellen fallen und die Betroffenen lassen sich von den jeweiligen Strömungen mitreißen und im schlimmsten Fall zu aggressiven Handlungen verleiten. Wie also beugt man derartigen Übergriffen vor? Diktaturen und Militärregime bieten hier keinerlei Anhaltspunkte. Denn unter dem Vorwand, Eskalation zu verhindern, untersagen sie sämtliche Formen der Kundgebungen und Demonstrationen. Demonstrationen stellen ein wesentliches Element dieses Mitwirkens großer Bevölkerungsteile dar. Daher sollte nicht das Recht auf Versammlungsfreiheit infrage gestellt, sondern der Fokus auf die Entwicklung von Strategien der kommunikativen Konfliktlösung gelegt werden, um den friedlichen Ausgang von Demonstrationen zu garantieren.

Diktat 2 – Teamwork ist bekanntermaßen alles (214 Wörter)

In einer Gesellschaft, in der sich alles nur um Leistungsstreben und Konkurrenzkampf dreht, gewinnt die Bedeutung von Teamwork eine immer größer werdende Rolle. Dies trifft vor allem auf Berufe zu, in denen nicht nur der Erfolg, sondern auch Gesundheit und Leben der Betroffenen von einer tadellosen Kommunikation und vorbildlichen Zusammenarbeit abhängen. Sei es nun im medizinischen oder sozialen Bereich, die Fähigkeit, gemeinsam mit Kolleginnen und Kollegen an einem Ziel zu arbeiten, ist ein entscheidendes Kriterium bei der Personalauswahl. Ähnliches gilt natürlich auch für die Polizeiarbeit, welche Experten auf unterschiedlichen Gebieten zusammenführt. Eine klare und transparente Verständigung zwischen den Beteiligten bildet dabei die Grundlage, um zu einem zuverlässigen Ermittlungsergebnis zu gelangen. Wer hier eine Schwäche sieht, sollte sich für einen anderen Beruf, in dem ein unabhängiges und eigenständiges Arbeiten als vorteilhaft angesehen wird, entscheiden. Bei einem Polizeieinsatz stellt diese Verhaltens- beziehungsweise Vorgehensweise jedoch ein unnötiges Risiko dar und kann nicht nur das eigene Leben, sondern auch das der Kollegin beziehungsweise des Kollegen sowie schutzbedürftiger Bürgerinnen und Bürger gefährden. In der Ausbildung sowie im Beruf gilt es also, ein entspanntes Arbeitsklima herzustellen, die Verständigung nach allen Regeln der Kunst zu fördern und auf diese Weise dafür zu sorgen, dass Unarten wie Ellenbogendenken, Diskriminierung und Mobbing, welche gerade hier ein gravierendes Sicherheitsrisiko darstellen, gar nicht erst aufkommen.

Deutscher Lückentext

In den Lückentext-Übungen müssen die leeren Positionen um Pronomen, Verben, Adjektive, Subjekte, Artikel, Appositionen oder die korrekte Kasus- oder Pluralmarkierung ergänzt werden.

1. Der Kunde nimmt ____ Produkt entgegen, um es später auszuprobieren.
a) das
b) die
c) der
d) des

2. Auf dem Weg zur Arbeit wurde ___ Angestellten bewusst, dass er seine Brieftasche zuhause vergessen hatte.
a) des
b) den
c) dem
d) die

3. Es ist wichtig, sich einen ___blick zu verschaffen.
a) An
b) Aus
c) Um
d) Über

4. Meine Großeltern haben ___ Nachbarin, die täglich Unkraut jätet.
a) eine
b) ein
c) einen
d) einer

5. Wir leben in einer Straße, ___ ___ nicht viel los ist.
a) in das
b) in der
c) in dem
d) in die

6. Auf der Autobahn entdecke ich ein Fahrzeug, _____ zu schnell fährt.
a) welcher
b) welchen
c) welches
d) welchem

7. Der NSA-Untersuchungsausschuss soll Ausmaß und Hintergründe der Ausspähungen durch ____ Geheimdienste in Deutschland aufklären.
a) Ausland
b) ausländische
c) fremd
d) fremde

8. Unter einem Verbrechen wird gemeinhin ein schwerwiegender Verstoß gegen die Rechtsordnung ___ Gesellschaft oder die Grundregeln menschlichen Zusammenlebens verstanden.
a) seiner
b) keiner
c) einer
d) ihrer

9. Unter Kapital im volkswirtschaftlichen Sinne kann man alle bei der Erzeugung beteiligte Produktionsmittel _____.

a) lernen
b) verstehen
c) sehen
d) behandeln

10. Südostengland mit der Hauptstadt London, der klimatisch meistbegünstigte Teil Großbritanniens, unterscheidet sich in ____ Hinsicht von den anderen Teilen der Insel.
a) vielerlei
b) weiter
c) großer
d) mehrerer

11. Neben der Bushaltestelle steht ___ _____ Junge und wartet auf den Bus.
a) ein kleiner
b) eine kleine
c) ein kleines
d) einer kleiner

12. Dass die Betreuung für ältere Menschen zu viel kostet, ist eine ____stellung.
a) Über
b) Unter
c) Auf
d) Ab

13. Die Aussage, ___ die Anzahl der Gewaltdelikte jedes Jahr steigt, muss überprüft werden.
a) welche
b) daß
c) das
d) dass

14. Dass ___ der Höhepunkt ist, hat niemand bezweifelt.
a) dass
b) das
c) welches
d) daß

15. Das Werk des angesehenen italienischen __________ wurde mit dem Literaturnobelpreis ausgezeichnet.
a) Schriftstellern
b) Schriftsteller
c) Schriftstellers
d) Schriftstelle

16. Der Fund des ______ ist für die weiteren Ermittlungen von großer Bedeutung.
a) Fluchtfahrzeugs
b) Flucht Fahrzeugs
c) Fluchtfahrzeug
d) Flucht-Fahrzeug

17. Bevor man sich ein neues Auto zulegt, ist es ratsam, eine ________ zu machen.
a) Probe Fahrt
b) Probefahrt
c) probefahrt
d) probe Fahrt

18. Am Abend werden ______ die Ampeln ausgeschaltet.
a) überlicherweise
b) üblicherweise
c) üblichweise
d) üblicher Weise

19. Der Vorname meiner ______ ist Anna.
a) Lehrer
b) Lehrers
c) Lehrern
d) Lehrerin

20. Wenn du jetzt _____, ist alles vorbei.
a) gingst
b) gehen
c) geht
d) gehst

21. Das _____ von Alkohol ist während der Dienstzeit nicht erlaubt.
a) trinken
b) Getränk
c) Trinken
d) Getrinke

22. Wenn man etwas investiert, erwartet man, etwas ________.
a) zurückzuerhalten
b) zurück zu erhalten
c) zurück erhalten
d) zurückerhalten

23. Ein Verbrechen ist ein Verstoß gegen die Rechtsordnung _____ Staates.
a) ein
b) einer
c) eines
d) einem

24. Diese Frage sollten Sie mit Ihrem ____ besprechen.
a) Ärzten
b) Arzt
c) Ärztin
d) Arztes

25. Das Dschungelbuch ist eine Sammlung von Erzählungen und Gedichten des britischen ___ Rudyard Kipling.
a) Autor
b) Autorin
c) Autoren
d) Autors

26. Häufig folgt auf einen Putsch eine Militärdiktatur
oder die Herrschaft eines autoritären ___.
a) regime
b) Regime
c) Regimes
d) regimes

27. Die Karrieremessen werden von Hochschulen, professionellen ___ und den Industrie- und Handelskammern organisiert.
a) Dienstleister
b) Dienstleistern
c) Dienstleisters
d) Dienstleisterin

28. Non-Profit-Organisationen nehmen bestimmte ___ der Bedarfsdeckung, Förderung oder Interessenvertretung bzw. Beeinflussung für ihre Mitglieder oder Dritte wahr.
a) Zwecke
b) Zweck
c) Zwecks
d) Zwecken

29. Ziele von Frauenvereinen sind häufig soziale Anliegen im ___ oder Frauenthemen und Frauenfragen im Besonderen.
a) allgemein
b) Allgemein
c) Allgemeinen
d) allgemeinen

30. Die Kriegsküche war im Ersten Weltkrieg eine Suppenküche zur Versorgung weiter ___ der Zivilbevölkerung.
a) Kreis
b) Kreise
c) Kreisen
d) Kreises

Lösungen: Deutscher Lückentext

1. a)	11. a)	21. c)
2. c)	12. b)	22. a)
3. d)	13. d)	23. c)
4. a)	14. b)	24. b)
5. b)	15. c)	25. d)
6. c)	16. a)	26. c)
7. b)	17. b)	27. b)
8. c)	18. b)	28. a)
9. b)	19. d)	29. c)
10. a)	20. d)	30. b)

Zu 22.: a) Für die Getrennt- oder Zusammenschreibung bei Erweiterungen von Infinitiven mit „zu" gibt es eine einfache Regel: Wird das Verb in seiner Grundform bereits zusammengeschrieben, so wird auch die Erweiterung mit „zu" zusammengeschrieben. Wird die Verb-Verbindung allerdings auseinander geschrieben, wird auch die Erweiterung getrennt geschrieben.

Konjunktionen

Konjunktionen werden auch Bindewörter genannt. Vereinfacht gesagt ist ihre Aufgabe, einzelne Satzteile zu verbinden. So verbinden sie entweder zwei Hauptsätze, zwei Nebensätze oder einen Hauptsatz und einen Nebensatz durch ein Komma miteinander. Der Vollständigkeit halber sei erwähnt, dass sie auch einzelne Wörter, Satzglieder oder Satzgruppen verbinden können. In diesem Unterkapitel wollen wir uns aber auf die Haupt- und Nebensätze konzentrieren.

Ein Hauptsatz ist immer ein vollständiger Satz, der für sich allein stehen kann. Beispiel: Ein Hund läuft auf der Straße. Einen Nebensatz erkennst du daran, dass er für sich allein keinen Sinn ergibt, zum Beispiel: ein Hund auf der Straße läuft. Je nachdem, welche Satzteile die Konjunktionen miteinander verbinden, unterscheidet man zwischen nebenordnenden Konjunktionen und unterordnenden Konjunktionen.

Nebenordnende Konjunktionen
Diese verbinden Satzteile, Hauptsätze und/oder Nebensätze miteinander. Beispiel: Sie kam zu spät, denn sie hatte den Bus verpasst. Die Konjunktion ist hier das Wort „denn". Weitere nebenordnende Konjunktionen sind unter anderem: aber, oder, außer, wie, denn, sondern.

Unterordnende Konjunktionen
Diese verbinden einen Hauptsatz mit einem Nebensatz. Ein solcher Satz könnte wie folgt lauten: Wasche den Apfel ab, bevor du ihn isst. Der Hauptsatz beginnt mit dem Wort „Wasche" und der Nebensatz wird mit der Konjunktion „bevor" eingeleitet. Ein weiteres Beispiel ist: Sie war noch sehr jung, als sie heiratete. Unterordnende Konjunktionen sind außerdem: dass, sodass, bis, von dem etc.

Setze die zur Verfügung stehende Konjunktion so in den Satz ein, dass ein grammatikalisch korrekter Satz entsteht.

Zeit: **5 Minuten**

Weil, Da, Ob, Obwohl
1. __________ Kinder von Natur aus neugierig sind, gibt es viele Möglichkeiten der Wissensvermittlung.

ob, weil, wenn, als
2. Kinder wünschen sich unterhaltsamen Schulunterricht, __________ sie diese Form des Unterrichts durch die Sesamstraße gewöhnt sind.

wenn, weil, zumal, während

3. Die Eltern begrüßen solche Fernsehsendungen, __________ sie ihnen die Rechtfertigung liefern, Kinder stundenlang vor dem Fernsehgerät sitzen zu lassen.

Falls, Weil, Wenn, Während

4. __________ Eltern sehr beschäftigt sind, verbringen Kinder oft unbeaufsichtigt Zeit vor dem Fernseher.

indem, weil, es sei denn, obwohl

5. Sesamstraße ist nicht als Unterricht zu bezeichnen, __________, dass grundlegende bildungstheoretische Bedingungen berücksichtigt werden.

haben, sollen, wollen, um

6. Kinder __________ kein falsches Bild vom Schulunterricht bekommen.

sollen, um, haben, wollen

7. Eltern __________ den Kindern kein falsches Bild von Schule vermitteln.

Während, Auch wenn, Indem, Falls

8. __________ Kinder sich vom Fernsehen angezogen fühlen, verschließen sie sich doch nicht den Angeboten ihrer Mitschüler.

Egal, Wobei, Je nachdem, Sondern auch

9. __________, was Kinder bevorzugen, wird ihr Lernverhalten beeinflusst.

Als, Wie, Wo, Was

10. __________ Bildungstheoretiker herausfanden, muss Lernen auch mit einem gewissen Maß an Disziplin verbunden sein.

Lösungen: Konjunktionen

Zu 1.: **Da**
Da Kinder von Natur aus neugierig sind, gibt es viele Möglichkeiten der Wissensvermittlung.

Zwischen den Konjunktionen „da" und „weil" bestehen feine Unterschiede im Gebrauch. „Da" wird meist verwendet, wenn das Geschehen im Nebensatz ohne besonderes Gewicht ist, vor allem wenn es bereits bekannt ist. Dann ist der Nebensatz meist Vordersatz.

Zu 2.: **weil**
Kinder wünschen sich unterhaltsamen Schulunterricht, weil sie diese Form des Unterrichts durch die Sesamstraße gewöhnt sind.

„Weil" wird vor allem verwendet, wenn das Geschehen wichtig und neu ist. Der Nebensatz ist dann meist Nachsatz.

Zu 3.: **zumal**
Die Eltern begrüßen solche Fernsehsendungen, zumal sie ihnen die Rechtfertigung liefern, Kinder stundenlang vor dem Fernsehgerät sitzen zu lassen.

Die Konjunktion „zumal" benennt einen zusätzlichen Grund, der auch zumeist verstärkende Bedeutung hat.

Zu 4.: **Wenn**
Wenn Eltern sehr beschäftigt sind, verbringen Kinder oft unbeaufsichtigt Zeit vor dem Fernseher.

Die Konjunktionen „wenn" und „falls" unterscheiden sich insofern, als „wenn" auch immer eine temporale Bedeutung hat. „Falls/sofern" haben ausschließlich konditionale Bedeutung.

Zu 5.: **es sei denn**
Sesamstraße ist nicht als Unterricht zu bezeichnen, es sei denn, dass grundlegende bildungstheoretische Bedingungen berücksichtigt werden.

Ein Satz, der mit „es sei denn" eingeleitet wird, hat ausschließlich konditionale Bedeutung.

Zu 6.: **sollen**
Kinder sollen kein falsches Bild vom Schulunterricht bekommen.

„Sollen" und „wollen" sind Modalverben, die Wunsch, Zwang oder Möglichkeit bezeichnen. Die passende modale Konjunktion lautet „sollen".

Zu 7.: **wollen**
Eltern wollen den Kindern kein falsches Bild von Schule vermitteln.

Auch hier gilt, „sollen" und „wollen" sind Modalverben, die Wunsch, Zwang oder Möglichkeit bezeichnen. Die passende modale Konjunktion lautet „wollen".

Zu 8.: **Auch wenn**
Auch wenn Kinder sich vom Fernsehen angezogen fühlen, verschließen sie sich doch nicht den Angeboten ihrer Mitschüler.

Die Konjunktionen „wenn auch", „auch wenn", „selbst wenn" betonen den Sachverhalt des Nebensatzes.

Zu 9.: **Je nachdem**
Je nachdem, was Kinder bevorzugen, wird ihr Lernverhalten beeinflusst.

Mit der Konjunktion „je nachdem" werden Kriterien bezeichnet, die darüber entscheiden, was im vorhergehenden Hauptsatz zutreffen kann. Die Konjunktion wird immer in Verbindung mit einem Interrogativpronomen verwendet.

Zu 10.: **Wie**
Wie Bildungstheoretiker herausfanden, muss Lernen auch mit einem gewissen Maß an Disziplin verbunden sein.

Mit der Konjunktion „wie" wird die Quelle einer Information gekennzeichnet.

Kommasetzung

Kommata treten im Deutschen in verschiedenen Satzkonstellationen auf. Hier sind einige Grundregeln, die du bei der Kommasetzung beachten solltest.

Regeln

1. Ein Komma kann bei Aufzählungen genutzt werden.

Beispiel: Ich bin eine fleißige, strebsame, ordentliche Schülerin. Oder: Ich bin eine fleißige, strebsame und ordentliche Schülerin. Hier wurde das Komma durch ein „und" ersetzt. Statt „und" könnte auch „oder" oder „sowie" das Komma ersetzen.

2. Ein Komma steht vor Konjunktionen wie aber, allerdings, jedoch, sondern etc.

Beispiele: Ihre Mutter ist eine liebevolle, aber strenge Frau. Nicht nur der Bus, sondern auch der Zug ist sehr pünktlich.

3. Wird das Subjekt in einem Satz genauer beschrieben, wird die nähere Beschreibung (Apposition) durch Kommas eingeschlossen.

Beispiel: Herr Schneider, der Nachbar, ist genervt von den Kindern.

4. Ein Komma trennt den Hauptsatz vom Nebensatz ab. Weil es schneit, dürfen die Kinder im Klassenraum bleiben.

Beispiele: Die Kinder dürfen im Klassenraum bleiben, weil es schneit. Der Mann, der jeden Sonntag joggen geht, ist krank.

Zeit: **10 Minuten**

1. In welchem Satz sind alle Kommas richtig gesetzt?

a) Der Kriminalstatistik 2014, die Schleswig-Holstein im März 2015 veröffentlichte, ist zu entnehmen, dass die Anzahl der Kriminalfälle um 1,2 Prozent auf 202.301 Delikte anstieg, nachdem in den vier Kalenderjahren zuvor eine rückläufige Kriminalität verzeichnet wurde.

b) Der Kriminalstatistik 2014 die Schleswig-Holstein im März 2015 veröffentlichte ist zu entnehmen, dass die Anzahl der Kriminalfälle um 1,2 Prozent auf 202.301 Delikte anstieg nachdem in den vier Kalenderjahren zuvor eine rückläufige Kriminalität verzeichnet wurde.

c) Der Kriminalstatistik 2014, die Schleswig-Holstein im März 2015 veröffentlichte, ist zu entnehmen dass die Anzahl der Kriminalfälle um 1,2 Prozent auf 202.301 Delikte anstieg, nachdem in den vier Kalenderjahren zuvor eine rückläufige Kriminalität verzeichnet wurde.

d) Der Kriminalstatistik 2014, die Schleswig-Holstein im März 2015 veröffentlichte, ist zu entnehmen, dass die Anzahl der Kriminalfälle um 1,2 Prozent, auf 202.301 Delikte anstieg, nachdem in den vier Kalenderjahren zuvor eine rückläufige Kriminalität verzeichnet wurde.

2. In welchem Satz sind alle Kommas richtig gesetzt?
a) „Da die Aufklärungsquote auf 51,2 Prozent angestiegen ist bleibt Schleswig-Holstein ein sicheres Bundesland" erklärte Stefan Studt der Landesinnenminister stolz, „zumal dies der beste Wert des letzten Jahrzehnts ist."
b) „Da die Aufklärungsquote auf 51,2 Prozent angestiegen ist, bleibt Schleswig-Holstein ein sicheres Bundesland", erklärte Stefan Studt, der Landesinnenminister stolz, „zumal dies der beste Wert des letzten Jahrzehnts ist."
c) „Da die Aufklärungsquote, auf 51,2 Prozent angestiegen ist, bleibt Schleswig-Holstein ein sicheres Bundesland", erklärte Stefan Studt, der Landesinnenminister stolz, „zumal dies der beste Wert, des letzten Jahrzehnts ist."
d) „Da die Aufklärungsquote auf 51,2 Prozent angestiegen ist, bleibt Schleswig-Holstein ein sicheres Bundesland", erklärte Stefan Studt, der Landesinnenminister stolz „zumal dies der beste Wert des letzten Jahrzehnts ist."

3. In welchem Satz sind alle Kommas richtig gesetzt?
a) Die Häufigkeitszahl die angibt, wie viele Straftaten auf 100.000 Einwohner entfallen erhöhte sich leicht auf 7.184.
b) Die Häufigkeitszahl die angibt, wie viele Straftaten auf 100.000 Einwohner entfallen, erhöhte sich leicht auf 7.184.
c) Die Häufigkeitszahl, die angibt, wie viele Straftaten, auf 100.000 Einwohner entfallen, erhöhte sich leicht auf 7.184.
d) Die Häufigkeitszahl, die angibt, wie viele Straftaten auf 100.000 Einwohner entfallen, erhöhte sich leicht auf 7.184.

4. In welchem Satz sind alle Kommas richtig gesetzt?
a) Der Kriminalitätsanstieg gegenüber 2013, verlautbarte der Innenminister, beruhe im Wesentlichen auf Verstößen gegen das Asylverfahrens-, das Aufenthalts- und das EU-Freizügigkeitsgesetz.
b) Der Kriminalitätsanstieg gegenüber 2013 verlautbarte der Innenminister, beruhe im Wesentlichen auf Verstößen gegen das Asylverfahrens-, das Aufenthalts- und das EU-Freizügigkeitsgesetz.
c) Der Kriminalitätsanstieg gegenüber 2013 verlautbarte der Innenminister beruhe im Wesentlichen auf Verstößen gegen das Asylverfahrens-, das Aufenthalts- und das EU-Freizügigkeitsgesetz.
d) Der Kriminalitätsanstieg, gegenüber 2013, verlautbarte der Innenminister, beruhe im Wesentlichen auf Verstößen, gegen das Asylverfahrens-, das Aufenthalts- und das EU-Freizügigkeitsgesetz.

5. In welchem Satz sind alle Kommas richtig gesetzt?
a) Während in 2014 noch 4.309 derartige Delikte verzeichnet wurden kam es 2015 zu einer Erhöhung um 3.463 Fälle auf 7.772 was einem Anstieg von 80,4 Prozent entspricht.
b) Während in 2014 noch 4.309 derartige Delikte verzeichnet wurden, kam es 2015 zu einer Erhöhung um 3.463 Fälle auf 7.772 was einem Anstieg von 80,4 Prozent entspricht.
c) Während in 2014 noch 4.309 derartige Delikte verzeichnet wurden, kam es 2015 zu einer Erhöhung, um 3.463 Fälle auf 7.772, was einem Anstieg von 80,4 Prozent entspricht.
d) Während in 2014 noch 4.309 derartige Delikte verzeichnet wurden, kam es 2015 zu einer Erhöhung um 3.463 Fälle auf 7.772, was einem Anstieg von 80,4 Prozent entspricht.

6. In welchem Satz sind alle Kommas richtig gesetzt?
a) Dies liege, so Studt, an einem vermehrten Zuzug, von Flüchtlingen, nicht nur aus weltweiten Kriegs-, sondern auch Armutsregionen.
b) Dies liege, so Studt, an einem vermehrten Zuzug von Flüchtlingen nicht nur aus weltweiten Kriegs-, sondern auch Armutsregionen.
c) Dies liege so Studt, an einem vermehrten Zuzug von Flüchtlingen nicht nur aus weltweiten Kriegs-, sondern auch Armutsregionen.
d) Dies liege so Studt an einem vermehrten Zuzug von Flüchtlingen nicht nur aus weltweiten Kriegs-, sondern auch Armutsregionen.

7. In welchem Satz sind alle Kommas richtig gesetzt?
a) Im Übrigen berichtete der Innenminister von rückläufigen Zahlen, musste aber eine Zunahme bei Raub und Brandstiftung einräumen.
b) Im Übrigen, berichtete der Innenminister von rückläufigen Zahlen, musste aber eine Zunahme bei Raub und Brandstiftung einräumen.
c) Im Übrigen berichtete der Innenminister von rückläufigen Zahlen musste aber eine Zunahme bei Raub und Brandstiftung einräumen.
d) Im Übrigen berichtete der Innenminister, von rückläufigen Zahlen, musste aber eine Zunahme bei Raub und Brandstiftung einräumen.

8. In welchem Satz sind alle Kommas richtig gesetzt?
a) Während die Gewaltkriminalität um ein Prozent zurückging verminderte sich die Zahl der Diebstähle um 0,3 Prozent der Sachbeschädigungen um 1,7 Prozent und der Vermögensdelikte um 2,9 Prozent wohingegen 78 vorsätzliche Brandstiftungen mithin 13,4 Prozent mehr als im Vorjahr registriert wurden.
b) Während die Gewaltkriminalität um ein Prozent zurückging, verminderte sich die Zahl der Diebstähle um 0,3 Prozent, der Sachbeschädigungen, um 1,7 Prozent und der Vermögensdelikte, um 2,9 Prozent, wohingegen 78 vorsätzliche Brandstiftungen, mithin 13,4 Prozent mehr als im Vorjahr registriert wurden.

c) Während die Gewaltkriminalität um ein Prozent zurückging, verminderte sich die Zahl der Diebstähle um 0,3 Prozent, der Sachbeschädigungen um 1,7 Prozent und der Vermögensdelikte um 2,9 Prozent, wohingegen 78 vorsätzliche Brandstiftungen, mithin 13,4 Prozent mehr als im Vorjahr registriert wurden.
d) Während die Gewaltkriminalität, um ein Prozent zurückging, verminderte sich die Zahl der Diebstähle um 0,3 Prozent, der Sachbeschädigungen um 1,7 Prozent und der Vermögensdelikte, um 2,9 Prozent, wohingegen 78 vorsätzliche Brandstiftungen, mithin 13,4 Prozent mehr als im Vorjahr registriert wurden.

9. In welchem Satz sind alle Kommas richtig gesetzt?
a) Stefan Studt betonte ferner dass die Jugendkriminalität auch gemessen am Anteil Tatverdächtiger unter 21 Jahren von 23,1 auf 22,7 Prozent gesunken sei.
b) Stefan Studt betonte ferner, dass die Jugendkriminalität auch gemessen am Anteil Tatverdächtiger unter 21 Jahren, von 23,1 auf 22,7 Prozent gesunken sei.
c) Stefan Studt betonte, ferner dass die Jugendkriminalität, auch gemessen am Anteil Tatverdächtiger unter 21 Jahren, von 23,1 auf 22,7 Prozent gesunken sei.
d) Stefan Studt betonte ferner, dass die Jugendkriminalität, auch gemessen am Anteil Tatverdächtiger unter 21 Jahren, von 23,1 auf 22,7 Prozent gesunken sei.

10. In welchem Satz sind alle Kommas richtig gesetzt?
a) Die diesbezüglichen Landeskonzepte, die insbesondere auf die Prävention von Kriminalität bei jugendlichen Intensivtätern zielten, trügen wohl, so scheine es jedenfalls, zu der positiven Entwicklung bei, meinte der Innenminister.
b) Die diesbezüglichen Landeskonzepte die insbesondere auf die Prävention von Kriminalität bei jugendlichen Intensivtätern zielten, trügen wohl, so scheine es jedenfalls, zu der positiven Entwicklung bei, meinte der Innenminister.
c) Die diesbezüglichen Landeskonzepte, die insbesondere auf die Prävention von Kriminalität bei jugendlichen Intensivtätern zielten trügen wohl so scheine es jedenfalls, zu der positiven Entwicklung bei, meinte der Innenminister.
d) Die diesbezüglichen Landeskonzepte, die insbesondere auf die Prävention von Kriminalität bei jugendlichen Intensivtätern zielten, trügen wohl so scheine es jedenfalls zu der positiven Entwicklung bei, meinte der Innenminister.

Lösungen: Deutsche Kommasetzung

1. a)	5. d)	9. d)
2. b)	6. b)	10. a)
3. d)	7. a)	
4. a)	8. c)	

Satzteile in die richtige Reihenfolge bringen

In dieser Aufgabe geht es darum, die einzelnen Satzteile in die richtige Reihenfolge zu bringen, sodass zum Schluss ein vollständiger und korrekter Satz entsteht. Trage hierzu die Zahlen von 1 bis 5 in die jeweiligen Kästchen ein. Gehe hierbei systematisch vor und beachte den Satzaufbau, welches Prädikat zu welchem Subjekt gehört, wofür ein Relativpronomen steht und worauf sich Adjektive oder Adverbien beziehen.

Zeit: **10 Minuten**

1.

A. haben die Aufgabe,

B. oder Ordnung abzuwehren

C. die Ordnungsbehörden und die Polizei

D. Gefahren für die

E. öffentliche Sicherheit

2.

A. oder des Bundes

B. anderen Landes

C. Amtshandlungen vornehmen

D. können im Land Berlin

E. Polizeidienstkräfte eines

3.

A. oder des Bundes tätig,

B. werden Polizeidienstkräfte

C. Befugnisse wie die des Landes Berlin

D. haben sie die gleichen

E. eines anderen Landes

4.

A. Polizei und zuständige Aufsichtsbehörden unterrichten

B. Ordnungsbehörden,

C. auf dem Gebiet der Gefahrenabwehr

D. sich gegenseitig von allen wichtigen Wahrnehmungen

E. nachgeordnete Ordnungsbehörden,

5.

A. von mehreren möglichen und geeigneten Maßnahmen

B. die den Einzelnen und die Allgemeinheit

C. haben die Ordnungsbehörden

D. und die Polizei diejenige zu treffen,

E. voraussichtlich am wenigsten beeinträchtigt

6.

A. eine Gefahr,

B. eine Person

C. diese Person zu richten

D. verursacht

E. so sind die Maßnahmen gegen

7.

A. für die Laufbahn des mittleren Polizeivollzugsdienstes

B. für das Einstellungsjahr 2014 bewerben

C. des gehobenen Polizeivollzugsdienstes

D. hier können Sie sich

E. oder für die Laufbahn

8.

A. für die Sicherheit der Stadt

B. die Hauptaufgabe

C. und Bürger zu sorgen

D. und ihrer Bürgerinnen

E. der Schutzpolizei ist,

9.

	A. Tat- oder Unfallortes zur Sicherung der Beweismittel,
	B. und das Informieren der am Geschehen Beteiligten
	C. die Anforderung weiterer Einsatzkräfte,
	D. wenn nötig auch anderer Behörden (z. B. der Feuerwehr)
	E. dazu gehört die Absperrung eines

Lösungen

Zu 1.:

A.2	B.5	C.1	D.3	E.4

Die Ordnungsbehörden und die Polizei haben die Aufgabe, Gefahren für die öffentliche Sicherheit oder Ordnung abzuwehren.

Zu 2.:

A.3	B.2	C.5	D.4	E.1

Polizeidienstkräfte eines anderen Landes oder des Bundes können im Land Berlin Amtshandlungen vornehmen.

Zu 3.:

A.3	B.1	C.5	D.4	E.2

Werden Polizeidienstkräfte eines anderen Landes oder des Bundes tätig, haben sie die gleichen Befugnisse wie die des Landes Berlin.

Zu 4.:

A.3	B.1	C.5	D.4	E.2

Ordnungsbehörden, nachgeordnete Ordnungsbehörden, Polizei und zuständige Aufsichtsbehörden unterrichten sich gegenseitig von allen wichtigen Wahrnehmungen auf dem Gebiet der Gefahrenabwehr.

Zu 5.:

A.1	B.4	C.2	D.3	E.5

Von mehreren möglichen und geeigneten Maßnahmen haben die Ordnungsbehörden und die Polizei diejenige zu treffen, die den Einzelnen und die Allgemeinheit voraussichtlich am wenigsten beeinträchtigt.

Zu 6.:

A.3	B.2	C.5	D.1	E.4

Verursacht eine Person eine Gefahr, so sind die Maßnahmen gegen diese Person zu richten.

Zu 7.:

A.2	B.5	C.4	D.1	E.3

Hier können Sie sich für die Laufbahn des mittleren Polizeivollzugsdienstes oder für die Laufbahn des gehobenen Polizeivollzugsdienstes für das Einstellungsjahr 2014 bewerben.

Zu 8.:

A.3	B.1	C.5	D.4	E.2

Die Hauptaufgabe der Schutzpolizei ist, für die Sicherheit der Stadt und ihrer Bürgerinnen und Bürger zu sorgen.

Zu 9.:

A.2	B.5	C.3	D.4	E.1

Dazu gehört die Absperrung eines Tat- oder Unfallortes zur Sicherung der Beweismittel, die Anforderung weiterer Einsatzkräfte, wenn nötig auch anderer Behörden (z. B. der Feuerwehr) und das Informieren der am Geschehen Beteiligten.

Nebensätze

Folgende relevanten Arten von Nebensätzen sollten dir geläufig sein:

Relativsätze
Relativsätze dienen in der Regel dazu, Eigenschaften einer Person, eines Tieres oder eines Gegenstands anzugeben
Das Auto, das ich gestern gekauft habe, ist heute schon kaputt.

Temporalsätze
Temporalsätze sind all jene Nebensätze, die den Hauptsatz in einen zeitlichen Rahmen setzen.
Als ich noch ein Kind war, spielte ich häufig Fußball.

Konditionalsätze
Auch Bedingungssätze genannt. Sie geben eine Bedingung an, unter der der Inhalt des Hauptsatzes geschieht oder nicht geschieht.
Falls du den Film noch nicht gesehen hast, können wir den zusammen gucken.

Kausalsätze
Kausalsätze liefern eine Begründung für den Inhalt des Hauptsatzes.
Ich bin mit dem Auto gefahren, weil es geregnet hat.

Konzessivsätze
Der Inhalt des Nebensatzes widerspricht dem Inhalt des Hauptsatzes oder widerruft die durch den Hauptsatz hervorgerufene Erwartungshaltung.
Ich gehe heute zur Schule, obwohl ich krank bin.

Konsekutivsätze
Der Nebensatz stellt hier die Folge des Hauptsatzes dar.
Er hat so viel gelernt, dass er den Test bestanden hat.

Finalsätze
Finalsätze drücken die Absicht aus, die den Inhalt des Hauptsatzes begründet.
Ich treibe viel Sport, um mich gesünder zu fühlen.

Modalsätze
Modalsätze definieren die Art und Weise, wie etwas geschieht.
Er kam noch rechtzeitig an, indem er zum Bus gesprintet ist.

Lokalsätze
Lokalsätze, auch Ortssätze sind Nebensätze, die eine Ortsbestimmung ausdrücken.
Kennst du das Land, wo die Zitronen blühen?

Überprüfe die folgenden Sätze daraufhin, ob ein Nebensatz vorliegt und wenn ja, um welche Art von Nebensatz es sich handelt: Relativsatz, Temporalsatz, Konditionalsatz, Kausalsatz, Konzessivsatz, Konsekutivsatz, Finalsatz, Modalsatz, Lokalsatz oder kein Nebensatz

Zeit: **5 Minuten**

1. Der Lehrer spricht sehr schnell, sodass man ihn schlecht verstehen kann.

2. Die Spuren stammen von Tieren, die sich erstmals in der Erdgeschichte auf Beinen fortbewegten.

3. Zu seinen Hobbies zählen Sport, Fahrradfahren und Lesen.

4. Man braucht Geld, um sich etwas kaufen zu können.

5. Besonders kritisch war es, als wir wieder losfuhren und in Richtung Spanien navigierten.

Lösungen
Zu 1.: Konsekutivsatz

Zu 2.: Relativsatz

Zu 3.: kein Nebensatz

Zu 4.: Finalsatz

Zu 5.: Temporalsatz

Rechtschreibfehler

Die folgenden Wörter enthalten je einen oder mehrere Fehler. Schreibe die Wörter in der korrekten Schreibweise auf ein extra Blatt Papier.

Zeit: **5 Minuten**

1. Parrtere
2. representativ
3. häußlich
4. Vorwandt
5. pennibel
6. Chemiekalie
7. apropo
8. Kathastrophe
9. Kolektiv
10. symphatisch
11. Karrussell
12. spatzieren
13. Rabarber
14. skurill
15. Aparat
16. krakehlen
17. Billiard
18. Kuß
19. nähmlich
20. Kuveer
21. Tymian
22. wiederkeuen
23. Trielogie
24. übrigends
25. vorrausichtlich
26. Verwandschaft
27. paralell
28. Mozarrella
29. Kenntniss
30. Schlammassel
31. narzistisch
32. adequat
33. Bagattele
34. akredietieren
35. Kabarret
36. Gallionsfigur
37. Kreissaal
38. kollosal

Lösungen: Rechtschreibfehler

1. Parterre	14. skurril	27. parallel
2. repräsentativ	15. Apparat	28. Mozzarella
3. häuslich	16. krakeelen	29. Kenntnis
4. Vorwand	17. Billard	30. Schlamassel
5. penibel	18. Kuss	31. narzisstisch
6. Chemikalie	19. nämlich	32. adäquat
7. apropos	20. Kuvert	33. Bagatelle
8. Katastrophe	21. Thymian	34. akkreditieren
9. Kollektiv	22. wiederkäuen	35. Kabarett
10. sympathisch	23. Trilogie	36. Galionsfigur
11. Karussell	24. übrigens	37. Kreißsaal
12. spazieren	25. voraussichtlich	38. kolossal
13. Rhabarber	26. Verwandtschaft	

Infinitive bilden

Bilde von den folgenden 20 konjugierten Verben jeweils den Infinitiv Präsens (Grundform). Schreibe die korrekten Infinitive auf ein extra Blatt Papier.

Zeit: **3 Minuten**

1. sieht
2. trifft
3. lässt
4. darf
5. erklärt
6. brach
7. geschieht
8. nimmst
9. mag
10. befiehlt
11. gabst
12. fingen
13. rieten
14. hielt
15. gerät
16. trat
17. stieß
18. flöge
19. grübe
20. vorgeworfen

Lösungen: Infinitive bilden

1. sehen	8. nehmen	15. geraten
2. treffen	9. mögen	16. treten
3. lassen	10. befehlen	17. stoßen
4. dürfen	11. geben	18. fliegen
5. erklären	12. fangen	19. graben
6. brechen	13. raten	20. vorwerfen
7. geschehen	14. halten	

Fremdwörter zuordnen

Das Beherrschen von Fremdwörtern ist vor allem im Vorstellungsgespräch sehr wichtig. Ist dir ein Fremdwort jedoch nicht geläufig, ist es sicherlich ratsam, nachzufragen, als durch eine falsche Deutung ein Missverständnis zu riskieren.

Markiere bei der folgenden Aufgabe die jeweils richtige Bedeutung des Fremdwortes.

Zeit: **5 Minuten**

1. sich echauffieren
a) zusammenarbeiten
b) erstaunt sein
c) arrogant sein
d) sich erregen

2. Dementi
a) Erstellung eines Gesetzes
b) Widerruf einer Behauptung
c) Rücktritt
d) Grenzberichtigung

3. Kasserolle
a) Schmorgefäß
b) einfacher Visierhelm
c) kleines Rhythmusinstrument
d) militärische Befestigungsanlage

4. diametral
a) teuflisch
b) völlig entgegengesetzt
c) zuckerkrank
d) schräg verlaufend

5. Altruismus
a) Eigenliebe
b) Möglichkeit
c) Stolz
d) Selbstlosigkeit

6. opportun
a) unterdrückend
b) prinzipienlos
c) passend, angebracht
d) nicht zweckmäßig

7. Dissens
a) Abschreckung
b) Ausbreitung einer Seuche
c) Meinungsverschiedenheit
d) Missklang

8. Ovation
a) Beifall
b) Eröffnung
c) ovale Form
d) Übertreibung

9. prekär
a) gekünstelt
b) vorhersehbar
c) vorzeitig
d) schwierig, misslich

10. Suggestion
a) Umsturz
b) Beeinflussung
c) Befragung
d) Leid

11. rigide
a) streng
b) lächerlich
c) schnell
d) zögernd

12. kolportieren
a) körperlich verfallen
b) zeugen
c) Gerüchte verbreiten
d) zusammenarbeiten

13. Eloquenz
a) Aufmerksamkeit
b) Lobrede
c) Entrüstung
d) Redegewandtheit

14. reüssieren
a) zusammenfassen
b) entscheiden
c) sich versammeln
d) Erfolg haben

15. prätentiös
a) vorherrschend
b) anmaßend
c) verlässlich
d) genau

16. Konzession
a) Zusammenfassung
b) Dichtigkeit
c) Zugeständnis
d) Glaubensgemeinschaft

17. Resolution
a) Widerruf
b) Beschluss
c) Auflösung
d) Wiederaufnahme

18. parieren
a) befehlen
b) verteilen
c) plaudern
d) ohne Widerspruch gehorchen

19. ambitioniert
a) zwiespältig
b) aufopfernd
c) ehrgeizig
d) förmlich

Lösungen: Fremdwörter zuordnen

1. d)	8. a)	15. b)
2. b)	9. d)	16. c)
3. a)	10. b)	17. b)
4. b)	11. a)	18. d)
5. d)	12. c)	19. c)
6. c)	13. d)	
7. c)	14. d)	

Das unpassende Wort finden

In dieser Aufgabe musst du aus fünf vorgegebenen Wörtern den Begriff herausfinden, der nicht zu den anderen vier passt oder sich unterscheidet.

Zeit: **3 Minuten**

1.
a) Flughafen
b) Flugzeug
c) Bahnhof
d) Hafen
e) Haltestelle

2.
a) Apfel
b) Birne
c) Rhabarber
d) Kürbis
e) Ananas

3.
a) Park
b) Straße
c) Allee
d) Platz
e) Weg

4.
a) Dreieck
b) Kreis
c) Kugel
d) Rechteck
e) Viereck

5.
a) neu
b) groß
c) alt
d) schwer
e) spielen

6.
a) Schwarzwald
b) Thüringer Wald
c) Bayerischer Wald
d) Böhmerwald
e) Westerwald

7.
a) Kopenhagen
b) Toronto
c) Canberra
d) Brüssel
e) Tallinn

8.
a) Löwe
b) Walross
c) Nashorn
d) Erdmännchen
e) Adler

9.
a) abtransportieren
b) Schließung
c) Räumung
d) verlegen
e) Evakuierung

Lösungen: Das unpassende Wort finden

Zu 1.: b) Flugzeug
Bei allen anderen Begriffen handelt es sich um feste Standorte

Zu 2.: c) Rhabarber
Bei allen anderen Begriffen handelt es sich um Obstsorten.

Zu 3.: a) Park
Bei allen anderen Begriffen handelt es sich um Straßenbezeichnungen.

Zu 4.: c) Kugel
Bei allen anderen Begriffen handelt es sich um zweidimensionale Flächen.

Zu 5.: e) spielen
Bei allen anderen Begriffen handelt es sich um Adjektive.

Zu 6.: d) Böhmerwald
Bei allen anderen Begriffen handelt es sich um deutsche Wälder.

Zu 7.: b) Toronto
Bei allen anderen Begriffen handelt es sich um Hauptstädte.

Zu 8.: c) Nashorn
Bei allen anderen Begriffen handelt es sich um Raubtiere.

Zu 9.: b) Schließung
Bei allen anderen Begriffen handelt es sich um die gleiche Wortbedeutung.

Synonyme

Finde zu einem vorgegebenen Wort ein zweites aus einer Auswahl von vier vorgegebenen Wörtern, das die gleiche oder eine sehr ähnliche Bedeutung hat.

Zeit: **5 Minuten**

1. bescheiden
a) natürlich
b) anspruchsvoll
c) genügsam
d) unaufhaltsam

2. gutmütig
a) furchtlos
b) lieb
c) realitätsfern
d) gehässig

3. verderben
a) verkommen
b) gedeihen
c) verbringen
d) verschwinden

4. langsam
a) rasant
b) unbedacht
c) gemächlich
d) tröpfelnd

5. fest
a) Feierlichkeit
b) hart
c) dick
d) flüssig

6. Vorurteil
a) Aufgeschlossenheit
b) richtend
c) verurteilend
d) Stereotyp

7. Mortalität
a) Sterblichkeit
b) Unwissenheit
c) Ausstattung
d) Muskelbewegungen

8. schlafen
a) liegen
b) träumen
c) schlummern
d) abwesend

9. schimpfen
a) verurteilen
b) verdonnern
c) loben
d) tadeln

10. Anweisung
a) Instruktion
b) Durchsage
c) Plan
d) Urteil

11. einsam
a) traurig
b) allein
c) selten
d) gemeinsam

12. initiieren
a) etwas nachahmen
b) etwas anstoßen
c) etwas anmachen
d) etwas verfolgen

13. Spur
a) Intuition
b) Trick
c) Fährte
d) Hinterhalt

14. taumeln
a) tanzen
b) hektisch sein
c) stolpern
d) schwanken

15. Tatsache
a) Fakt
b) Vermutung
c) Gegebenheit
d) Annahme

16. willkürlich
a) herrisch
b) absichtlich
c) beliebig
d) unerlaubt

17. zerstören
a) ruinieren
b) sabotieren
c) durchstreichen
d) aufbauen

18. Zurückhaltung
a) Anstand
b) Willenskraft
c) Bescheidenheit
d) Protest

19. Disput
a) Anordnung
b) Streit
c) Vorschlag
d) Gebet

20. beschaulich
a) vergessen
b) klein
c) freundlich
d) auffallend

21. Lärm
a) Aufregung
b) Durcheinander
c) Stille
d) Krach

22. fleißig
a) tüchtig
b) schnell
c) hartnäckig
d) träge

23. lethargisch
a) todkrank
b) angepasst
c) skandalös
d) träge

24. Attrappe
a) Angriff
b) Gutachten
c) Nachbildung
d) Vorbeugung

25. Effizienz
a) Zahlungsunfähigkeit
b) Redegewandtheit
c) Wirksamkeit
d) Ausdauer

Lösungen: Synonyme

1. c)	10. a)	19. b)
2. b)	11. b)	20. b)
3. a)	12. b)	21. d)
4. c)	13. c)	22. a)
5. b)	14. d)	23. d)
6. d)	15. a)	24. c)
7. a)	16. c)	25. c)
8. c)	17. a)	
9. d)	18. c)	

Zu 5.: b) Hier ist die Groß- und Kleinschreibung zu beachten. Gesucht ist ein Synonym für das Adjektiv „fest“.

Gegenteile

Finde zu einem vorgegebenen Begriff das entsprechende Gegenteil.

Zeit: **4 Minuten**

1. euphorisch
a) sauer
b) traurig
c) mürrisch
d) lustlos

2. oberflächlich
a) tiefgründig
b) ungenau
c) präzise
d) exakt

3. feige
a) waghalsig
b) mutig
c) unerschrocken
d) riskant

4. Lösung
a) Konflikt
b) Streit
c) Problem
d) Auseinandersetzung

5. leichtsinnig
a) besonnen
b) rücksichtsvoll
c) sorgfältig
d) bedacht

6. selten
a) regulär
b) typisch
c) alltäglich
d) häufig

7. fleißig
a) faul
b) träge
c) lustlos
d) demotiviert

8. Wahrheit
a) Illusion
b) Lüge
c) Ausrede
d) Betrug

9. Demut
a) Missmut
b) Ehre
c) Überheblichkeit
d) Stolz

10. radikal
a) ruhig
b) tolerant
c) moderat
d) gelassen

11. kaufen
a) schenken
b) feilschen
c) leihen
d) stehlen

12. nachlässig
a) gewissenhaft
b) genau
c) bedacht
d) folgsam

13. pragmatisch
a) kreativ
b) idealistisch
c) träumerisch
d) egoistisch

14. gierig
a) zurückhaltend
b) gelassen
c) bescheiden
d) schüchtern

15. Misstrauen
a) Zuversicht
b) Vertrauen
c) Glaube
d) Verständnis

16. Mitleid
a) Gleichgültigkeit
b) Verständnis
c) Verachtung
d) Bedeutungslosigkeit

17. ungenügend
a) maßgeblich
b) erwartungsvoll
c) ausreichend
d) zufriedenstellend

18. ernst
a) glücklich
b) erfreut
c) unseriös
d) vergnügt

19. Gegner
a) Freund
b) Gefährte
c) Gleichgesinnter
d) Befürworter

20. Mangel
a) Wohlstand
b) Überschuss
c) ausreichend
d) Sicherheit

Lösungen: Gegenteile

1. d)	8. b)	15. b)
2. a)	9. c)	16. a)
3. b)	10. c)	17. c)
4. c)	11. d)	18. d)
5. a)	12. a)	19. d)
6. d)	13. b)	20. b)
7. a)	14. c)	

Sprichwörter ergänzen

Setze für die jeweiligen Sprichwörter das passende Wort ein.

Zeit: **10 Minuten**

1. Jedes Wort auf die ______________ legen.
a) Lappen
b) Bahre
c) Goldwaage
d) Münze

2. Morgenstund hat ______________ im Mund.
a) Silber
b) Gold
c) Brei
d) Kaffee

3. Seine ____________ davonschwimmen sehen.
a) Pantoffeln
b) Wäsche
c) Felle
d) Güter

4. Es ist Jacke wie ________
a) Hemd.
b) Schuhe.
c) Mantel.
d) Hose.

5. Die Kuh vom ______ holen.
a) Eis
b) Feld
c) Gras
d) Berg

6. Der Fisch stinkt vom __ her.
a) Prinzip
b) Bauch
c) Schwanz
d) Kopf

7. Alles über einen ________ scheren.
a) Rechen
b) Schädel
c) Kamm
d) Kopf

8. Auch ein blindes Huhn findet mal ein ______________.
a) Ei.
b) Küken.
c) Wurm.
d) Korn.

9. Der __________ macht die Musik.
a) Geiger
b) Ton
c) Chor
d) Sänger

10. Lieber den ______________ in der Hand als die Taube auf dem Dach.
a) Spatz
b) Sperling
c) Vogel
d) Ziegel

11. ____________ kommt vor dem Fall.
a) Gleichmut
b) Neid
c) Hochmut
d) Arroganz

12. Steter ____________ höhlt den Stein.
a) Erfolg
b) Strom
c) Tropfen
d) Widerstand

13. Die ____________ im Sack kaufen.
a) Hühner
b) Katze
c) Äpfel
d) Lorbeeren

14. ____________ macht auch Mist.
a) Kleinvieh
b) Gemüse
c) Stroh
d) Viehhaltung

15. Stille ______ sind tief.
a) Ozeane
b) Teiche
c) Bäche
d) Wasser

16. Etwas übers __________ brechen.
a) Knie
b) Kerbholz
c) Schienbein
d) Feuer

17. Für jemanden die Hand ins ____________ legen.
a) Wasser
b) Trockene
c) Feuer
d) Öl

18. Vom Regen in die _______ kommen.
a) Dunkelheit
b) Traufe
c) Scheune
d) Flut

19. Wer im ____________ sitzt, soll nicht mit Steinen werfen.
a) Gewächshaus
b) Trockenen
c) Regen
d) Glashaus

20. Sich mit fremden ________ schmücken.
a) Lorbeeren
b) Kleidern
c) Federn
d) Kränzen

21. Sein Licht unter den ____________ stellen.
a) Schatten
b) Schirm
c) Scheffel
d) Baum

22. Sich auf den _________ getreten fühlen.
a) Fuß
b) Schlips
c) Schuh
d) Zeh

23. Die Nadel im __________ suchen.
a) Heuhaufen
b) Stroh
c) Gras
d) Gestrüpp

24. Die _____________ im Dorf lassen.
a) Familie
b) Bäckerei
c) Eiche
d) Kirche

25. Den Wald vor lauter _____________ nicht sehen.
a) Tannen
b) Wild
c) Bäumen
d) Leuten

26. Mit jemandem ist nicht gut _____________ essen.
a) Kuchen
b) Kirschen
c) Äpfel
d) Erdbeeren

27. Mit _____________ auf Spatzen schießen.
a) Schrot
b) Kanonen
c) Luftgewehren
d) Pistolen

Lösungen: Sprichwörter ergänzen

1. c)	10. a)	19. d)
2. b)	11. c)	20. c)
3. c)	12. c)	21. c)
4. d)	13. b)	22. b)
5. a)	14. a)	23. a)
6. d)	15. d)	24. d)
7. c)	16. a)	25. c)
8. d)	17. c)	26. b)
9. b)	18. b)	27. b)

Kreative Sätze bilden

In dieser Aufgabe musst du aus drei vorgegebenen Wörtern einen kreativen Satz bilden. Hier wird dein gedanklicher und sprachlicher Einfallsreichtum getestet. Jedes Wort darf nur einmal im Satz vorkommen, die Reihenfolge spielt dabei keine Rolle.

Beispiel: **Frisbee – Australien – Hausfrau**

Musterantworten:
In Australien verbringen die Hausfrauen viel Zeit mit dem Frisbee spielen.
Die Frisbee wurde von Hausfrauen in Australien erfunden.
In Australien wird jährlich die schönste Hausfrau gewählt, die Siegerin erhält eine goldene Frisbee.

Zeit: **10 Minuten**

1. **Polizei – Fahrrad – Dieb**

____

2. **Kühlschrank – Bett – Apotheke**

____

3. **Kinder – Schokolade – Schule**

____

4. **Zimmer – Schuhe – Buch**

____

5. **Hausaufgaben – Bowling – Auto**

____

6. **Kaufhalle – LKW – Ampel**

____

7. **Glück – Geld – Großeltern**

____

8. **Stau – Geburtstag – Freund**

____

9. **Regen – Internet – Telefon**

____

10. **Kaffee – Hose – Tasse**

____

Musterantworten: Kreative Sätze bilden

Zu 1.: **Polizei – Fahrrad – Dieb**
Ein Dieb hatte mein Fahrrad gestohlen, ich rief sofort die Polizei an.
Mit dem Fahrrad verfolgte die Polizei einen Dieb, der auf der Flucht war.
Ein Dieb der Schmuck in Millionenhöhe raubte, flüchtete mit einem Fahrrad vor der Polizei.

Zu 2.: **Kühlschrank – Bett – Apotheke**
Bevor ich ins Möbelhaus fuhr, um ein neues Bett und einen größeren Kühlschrank zu kaufen, ging ich noch schnell in die Apotheke, um Lutschbonbons zu holen.
Meine Medikamente von der Apotheke bewahre ich jetzt immer im Kühlschrank auf, früher lagen sie immer neben meinem Bett auf dem Nachttisch.
Mein Kühlschrank steht neben mein Bett und von dort aus kann man direkt die Apotheke auf der gegenüberliegenden Straßenseite sehen.

Zu 3.: **Kinder – Schokolade – Schule**
Schokolade ist für Kinder in der Schule verboten.
Kinder wollen nach der Schule am liebsten gleich Schokolade essen.
In der Schule lernen die Kinder wie man Schokolade selbst herstellt.

Zu 4.: **Zimmer – Schuhe – Buch**
Das Buch über schöne Schuhe liegt in meinem Zimmer auf den Schreibtisch.
Da ich kein einziges Buch besitze, kann ich all meine Schuhe im Zimmer aufbewahren.
Das Buch für Mathe und meine Schuhe für die Sporthalle habe ich in meinem Zimmer liegen gelassen.

Zu 5.: **Hausaufgaben – Bowling – Auto**
Als ich mit den Hausaufgaben fertig war, fuhren wir mit dem Auto zum Bowling.
Beim Bowling fiel mir ein das ich noch Hausaufgaben über das Thema Auto schreiben muss.
Auf den Weg zum Bowling hatte ich meine Hausaufgaben noch schnell im Auto erledigt.

Zu 6.: **Kaufhalle – LKW – Ampel**
Auf den Weg zur Kaufhalle versperrte mir ein LKW die Sicht auf eine Ampel.
Ein LKW überfuhr mit überhöhter Geschwindigkeit eine rote Ampel und krachte ungebremst in eine Kaufhalle.
Genau vor der Ampel, die für den Fußgängerüberweg der Kaufhalle da ist, parkte ein LKW.

Zu 7.: **Glück – Geld – Großeltern**
Zum Glück habe ich großzügige Großeltern, die mir immer viel Geld zu Ostern schenken.
Glück ist, wenn man noch Großeltern hat und viel Geld besitzt.
Meine Großeltern sagen immer, Geld ist zum Glück nicht alles.

Zu 8.: **Stau – Geburtstag – Freund**
Ausgerechnet zum Geburtstag von Martin stand ich mit meinem Freund im Stau.
Zum dreißigsten Geburtstag stand Sandra mit ihrem Freund im Stau.
Der Geburtstag fand ohne meinen Freund statt, weil er auf der Autobahn im Stau stand.

Zu 9.: **Regen – Internet – Telefon**
Der Regen war so stark, dass sogar das Internet und das Telefon ausfielen.
Da es den ganzen Tag Regen gab, surfte ich aus Langeweile im Internet und kaufte gleich ein neues Telefon.
Im Internet erkundigte ich mich nach dem Wetter, ob es heute noch Regen geben soll, dabei klingelte ständig das Telefon.

Zu 10.: **Kaffee – Hose – Tasse**
Die ganze Tasse mit dem heißen Kaffee fiel mir auf die Hose.
Bevor ich auf die Suche nach einer neuen Hose gehe, brauch ich erstmal eine Tasse Kaffee.
Im Internet kann man von der Hose bis zur Tasse alles kaufen, sogar Kaffee bekommt man online.

Englisch-Vokabeln

Übersetze die Vokabeln sowohl ins Englische als auch ins Deutsche.

Zeit: **3 Minuten**

1. fear
a) fangen
b) fallen
c) Angst
d) Nähe

2. Tür
a) door
b) blank
c) gap
d) hole

3. patient
a) müde
b) geduldig
c) tolerant
d) beharrlich

4. impression
a) Täuschung
b) Anreiz
c) Eindruck
d) Ausdruck

5. Schuhe
a) boot
b) traipse
c) shoo
d) shoes

6. Fahrer
a) driver
b) priest
c) leader
d) handlebars

7. Fahrzeug
a) car
b) engine
c) device
d) vehicle

8. Mauer
a) blanket
b) block
c) well
d) wall

9. Werkzeug
a) steel
b) mean
c) tool
d) screwdriver

10. tomorrow
a) gerade
b) heute
c) gestern
d) morgen

11. Gefängnis
a) institute
b) prison
c) kitchen
d) detention

12. direction
a) Entwicklung
b) Ausweg
c) Richtung
d) Perspektive

13. turn off
a) rausziehen
b) ausschalten
c) beseitigen
d) stilllegen

14. knife
a) Schere
b) Gabel
c) Messer
d) schneiden

15. Boden
a) place
b) country
c) shore
d) ground

16. handcuffs
a) Handschellen
b) Handgeld
c) Handschuhe
d) Handgelenk

17.Zug
a) train
b) tug
c) draft
d) drag

18. böse
a) berserk
b) rabid
c) nasty
d) penance

19. to visit
a) warten
b) kommen
c) besuchen
d) beschaffen

20. Gift
a) poison
b) topic
c) means
d) evil

21. investigation
a) Investition
b) Maßnahme
c) Untersuchung
d) Unterlagen

22. luggage
a) Gepäck
b) Besitz
c) Sprache
d) Koffer

23. thief
a) Einbrecher
b) Räuber
c) Dieb
d) Ermittler

24. shut
a) Schuss
b) geschlossen
c) durchdacht
d) erschossen

25. fair
a) gerecht
b) hart
c) fahren
d) ehrlich

26. Brücke
a) bridge
b) floor
c) gangway
d) connection

27. assumption
a) Vermutung
b) Panik
c) Empfinden
d) Glaube

28. höflich
a) helpful
b) nice
c) pretty
d) polite

29. Strafe
a) sentence
b) crime
c) punishment
d) felony

30. drinnen
a) chamber
b) scope
c) inside
d) during

Lösungen: Englisch-Vokabeln

1. c)	11. b)	21. c)
2. a)	12. c)	22. a)
3. b)	13. b)	23. c)
4. c)	14. c)	24. b)
5. d)	15. d)	25. a)
6. a)	16. a)	26. a)
7. d)	17. a)	27. a)
8. d)	18. c)	28. d)
9. c)	19. c)	29. c)
10. d)	20. a)	30. c)

Englischer Lückentext

1. Jonas and his friend Marcus want to ___ on a three-day boys trip to Munich.
a) went
b) gone
c) go
d) going

2. Before leaving, they have to make plans on what to ___ in Munich.
a) doesn't
b) does
c) do
d) done

3. Marcus ___ that he really wants to visit the famous Marienplatz.
a) decides
b) decide
c) decided
d) have decided

4. Jonas ___ going to the 'Englischer Garten' because he really enjoys nature.
a) suggest
b) suggests
c) suggesting
d) has suggested

5. With the Oktoberfest in full swing, Jonas and Marcus ___ on whether to go there or not.
a) contemplate
b) are contemplating
c) contemplated
d) contemplating

6. Some of their friends have already been there and they really ___ it.
a) like
b) likes
c) liking
d) liked

7. However, Marcus and Jonas are not sure because they are both not so much into folk festivals. "Why don't we ___ whether we want to go to the Oktoberfest or not spontaneously?" asks Marcus.
a) decided
b) decide
c) decides
d) deciding

8. "Good idea!" - ___ Jonas. Now they are both ready to enjoy their trip to Munich!
a) say
b) said
c) saying
d) says

9. The Munich Oktoberfest originally ______ in the 16-day period leading up to the first Sunday in October.
a) take place
b) taken place
c) has taken place
d) took place

10. The Oktoberfest ____ as the largest Volksfest (people's fair) in the world.
a) know
b) has known
c) is known
d) is knowing

Lösungen: Englischer Lückentext

1. c)	5. b)	9. d)
2. c)	6. d)	10. c)
3. a)	7. b)	
4. b)	8. d)	

Englische Sätze verbinden

In den nachfolgenden Aufgaben sollen die Satzanfänge mit den logisch richtigen Satzenden verbunden werden.

1. Today, Amy went to the doctor's office because ...
a) it was very late and her favorite TV show was on.
b) her brother locked her into the kitchen.
c) she wasn't feeling very well and wanted to get some medicine.
d) Leo took out the trash.

2. James bought a new car ....
a) at his local grocery store.
b) at the farm.
c) at his friend's car dealership.
d) at the zoo.

3. Yesterday, Lydia went to the cinema ...
a) to watch a movie with her friend Leanne.
b) to buy a dress for prom.
c) because she really needed a massage.
d) to take a cooking class.

4. Maria and Jordan are getting married ...
a) in outer space.
b) at a beautiful chapel in the New England countryside.
c) in the kitchen.
d) at the supermarket.

5. At the presidential election in November ...
a) Mickey Mouse is going to be president.
b) Mariah Carey lost 5 kg.
c) I want to have a donut.
d) he would have to draw many non-aligned voters.

6. The policemen ...
a) is going to explode.
b) are talking to the suspects.
c) painting their nails with pink nail polish.
d) has to stop.

7. Janice wants to become a police officer ...
a) because she likes helping people.
b) when she was a baby.
c) at her neighbor's house.
d) because it is Saturday.

8. Marc works as a mechanic ...
a) in order to feed all the animals.
b) because he likes to swim.
c) because he has loved working on cars ever since he was a little boy.
d) just to eat ice cream.

9. The local soup kitchen ...
a) provides free food for the homeless.
b) has to wash the car.
c) wants to eat a sandwich.
d) can leave early today.

10. Tomorrow, Sina has a dance performance ...
a) because she is tired.
b) while she is sleeping.
c) on the moon.
d) and she is very nervous because her friends will watch her.

11. Nina and Jack are playing hide and seek ...
a) to clean out the basement.
b) but they can't seem to find each other.
c) in class.
d) because Nina is ill.

12. In the town hall ...
a) couples can get married.
b) you can buy groceries.
c) it is raining.
d) dad is hiking.

13. The kettle is whistling ...
a) for donuts.
b) in the ground.
c) because Jason fell and hit his knee.
d) because the water is boiling.

14. Mia doesn't like mathematics
a) because she is tall.
b) in order to sit down.
c) because most of the time she doesn't understand the exercises.
d) after going to the doctor's office.

15. Jamie loves cooking Italian
a) to the cinema.
b) because he loves Pizza and Pasta.
c) in the shower.
d) while driving to work.

16. Michael works as a lawyer
a) at the local court.
b) for rainy days.
c) because he likes swimming.
d) after work.

17. Gingerbread cookies ...
a) are a popular treat in the summer.
b) speak Chinese.
c) are a popular treat around Christmas.
d) can dance hip-hop.

18. Lisa is eighteen years old,
a) after work.
b) forever.
c) a lot since she was little.
d) which makes her an adult.

19. At midnight ...
a) the clock strikes 10.
b) the clock strikes 12.
c) the clock strikes 9.
d) the clock strikes 15.

Lösungen: Englische Sätze verbinden

1. c)	8. c)	15. b)
2. c)	9. a)	16. a)
3. a)	10. d)	17. c)
4. b)	11. b)	18. d)
5. d)	12. a)	19. b)
6. b)	13. d)	
7. a)	14. c)	

Englisch-Dialog – Textverständnis

Lies dir den Text erst einmal komplett durch und finde heraus, worum es geht. Im Anschluss musst du einige Fragen dazu beantworten. Suche die Textstellen heraus, in denen du die Lösungen vermutest.

Zeit: **5 Minuten**

Lisa: Martin, are you OK?

Martin: I'm OK now, but I got into an car accident this morning.

Lisa: Were you hurt?

Martin: No, but my neck is still a little sore.

Lisa: What happened?

Martin: I wasn't paying attention and I hit a car that stopped in front of me.

Lisa: Were the people in the other car all right?

Martin: Yes, they're fine. I wasn't going very fast.

Lisa: Were you wearing a seatbelt?

Martin: Yes.

Lisa: Did the police come?

Martin: Yeah, I called them on my cell phone right after it happened.

Lisa: Do you want me to drive you home?

Martin: No, I need to go get my car fixed this afternoon.

Bitte beantworte die Fragen auf Deutsch.

1. Was ist Martin heute Morgen passiert?

____

2. Was genau hat Martin gemacht?

____

3. Wie geht es den anderen Leuten?

____

4. Was hat die Polizei damit zu tun?

____

5. Was muss Martin mit sein Auto machen?

____

Lösungen: Englisch-Dialog

Zu 1.: Martin hatte heute Morgen einen Autounfall.

Zu 2.: Martin hat nicht aufgepasst und ist auf ein haltendes Auto aufgefahren.

Zu 3.: Den anderen Leuten geht es gut.

Zu 4.: Martin hat die Polizei gleich nach dem Unfall von seinem Handy angerufen.

Zu 5.: Martin muss sein Auto heute Nachmittag reparieren lassen.

Übersetzung

Lisa: Martin, bist du okay?

Martin: Ja ich bin okay, aber ich hatte einen Autounfall heute Morgen.

Lisa: Hast du dich verletzt?

Martin: Nein, aber mein Nacken tut weh.

Lisa: Was ist passiert?

Martin: Ich habe nicht aufgepasst und bin auf ein Auto aufgefahren, das vor mir angehalten hat.

Lisa: Sind die Leute in dem anderen Auto okay?

Martin: Ja, ihnen geht es gut. Ich war nicht sehr schnell.

Lisa: Warst du angeschnallt?

Martin: Ja.

Lisa: Ist die Polizei gekommen?

Martin: Ja, ich habe sie vom Handy aus angerufen, gleich nachdem es passiert ist.

Lisa: Soll ich dich nach Hause fahren?

Martin: Nein, ich muss mein Auto heute Nachmittag reparieren lassen.

Bonus: Informative Online-Inhalte und Communities

Hunderte kostenlose Online-Tests
www.plakos.de

Online-Trainings und weitere Informationen
www.plakos-akademie.de